# トライボロジー
(第2版)

本書を発行するにあたって、内容に誤りのないようできる限りの注意を払いましたが、本書の内容を適用した結果生じたこと、また、適用できなかった結果について、著者、出版社とも一切の責任を負いませんのでご了承ください。

本書に掲載されている会社名・製品名は一般に各社の登録商標または商標です。

本書は、「著作権法」によって、著作権等の権利が保護されている著作物です。本書の複製権・翻訳権・上映権・譲渡権・公衆送信権（送信可能化権を含む）は著作権者が保有しています。本書の全部または一部につき、無断で転載、複写複製、電子的装置への入力等をされると、著作権等の権利侵害となる場合があります。また、代行業者等の第三者によるスキャンやデジタル化は、たとえ個人や家庭内での利用であっても著作権法上認められておりませんので、ご注意ください。

本書の無断複写は、著作権法上の制限事項を除き、禁じられています。本書の複写複製を希望される場合は、そのつど事前に下記へ連絡して許諾を得てください。

出版者著作権管理機構
（電話 03-5244-5088、FAX 03-5244-5089、e-mail：info@jcopy.or.jp）

JCOPY ＜出版者著作権管理機構 委託出版物＞

# トライボロジー
## TRIBOLOGY

第2版

九州大学名誉教授
**山本雄二**

九州工業大学名誉教授
**兼田楨宏**

Ohmsha

# はじめに
preface

　機械には多くの摩擦面があり，機械の機能・性能・信頼性などは摩擦面の摩擦・摩耗特性，すなわち広義の潤滑特性に大きく影響される．摩擦・摩耗などの広義の潤滑問題を支配するのは相対運動下での表面間の相互作用である．トライボロジーは，これら表面現象に関連した諸問題を取り扱う学問分野である．本書は，機械工学を専攻する学部生あるいは大学院生向けの教科書または参考書として，筆者らが九州大学および九州工業大学の機械工学専攻の学生に対して実施してきたトライボロジーに関する講義内容を，基本的知識の理解に主眼をおいて，再構築したものである．

　工業技術は日々発展しており，われわれの生活の向上と福祉に大きい寄与をなしているが，その発展を阻む原因の1つに摩擦・摩耗現象がある．しかし，トライボロジストがその影響をうまく克服し，より良き機械システムが完成したとしても，脚光を浴びるのはトライボロジスト以外の技術者である場合が多く，摩擦・摩耗の制御は機械システム完成のための二次的な科学技術であるとの印象は拭えない．けれども，トライボロジーを主技術として取り入れていない機械設計活動は終局において破綻すると断言できる．ただ残念なことに，摩擦や摩耗の定量的評価ができる分野はごく一部に限られており，実際上は今までの経験の蓄積に立脚して設計活動が実施されていることは否定できない．

本書においては，このような現状をふまえ，また，将来を担う学生諸君に即物的な思考方法を植え付けるのは好ましくないとの考えのもとに，基本になる原理の考え方を中心に，現在までに蓄積されたトライボロジーに関する知識をできるだけ体系的にとりまとめた．

　第1章では，トライボロジーと機械工学との関連を説明するとともに，その学問としての位置づけを示し，潤滑機構を概観する．

　第2章においては，摩擦現象や表面損傷問題を考える上での基本となる物体表面の物理・化学的特性，ならびに2物体を接触させたときに考慮すべき概念を説明する．

　第3章では，無潤滑下の滑りおよび転がり運動における摩擦現象の理解，ならびに摩擦面の温度上昇の算定に必要な事項を説明する．

　流体を潤滑剤として使用する場合の設計目標は2面を潤滑剤によって完全分離する流体潤滑である．第4章では，流体潤滑の基礎式であるレイノルズの式を導き，流体膜発生の原理を説明するとともに，スラスト軸受やジャーナル軸受を題材にして方程式の取扱い手法や関連する諸問題について説明する．また，粘性抵抗に伴う発熱問題，乱流潤滑，気体潤滑等についても簡単に説明する．

　第5章は，接触面の弾性変形を考慮した流体潤滑，すなわち弾性流体潤滑に関する章であり，流体潤滑に及ぼす表面粗さの影響を第6章で説明する．

　第7章では，そのトライボ特性が主として潤滑剤と摩擦面の化学反応によって支配される境界潤滑の基本的考え方を添加剤の作用機構とともに紹介する．

　第8章においては，前章までに説明した摩擦・潤滑機構の基礎に立脚して表面損傷の発生機構について説明する．

　各章に関係する潤滑剤およびトライボマテリアル(摩擦面材料)に

関する説明は，参照を容易にするため，本文の末尾である第 9 章ならびに第 10 章で行っている．

　トライボロジーは，物理学，化学，数学，材料学などに基礎を置き，多くの学問分野の総合化の上に成立している極めて興味深い学問である．しかしながら，学際的分野であるため，本書を参考書として使用される学部生諸君には理解困難な部分もあるかもしれない．しかし，その箇所は適当に読み流し，トライボロジーの全体像をある程度把握した後に，その部分に返っていただければ理解できるであろうと筆者らは確信している．本書を講義期間半年の学部教科書として使用する場合は，各章の適当な節を選択していただきたい．例えば，流体潤滑を取り扱った第 4 章の 4・3，4・5，4・6，4・7，第 5 章の 5・5 以降，流体潤滑に及ぼす表面粗さの影響を説明した第 6 章は省略してもよいであろう．

　ところで，トライボロジーは発展途上にある学問である．現段階のトライボロジーは，その体系化のために試行錯誤を繰り返している，極めて泥臭い部分の多い学問といえる．したがって，本書のある部分は近い将来書き換えねばならぬかもしれない．読者諸氏は批判的に本書に対され，トライボロジー問題の面白さと難しさを知っていただき，トライボロジー技術の発展に何らかの形で貢献していただきたいと筆者らは願っている．また，幸いにして読者諸氏が将来確立されたトライボロジーの知識体系を見ることができたときには，本書の内容を思い起こしながら，新しい学問の成立過程の思考を歴史的に眺めるとともに，そのとき自らが抱えている諸問題の取扱い手法の一部として参考にしていただければ幸甚である．

　筆者らは 1966 年 3 月に工学部機械工学科を卒業したが，奇しくもその年にトライボロジーなる言葉は誕生した．筆者らを青年期から公私にわたり支えていただき，学問の厳しさと楽しさ，トライボ

ロジーの魅力と深淵さを体得させてくださった，九州大学名誉教授平野富士夫先生に深甚なる謝意を表したい．

　本書の執筆にあたっては，九州大学工学部 杉村丈一助教授，九州工業大学工学部 松田健次助教授から有効かつ貴重な議論，助言をいただいた．図面の作成には，九州大学工学部 橋本正明氏の多大の援助，協力を得た．また，内外の多くの先達の書籍や文献を参考にさせていただいた．末筆ながら深く感謝する次第である．

　　1998年1月

山本　雄二<br>兼田　楨宏

## 第2版の刊行にあたって

　本書は初版を刊行してから10年あまりが経過した．著者らは，初版の序で「トライボロジーは発展途上にある学問である．（中略）したがって，本書のある部分は近い将来，書き換えねばならぬかもしれない」と記した．

　この10年ほどの間に，ナノトライボロジー分野をはじめとし多岐にわたる進展が見られたが，トライボロジーの基礎を取り扱うテキスト・参考書としての本書の内容の大幅な変更は，まだ不要と考えている．

　しかし，いくつかの不備な点も発生し，それまで気づかなかった誤りも見出された．そこで，10年という節目を好機として全編を見直し，必要な訂正を施した．また，表面粗さに関するJIS規格の改正もあり，関連の記述を改め，第2版として刊行することとした．

　本書がこれまでにも増して，テキスト・参考書として広く使用されることを願う次第である．

　　2010年12月

著者ら

# 目次
contents

## 1章　トライボロジーとは

1・1　トライボロジーの成立ち ・・・・・・・・・・・・・1
1・2　トライボロジーと機械工学 ・・・・・・・・・・・・6
1・3　トライボロジーの原理 ・・・・・・・・・・・・・・8

## 2章　表面と接触

2・1　表面の構造 ・・・・・・・・・・・・・・・・・・・11
2・2　吸　着 ・・・・・・・・・・・・・・・・・・・・・13
2・3　固体表面での液体の拡がり ・・・・・・・・・・・・16
　　2・3・1　ぬ　れ ・・・・・・・・・・・・・・・・・16
　　2・3・2　臨界表面張力 ・・・・・・・・・・・・・・18
　　2・3・3　マランゴニ効果 ・・・・・・・・・・・・・19
2・4　表面トポグラフィ ・・・・・・・・・・・・・・・・20
2・5　固体の接触 ・・・・・・・・・・・・・・・・・・・27
　　2・5・1　集中接触 ・・・・・・・・・・・・・・・・27
　　2・5・2　分散接触と真実接触面積 ・・・・・・・・・32
　　2・5・3　粗面の接触 ・・・・・・・・・・・・・・・33

## 3章　摩　擦

3・1　乾燥摩擦 ・・・・・・・・・・・・・・・・・・・・39
　　3・1・1　滑り摩擦の機構 ・・・・・・・・・・・・・40
　　3・1・2　表面膜の影響 ・・・・・・・・・・・・・・44
3・2　付着-滑り（スティック-スリップ）現象 ・・・・・・46

3・3　摩擦面温度 ・・・・・・・・・・・・・・・・・・・・・・・・・・・・48
　　　　3・3・1　熱源による温度上昇 ・・・・・・・・・・・・・・・・・・49
　　　　3・3・2　摩擦面の温度上昇 ・・・・・・・・・・・・・・・・・・・53
　　3・4　接触状態とトライボ特性 ・・・・・・・・・・・・・・・・・・・57
　　3・5　転がり摩擦 ・・・・・・・・・・・・・・・・・・・・・・・・・58
　　　　3・5・1　転がり摩擦機構 ・・・・・・・・・・・・・・・・・・・58
　　　　3・5・2　接線力の影響 ・・・・・・・・・・・・・・・・・・・・60

# 4章　流体潤滑

　　4・1　動的流体潤滑理論 ・・・・・・・・・・・・・・・・・・・・・・63
　　　　4・1・1　Navier-Stokesの方程式 ・・・・・・・・・・・・・・・64
　　　　4・1・2　次元解析 ・・・・・・・・・・・・・・・・・・・・・・67
　　　　4・1・3　Reynoldsの潤滑基礎式 ・・・・・・・・・・・・・・・68
　　　　4・1・4　流体膜の発生機構 ・・・・・・・・・・・・・・・・・・72
　　　　4・1・5　Reynolds方程式の取扱上の注意 ・・・・・・・・・・・75
　　4・2　滑り軸受の潤滑理論 ・・・・・・・・・・・・・・・・・・・・・76
　　　　4・2・1　スラスト軸受 ・・・・・・・・・・・・・・・・・・・・76
　　　　4・2・2　ジャーナル軸受 ・・・・・・・・・・・・・・・・・・・81
　　4・3　ジャーナル軸受の動特性 ・・・・・・・・・・・・・・・・・・・88
　　　　4・3・1　変動荷重軸受の潤滑理論 ・・・・・・・・・・・・・・・88
　　　　4・3・2　回転軸の安定性 ・・・・・・・・・・・・・・・・・・・92
　　4・4　流体潤滑の限界 ・・・・・・・・・・・・・・・・・・・・・・・96
　　4・5　熱流体潤滑理論 ・・・・・・・・・・・・・・・・・・・・・・・98
　　4・6　乱流潤滑理論 ・・・・・・・・・・・・・・・・・・・・・・・102
　　4・7　気体潤滑理論 ・・・・・・・・・・・・・・・・・・・・・・・104
　　4・8　静圧軸受 ・・・・・・・・・・・・・・・・・・・・・・・・・109

# 5章　弾性流体潤滑

　　5・1　外接2円筒に対する流体潤滑理論 ・・・・・・・・・・・・・・113

5・2　球体に対する流体潤滑理論 ・・・・・・・・・・・・・・・・・・・115
5・3　弾性流体潤滑理論 ・・・・・・・・・・・・・・・・・・・・・・・116
　　5・3・1　Ertel-Grubin の EHL 近似理論 ・・・・・・・・・・・117
　　5・3・2　線接触の場合の膜厚計算式 ・・・・・・・・・・・・119
　　5・3・3　点および楕円接触の場合の膜厚計算式 ・・・・・・121
　　5・3・4　EHL の特徴 ・・・・・・・・・・・・・・・・・・・123
　　5・3・5　潤滑領域図と膜厚計算式 ・・・・・・・・・・・・・124
5・4　接触域内の温度分布 ・・・・・・・・・・・・・・・・・・・・・128
5・5　トラクション(接線力)特性 ・・・・・・・・・・・・・・・・・129
5・6　潤滑油のせん断特性 ・・・・・・・・・・・・・・・・・・・・・130
5・7　油量不足の影響 ・・・・・・・・・・・・・・・・・・・・・・・135
　　5・7・1　線接触の場合 ・・・・・・・・・・・・・・・・・・135
　　5・7・2　点接触の場合 ・・・・・・・・・・・・・・・・・・137
　　5・7・3　逆流発生限界 ・・・・・・・・・・・・・・・・・・138
5・8　垂直運動下の EHL ・・・・・・・・・・・・・・・・・・・・・140
5・9　往復運動下の EHL ・・・・・・・・・・・・・・・・・・・・・141
5・10　ポリマ EHL ・・・・・・・・・・・・・・・・・・・・・・・・142
5・11　グリース EHL ・・・・・・・・・・・・・・・・・・・・・・・143
5・12　ソフト EHL と流体潤滑の逆問題 ・・・・・・・・・・・・・・144
　　5・12・1　ソフト EHL ・・・・・・・・・・・・・・・・・・144
　　5・12・2　流体潤滑の逆問題 ・・・・・・・・・・・・・・・144

# 6章　流体潤滑下における表面粗さの影響

6・1　表面粗さの取扱い方法 ・・・・・・・・・・・・・・・・・・・・153
　　6・1・1　Reynolds 粗さと Stokes 粗さ ・・・・・・・・・・153
　　6・1・2　確率論的取扱いと決定論的取扱い ・・・・・・・・・154
6・2　流体潤滑と表面粗さ ・・・・・・・・・・・・・・・・・・・・・154
　　6・2・1　Christensen の方法 ・・・・・・・・・・・・・・・155
　　6・2・2　平均流モデル ・・・・・・・・・・・・・・・・・・157

6・3 EHL と表面粗さ ・・・・・・・・・・・・・・・・・・・・・・・・・・・・・・・ 162
  6・3・1 膜厚比の妥当性 ・・・・・・・・・・・・・・・・・・・・・・・・・ 163
  6・3・2 部分 EHL ・・・・・・・・・・・・・・・・・・・・・・・・・・・・・・ 167
  6・3・3 マイクロ EHL ・・・・・・・・・・・・・・・・・・・・・・・・・・ 168

# 7章 境界潤滑

7・1 境界潤滑とは ・・・・・・・・・・・・・・・・・・・・・・・・・・・・・・・ 171
7・2 境界膜 ・・・・・・・・・・・・・・・・・・・・・・・・・・・・・・・・・・・・・ 173
7・3 境界膜の破断 ・・・・・・・・・・・・・・・・・・・・・・・・・・・・・・・ 175
7・4 極圧剤の作用機構 ・・・・・・・・・・・・・・・・・・・・・・・・・・・ 178
  7・4・1 硫黄系化合物 ・・・・・・・・・・・・・・・・・・・・・・・・・・・ 178
  7・4・2 塩素系化合物 ・・・・・・・・・・・・・・・・・・・・・・・・・・・ 179
  7・4・3 りん系化合物 ・・・・・・・・・・・・・・・・・・・・・・・・・・・ 180
  7・4・4 有機金属系化合物 ・・・・・・・・・・・・・・・・・・・・・・ 181
7・5 流体潤滑との関係 ・・・・・・・・・・・・・・・・・・・・・・・・・・・ 182

# 8章 表面損傷

8・1 摩耗 ・・・・・・・・・・・・・・・・・・・・・・・・・・・・・・・・・・・・・・・ 188
  8・1・1 凝着摩耗 ・・・・・・・・・・・・・・・・・・・・・・・・・・・・・・ 190
  8・1・2 アブレシブ摩耗 ・・・・・・・・・・・・・・・・・・・・・・・・ 196
  8・1・3 エロージョン ・・・・・・・・・・・・・・・・・・・・・・・・・・ 196
  8・1・4 腐食摩耗 ・・・・・・・・・・・・・・・・・・・・・・・・・・・・・・ 200
  8・1・5 フレッチング ・・・・・・・・・・・・・・・・・・・・・・・・・・ 201
8・2 焼付き ・・・・・・・・・・・・・・・・・・・・・・・・・・・・・・・・・・・・・ 203
  8・2・1 保護膜の破断 ・・・・・・・・・・・・・・・・・・・・・・・・・・ 204
  8・2・2 焼付き発生条件 ・・・・・・・・・・・・・・・・・・・・・・・・ 205
8・3 転がり疲れ ・・・・・・・・・・・・・・・・・・・・・・・・・・・・・・・・・ 207
  8・3・1 転がり-滑り接触下の応力状態 ・・・・・・・・・・ 208
  8・3・2 塑性変形 ・・・・・・・・・・・・・・・・・・・・・・・・・・・・・・ 208

　　　　8・3・3　突起間干渉 ・・・・・・・・・・・・・・・・・・・・・・・・・・・ 210
　　　　8・3・4　き裂の伝ぱ ・・・・・・・・・・・・・・・・・・・・・・・・・・・ 211

# 9章　潤　滑　剤

　　9・1　潤滑剤とは ・・・・・・・・・・・・・・・・・・・・・・・・・・・・・・・ 215
　　9・2　流動特性 ・・・・・・・・・・・・・・・・・・・・・・・・・・・・・・・・・ 218
　　9・3　添加剤 ・・・・・・・・・・・・・・・・・・・・・・・・・・・・・・・・・・・ 222
　　9・4　グリース ・・・・・・・・・・・・・・・・・・・・・・・・・・・・・・・・・ 224
　　9・5　固体潤滑剤 ・・・・・・・・・・・・・・・・・・・・・・・・・・・・・・・ 225

# 10章　トライボマテリアル

　　10・1　軸受材料 ・・・・・・・・・・・・・・・・・・・・・・・・・・・・・・・ 229
　　　　10・1・1　滑り軸受材料 ・・・・・・・・・・・・・・・・・・・・・・・ 229
　　　　10・1・2　転がり軸受材料 ・・・・・・・・・・・・・・・・・・・・・ 232
　　10・2　非金属材料 ・・・・・・・・・・・・・・・・・・・・・・・・・・・・・ 232
　　　　10・2・1　高分子(ポリマ)系材料 ・・・・・・・・・・・・・・・ 232
　　　　10・2・2　無機系材料 ・・・・・・・・・・・・・・・・・・・・・・・・ 235
　　10・3　表面改質 ・・・・・・・・・・・・・・・・・・・・・・・・・・・・・・・ 236
　　　　10・3・1　被膜材のトライボロジ特性 ・・・・・・・・・・・ 237
　　　　10・3・2　軟質被膜材 ・・・・・・・・・・・・・・・・・・・・・・・・ 239
　　　　10・3・3　硬質被膜材 ・・・・・・・・・・・・・・・・・・・・・・・・ 240
　　　　10・3・4　表面被膜材の開発 ・・・・・・・・・・・・・・・・・・ 242

　索　引 ・・・・・・・・・・・・・・・・・・・・・・・・・・・・・・・・・・・・・・・・・ 245

# トライボロジー
(第2版)

# 1章　トライボロジーとは
## introduction and background

## 1・1　トライボロジーの成立ち

　読者の皆さん，**トライボロジー**の世界にようこそ．あなたはトライボロジーの恩恵を数え切れないほど受けて今この本に対しておられるのです．

　トライボロジーの意味はさておき，今日1日の行動を振り返ってみて下さい．布団あるいはシーツの感触に名残を惜しみつつ起床して，顔を洗い歯を磨き，着替えをし，食事をすませて家を出る．このありふれた行動がいとも簡単にできるのは，この世に摩擦，摩耗という現象が存在するからです．触感，衣類，食事，歩行などは「摩擦」なくしては不可能ですし，洗顔，歯磨き，そして食事もある意味での「摩耗」現象を利用しています．我々の祖先は触覚，すなわち摩擦をとおして愛を育み，摩擦，摩耗を利用して生活用品を作り出してきました．磨製石器，摩擦発熱を利用した火の使用，そりやころなど滑り摩擦や転がり摩擦を利用した運搬技術，さらには車輪の発明，それらの運動の円滑化を図る潤滑技術などなど，現在我々が人類として存在しているのはまさに摩擦，摩耗現象の有効利用の賜といえます(図1・1，図1・2)．摩擦が存在しなければ，起伏に富んだ我らの地球自体が存在しなかったかもしれません．

　しかし，世の中は面白いものです．誰でも知っていることは，意外とその本質が分かっていないことが多いものです．単純なほど奥が深いといえます．摩擦，摩耗も例外ではありません．摩擦，摩耗を知らない人はいないと思いますが，摩擦，摩耗現象がなぜ存在するかという問いに正確に答えられる人物は未だこの世の中には存在しないといっても過言ではないでしょう．まして，ある物体とある物体を摩擦したとき，その摩擦抵抗，摩耗量，表面損傷の程度を定量的かつ正確に予測するこ

とは不可能です．われわれの生活に多大の恩恵を与えてきた，あるいは今後も与えるであろう機械は，多くの摩擦面を持っています．したがって，その機能・性能・信頼性・寿命などの問題は，摩擦・摩耗問題を自家薬篭中のものとしない限り対処できないことになります．

また，われわれを育んできた偉大な地球の環境が侵されつつあり，資源にも限りがあることが現実のものとなってきています．摩擦はエネルギーの消費，摩耗は資源の消費に直接関係しています．今後，人類が機械文明を享受していくためには省エネルギー，省資源の問題も解決しなければなりません．さらに，自然界の根本原理を解き明かそうとする人間の知的好奇心も存在します．

**トライボロジー(Tribology)** という言葉は，まさにこのような近代の人類がかかえる切実な問題に答えるべく，1966年に英国で作り出されました[3]．その語源はギリシア語の摩擦する，摩耗させる，損傷させるという意味を持つ $\tau\rho\iota\beta\omega$ であり，これに学問を表す logy を語尾に付けたものがトライボロジーです．した

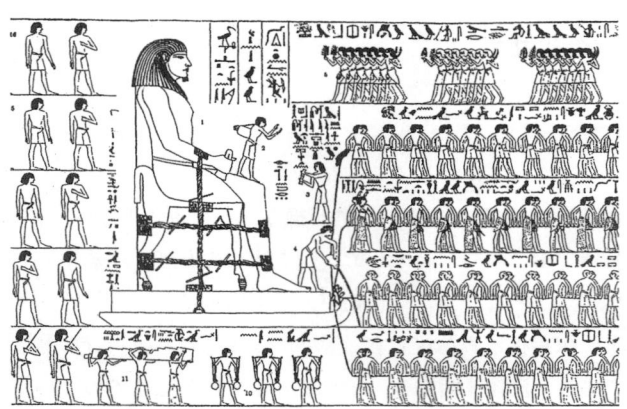

(a) 石像の運搬．潤滑剤を利用した滑り摩擦の低減
（紀元前約1880年，エジプト）

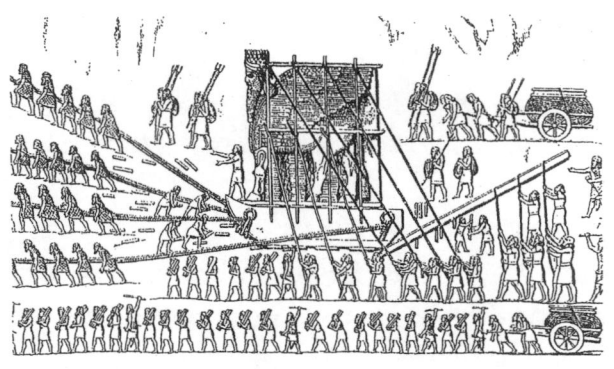

(b) 石像の運搬．丸太による転がり摩擦の利用
（紀元前約700年，アッシリア）

図 1・1　古代の運搬技術[1]

がって，トライボロジーとは摩擦学，摩耗学を意味し，英語では"Science of Rubbing"となります．トライボロジーの基本的問題である**摩擦**(friction)・**摩耗**(wear)現象すなわちトライボ現象が，学問としての形態をとりはじめたのは比較的新しく，摩擦・摩耗および**潤滑**(lubrication)の重要性が認識されるようになった産業革命以後です．その専門用語としての定義は，経済開発協力機構(OECD)から出版された摩擦・摩耗・潤滑に関する用語集[4]に次のように与えられています．

"*Tribology is the science and technology of interacting surfaces in relative motion and of related subjects and practices*" (トライボロジーとは相対運動下で相互作用を及ぼしあう表面およびそれに関連する諸問題と実地応用の科学技術である)．

トライボロジーという言葉が当時経済的苦境にあった英国で生まれたこと，その専門用語の定義が

(a) 木製回転台(ブロンズ製スラスト玉軸受)
Nemi 湖から出土，西暦50年頃イタリア

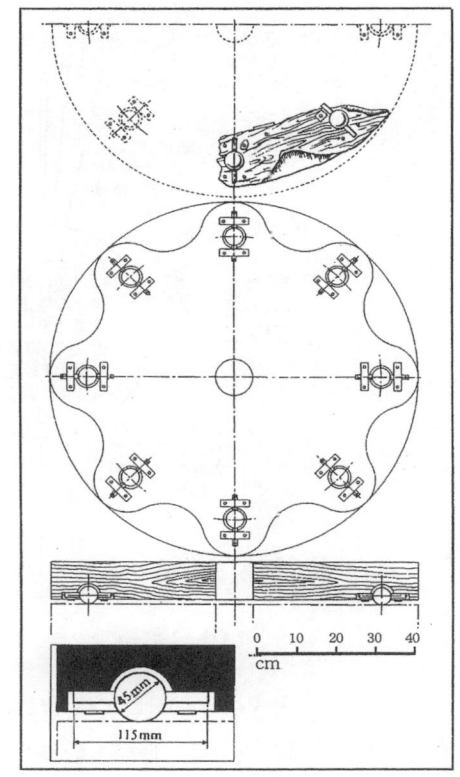

(b) (a)の再現図

図 1・2 ローマ時代の玉軸受[2]

OECDの出版物に掲載されていることは，トライボロジーと経済とが密接に関係していることを示しています．図1・3は1986年度の日本の経済活動においてトライボロジー技術を有効に利用すればGNPの約3%を節約できることを示したものです．また，この図から，機械の保全(maintenance)にトライボロジーがきわめて重要

な役割を演じていることが理解できます．

われわれ人類は，トライボ現象を有効利用してその恩恵の下に豊かな生活をおくってきたわけですが，現在あるいは未来の科学技術者は，トライボ現象を解明し，トライボ現象をさらに有効に利用するとともに，それに伴う損失をできるだけ低下させることを念頭に置いて人類に貢献せざるを得ない立場にあります．

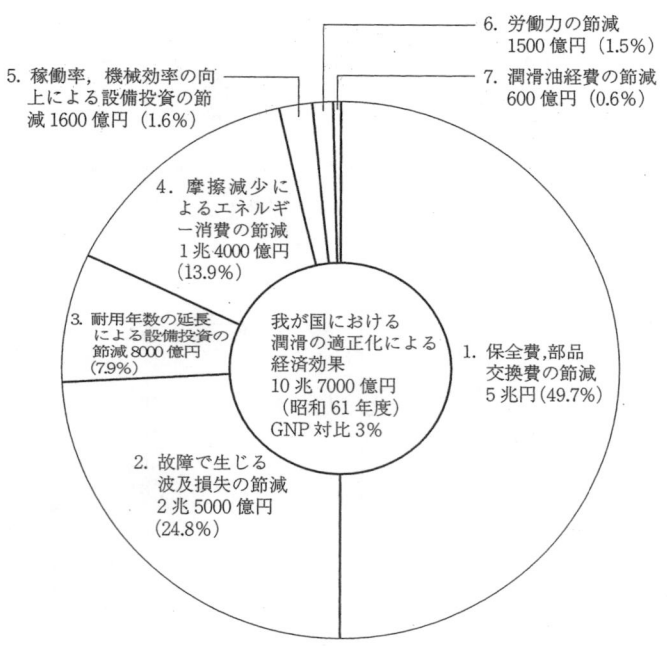

**図 1・3** トライボロジーの経済効果(昭和61年度)[5]

トライボロジーという学問分野で得られた成果は，相対運動する部材を含む各種の部材より構成される機械の機能・性能・信頼性・寿命などの向上に多大の貢献をしてきただけではありません．例えば，**バイオトライボロジー**(bio-tribology)として医学の分野では人間の動きを支配する関節問題に直接関与し，人工関節の性能向上に役立っていますし(図1・4)，生物学分野で実施されているバクテリアの運動を支配するべん毛を回転させるべん毛モータと軸受の研究が我々の生活に役立つ日が来るかもしれません(図1・5)．土質力学や地球物理学あるいは土木工学の発展には**ジオトライボロジー**(geo-tribology)が役立つでしょう．すでに岩盤間の摩擦に起

因して発生する地震の予知にもその成果は利用されています．

　磁気記憶装置の記憶容量を支配する浮動ヘッドスライダは空気の平均自由行程以下の隙間を維持して，一原子層程度の摩耗も許さない設計が要求されています．また，地球以外の宇宙を有効利用するためには，高真空，高温度，低温度などの過酷環境のもとで安定に作動する相対運動面の設計が不可欠です．トライボロジーで得られた成果を利用して新しい材料の開発も実際にはなされています．

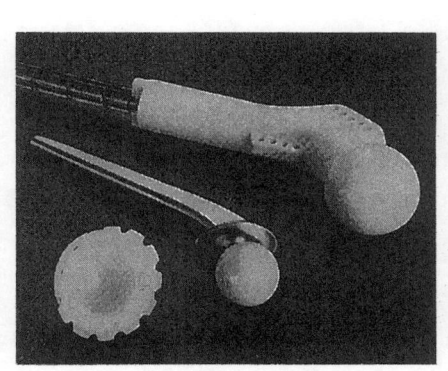

図 1・4　人工股関節
〔(株)京セラの好意により月刊トライボロジー No. 25 より転載〕

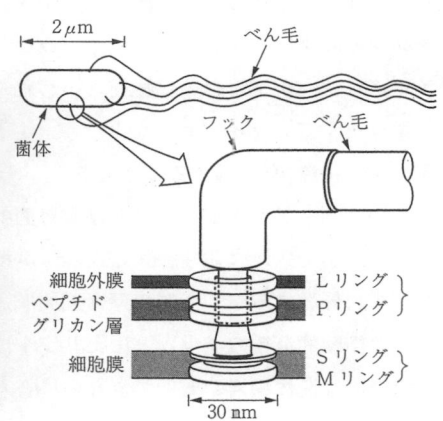

図 1・5　べん毛モータと軸受[6]
直径 20～30 nm しかない世界最小の軸受とモータであり，最高毎分 10 万回転にも達する．

　我々の生活は良くも悪くも科学技術を無視しては考えられません．その科学技術が本当に我々の生活を豊かにするためには，表面間の物理化学的相互作用，およびそれに関連した種々の問題を総合的に取り扱う基幹学問であるトライボロジーの理解と有効な運用が不可欠であると考えられます．この意味において，トライボロジーは工学の**(共通)基盤技術**(generic technology)と呼ばれています[7]．しかしその性質上，その学問体系は明確ではなく，あらゆる分野にまたがる広大な学際的学問であるといえます．

　"*God made Solids, but Surfaces were made by the Devil*"
とは物理学者 W. Pauli の言葉だそうです．この Devil に打ち勝ってこそ今後の地球があるのです．読者の皆さんの中から，この Devil に打ち勝つ方々が現れることを筆者らは願っています．

## 1・2　トライボロジーと機械工学

機械には必ず相対運動を行う2面が存在する．この部分では，摩擦あるいは摩耗が発生し，エネルギー・資源の損失，騒音・振動の発生，機能・性能・信頼性の低下などがもたらされる．また，加工や運動制御などの分野においては，摩擦・摩耗を有効に利用する技術が必要になる．すなわち，製作された「機械」が真に設計者の意図を反映するか否かは，トライボロジーに依存するといっても過言ではない．トライボロジーが工学の基盤技術といわれる所以もここにある．したがって，機械工学を専攻するトライボロジストに課せられた使命は，相対運動面の摩擦・摩耗(広義の表面損傷)を制御することである．

この問題をトライボロジストは**摩擦面材料の選択，摩擦面の形状設計，潤滑**によって解決してきた[8]．摩擦面の設計は，摩擦面間が流体によって分離される流体潤滑をまず目標とするが，機器の寿命期間を通じての摩擦面間の分離は，予期せぬ温度上昇や衝撃的荷重の発生などにより完全に維持される保証はなく，作動条件が過酷な場合には流体潤滑が確保できない場合もあり，さらには流体が使用できない場合もある．そこで，摩擦材料同士が直接接触した場合の考慮が必要になる．しかし，摩擦材料同士が直接接触した場合の摩擦・摩耗機構の本質は，今なお完全には解明されていないために，設計の段階で運動面の摩擦・摩耗特性を予見することは極めて難しい．したがって，現状における摩擦面の設計は，機械の試作後に発生する好ましくない事象を，試行錯誤的に改善することによって実施されることが多い．つまり，トライボロジーに関する諸現象は，いまだブラックボックスの状態にあるともいえる．

図1・6は，相対運動面を**トライボシステム**として図示したものである．トライボシステムは極めて簡単なシステムであり，システム構成要素はせいぜい4つしかない．すなわち，ある荷重と速度のもとで，垂直方向あるいは平行方向に相対運動する2物体，それらの置かれた雰囲気，そして潤滑剤である．では，なぜ摩擦・摩耗現象の統一的解釈が未だに与えられず，科学としての

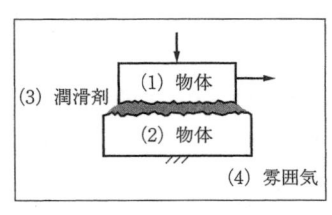

図 1・6　トライボシステム[9]

トライボロジーが未だ発展段階にあるのであろうか．この主原因の第一は各要素の性質が多様であるのみならず，各要素間の相互作用が多岐にわたるからである．第二はこのシステムが非線形散逸力学系であり，ある時点での状態から未来を予測することが困難であるためである．すなわち，トライボ特性は，材料の物理化学的特性，相対運動の形態，接触および運動に関係する力学的諸条件，潤滑状態，雰囲気など多くの因子によって影響を受ける(表1・1参照)が，それら材料表面の物理化学的特性や機械的性質などは摩擦過程中に時々刻々変化する．したがって，摩擦，摩耗に及ぼす諸因子の影響を一義的に規定することや，原因と結果を同定することが困難となる．つまり，物理化学を内包した非可逆非定常現象を，総合的かつ学際的に取り扱わねばならないところにトライボ問題解決の難しさがある．第三は接触部の実時間観測が一般に不可能であるため，接触部の生きた情報を把握できないことである．

表 1・1 トライボロジーにおいて考慮すべき事項

| 材料特性 | 全体特性：強度，弾性，塑性，組成，熱伝導率，欠陥など<br>表面特性：反応性，表面膜，加工変質層，幾何学的特性(粗さ，うねりなど)など |
|---|---|
| 運　動 | 様式：並進(転がり，滑り)，垂直<br>形態：連続，間欠，一方向，往復，スピンなど |
| 接触状態 | 外力：法線力，接線力<br>形態：集中接触(点・線接触)，分散接触(面接触)<br>時間：接触時間，接触/非接触時間比 |
| 雰囲気 | 物理的環境：圧力(真空，高圧など)，清浄度(異物など)など<br>化学的環境：化学組成，腐食，酸化，還元など<br>熱的環境：温度，伝熱特性など |
| 潤滑状態 | 潤滑形態：無潤滑，境界潤滑，混合潤滑，流体潤滑<br>潤滑剤：流動特性，反応性など |

平野[10]はトライボ現象の解明には余りにも細分化された専門工学の知識でもって対処しても，解明がかえって困難になりがちであると述べるとともに，トライボ現象の究明においては，試験機によるシミュレーションが行われるが，実際現象と異なる状況設定を頭の中だけで考えて迷路に陥ったり，また試験結果の解釈や評価で現実と遊離した結論を引き出す危険が，その総合性・学際性の故に生じやすいと警告し，実際の現象の徹底した観察結果に基づいた問題解決の必要性を強調している．すなわち，実際の複雑現象を個々の因子に分解し，その因子の現象を記述する

法則を見いだすことによって全体を把握しようとする通常の手法のみでは，トライボ現象の解明は難しいといえる．したがって，トライボロジー問題の解決手法を通じて，新しい学問体系の誕生も期待できると考えられる．

## 1・3　トライボロジーの原理

**潤滑**(lubrication)の目的は，荷重を支えている2面間に潤滑剤(lubricant)を供給することにより，摩擦の減少や制御，摩耗，焼付きなどの表面損傷の発生を防止または軽減することである．潤滑の形態は**流体潤滑**(fluid film lubrication)，**境界潤滑**(boundary lubrication)，**固体[膜]潤滑**(solid [film] lubrication)の3つに基本的には大別できる．図1・7は，相対運動面を保護し，表面損傷発生を防止するための原理を示したものである．

**流体潤滑**は，摩擦面間に表面粗さに比べて十分に厚い流体膜を形成し，摩擦面間を完全に分離する潤滑状態である．その負荷容量や最小すき間などの潤滑特性はNavier-Stokesの粘性流体の運動方程式を狭いすき間の流れに適用したReynoldsの流体潤滑理論(1886)によって求められる(4章参照)．

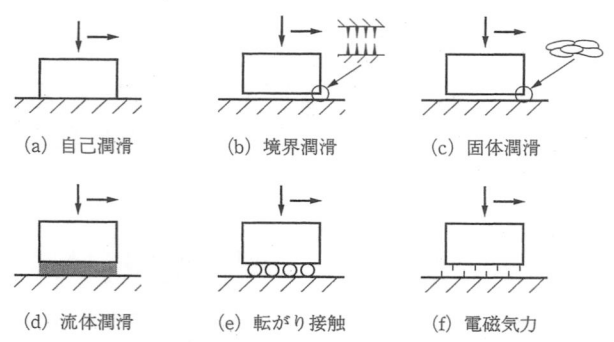

図 1・7　トライボロジーの原理[11]

しかし，歯車や転がり軸受のように点接触，線接触，すなわち外接的接触状態で転がり/滑り運動する機械要素においては，潤滑面を剛体と仮定して，Reynoldsの流体潤滑理論を適用して形成油膜厚さを求めると，表面粗さよりもはるかに薄い油膜厚さしか得られず，実際の作動状態を説明できない．この矛盾は，接触面の弾性変形と潤滑油粘度の圧力による増加を考慮することによって解決できることがDowsonら(1966)によって明らかにされた．このような流体潤滑領域をとくに**弾性流体潤滑**(elastohydrodynamic lubrication)と呼び，接触力学，流体力学，潤滑油の

流動特性などがその現象解明のためには必要である(5章参照).

作動条件が過酷になると,流体潤滑膜は薄くなり,摩擦面間の直接接触が生じるようになる.この場合には,脂肪酸などの極性基を有する油性向上剤を潤滑油基油に添加し,摩擦面にその吸着膜を形成させることによって潤滑特性の改善を図る.このような摩擦面に吸着した単分子膜ないしは数分子膜程度の**吸着膜**(**境界膜**)による潤滑を**境界潤滑**という.しかし,これらの吸着膜は,ある温度(**転移温度**)以上になると,軟化あるいは接触面から脱離し潤滑能力を失う.したがって,接触面温度が高くなる場合には,硫黄,燐,塩素などを含む**極圧[添加]剤**を潤滑油に添加し,接触面に添加剤との化学反応膜を形成させることによって,摩擦面の保護が図られる.すなわち,境界潤滑状態においては,接触面と潤滑油とのトライボ化学現象が大きい影響を及ぼす.したがって,界面物理化学が境界潤滑の基礎となる(7章参照).

さて,液体は超高真空中で長時間潤滑剤として使用することはできない.また,高温あるいは低温下での使用も制限される.このような場合には,金,銀,鉛のような軟質金属,せん断抵抗の低いPTFEなどの高分子(ポリマ)薄膜や,二硫化モリブデン,黒鉛,二硫化タングステンのような層状構造の固体が潤滑剤として使用される.これらを**固体潤滑剤**,潤滑形態を**固体潤滑**と呼ぶ(9章参照).

図1·8は摩擦面の駆動条件を示す**軸受特性数** $G$(潤滑油粘度×滑り速度/単位幅当たり荷重)と摩擦係数 $\mu$ との関係を表示したもので,**ストライベック曲線**(Stribeck curve)と呼ばれる.図内に示す限界値 $G_c$ 点より右の領域が流体潤滑領域である.その左は流体潤滑,境界潤滑,固体摩擦が混在した領域で,**混合潤滑**(mixed lubrication)領域,あるいは**薄膜潤滑**(thin film lubrication)領域と呼ばれる.

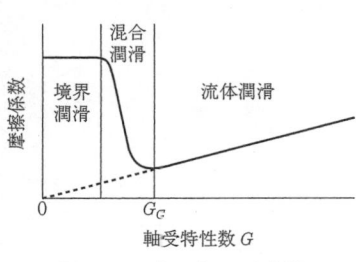

図1·8 ストライベック曲線

また,相対運動面での負荷能力を磁石の反発力または吸引力を利用して得ることも考えられる.この場合には接触面の動きを検出し,電磁力によりフィードバックすることにより,すき間の能動制御(active control)が可能である.

〔参考文献〕

(1) Layard, A. H., *Discoveries in the Ruins of Nineveh and Babylon*, Vol. 1, John Murray, London (1853).
(2) Dowson, D., *Histroty of Tribology*, Longman (1979).
(3) Department of Education and Science, *Lubrication* (Tribology), Her Majesty's Stationery Office (1966).
(4) *Glossary of Terms and Definitions in the Field of Friction, Wear and Lubrication* —Tribology—, OECD (1969).
(5) 眞武弘道, 月刊トライボロジー, 17(1989) 31.
(6) 金子礼三, ゼロ摩耗への挑戦—マイクロトライボロジーの世界—, オーム社(1995) 130.
(7) 角田和雄, 月刊トライボロジー, 62(1992) 15.
(8) 木村好次, トライボロジスト, 34, 3(1988) 157.
(9) Chichos, H., Tribology, Elsevier (1978) 178.
(10) 平野冨士夫, 月刊トライボロジー, 18(1989) 30.
(11) Halling, J., *Principles of Tribology*, Macmillan (1975) 12.

# 2章 表面と接触
## surface and contact

## 2・1 表面の構造

固体の表面層は，図2・1に示すような複雑な構造をもっており，その物理・化学的特性は，内部特性とは著しく相違して

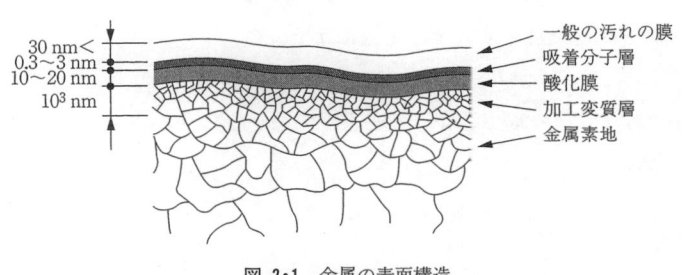

図 2・1 金属の表面構造

いる．すなわち，固体内部の原子や分子は，原子や分子相互の斥力と引力が平衡した状態で配列しているのに対して，表面原子や分子は，周囲にある原子や分子の約半分が取り除かれ，内部の構造がそのまま露出した状態となっているため，表面原子や分子は再配列しなければならず，内部よりも高いエネルギー状態にある．

また，表面を作成するためには加工が必要であるが，加工に際して，表面層は著しい塑性変形を受け，組織が微細化される．この加工変質層は，転位などの多くの欠陥を有し，加工硬化(加工軟化)を受けるとともに残留応力も存在しており，化学的にも不安定な状態にある．そのため，表面は空気などの雰囲気と反応しやすく，とくに金属表面には，酸化膜あるいは他の化学反応膜が形成されていることが多い．さらに，その反応膜は，各種の気体や液体の吸着分子膜で覆われているのが普通であり，これらの吸着膜を完全に除去することはほとんど不可能である．

なお，これらの吸着膜や反応膜は，一般に一種の潤滑膜の働きをし，固体の摩擦を低下させることが多い．固体ばかりでなく液体でも，その表面は内部に比べて高

いエネルギー状態にある．

上述したように，表面は内部よりも高いエネルギー状態にあるため，物体表面を収縮してそのエネルギーを小さくしようとする力が働く．この力を**表面張力**(surface tension) $\gamma$ という\*．単位は N/m または J/m² である．表面張力は表面を等温的に単位面積だけ増加するに必要な仕事と考えることもでき，**表面自由エネルギー**(surface free energy)とも呼ばれる．

厳密には，系が純物質の場合にのみ表面張力 $\gamma$ は表面自由エネルギー $G$ に等しく，$A$ を表面積とすれば，

$$G = \gamma A \tag{2・1}$$

と表わされる．$U$ を**表面エネルギー**(表面内部エネルギー)，$S$ を表面エントロピー，$T$ を絶対温度とすれば，定義により，

$$G = U - TS \tag{2・2}$$

であり，その減少量は，可逆過程で系がなしうる最大仕事に対応する．熱力学的関係式

$$S = -\left(\frac{\partial G}{\partial T}\right)_P \tag{2・3}$$

を考慮すれば，式(2・2)はつぎのように書き直される．

$$\frac{U}{A} = \gamma - T\left(\frac{\partial \gamma}{\partial T}\right)_P \tag{2・4}$$

すなわち，表面エネルギーは，表面を等温的に単位面積だけ拡げる際に必要とされる仕事と，その際に吸収される熱量の和として表され，$T=0$ のときにのみ表面張力に等しくなる．

> 表面(界面)では体積項がないため，等温等圧変化におけるギブズ自由エネルギー(Gibbs free energy) $G$ は，等温等積変化の自由エネルギーであるヘルムホルツ自由エネルギー(Helmholtz free energy) $F$ に等しくなる．自由エネルギーにより実際の系の状態変化や変化過程を簡潔に取り扱うことができる．すなわち，自然現象はエネルギーが減少する方向ばかりでなく，エントロピーの増加する方向に進行するので，両者の影響を総合的に取扱うことが必要となる．この要求を満たすために導入されたのが自由エネルギーであり，自発的変化は自由エネルギーの減少する方向に進行する．

---

\* 液体/液体，気体/固体，液体/固体，固体/固体などの2相の境界を界面という．表面張力は気体/液体または気体/固体界面に対しての呼称であり，一般的には**界面張力**(interfacial tension)または**界面自由エネルギー**(interfacial free energy)と呼ばれる．

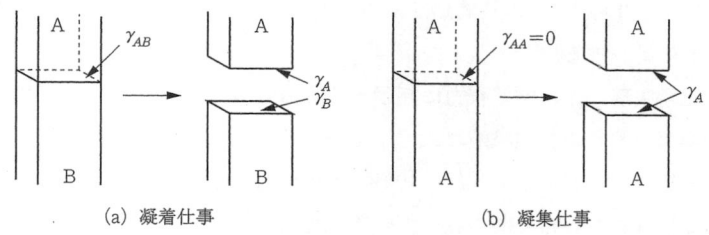

(a) 凝着仕事　　　　　　　(b) 凝集仕事

図 2・2　界面分離仕事

ここで，清浄な表面をもつ2物体間の接触に伴うエネルギーの変化について考える．図2・2に示すように，AおよびBよりなる物体の単位面積の界面をAおよびBに分離すれば，この系には表面張力 $\gamma_A$ および $\gamma_B$ が生成し，界面張力 $\gamma_{AB}$ を失うことになる．すなわち，分離するのに必要な仕事である**凝着仕事**（**接着仕事**，work of adhesion） $W_{AB}$ は

$$W_{AB} = \gamma_A + \gamma_B - \gamma_{AB} \tag{2・5}$$

となる．また，物体AおよびBが同一物質の場合には，その分離は物体内部での破断を意味するが，その場合の分離に必要な仕事を**凝集仕事**（work of cohesion） $W_{AA}$ という．$W_{AA}$ は $\gamma_{AA}=0$，$\gamma_A=\gamma_B$ であるので，

$$W_{AA} = 2\gamma_A \tag{2・6}$$

となる．

## 2・2 吸　　　着

吸着は，**物理吸着**（physical adsorption または physisorption）と**化学吸着**（chemical adsorption または chemisorption）に大別される．

吸着力の大きさ（吸着の強さ）は，吸着エネルギー（吸着熱）で表される．これは，1個の分子が吸着する際に発生する熱量 (J/mol)，あるいは吸着している1個の分子を離脱させるに要するエネルギー（脱離エネルギー）である．すなわち，吸着エネルギーは脱離エネルギーに等しい．

**物理吸着**は表面と吸着分子および吸着分子間の**ファン・デル・ワールス力**（**van der Waals force**）によるものであり，吸着分子と表面の間に電荷の移動はない．すなわち，引力は吸着分子とそれに最も近接している表面原子の一瞬一瞬の双極子モ

ーメントにより生じ[1],その吸着熱はふつう 10 kcal/mol 以下であり,吸着量は温度上昇とともに減少する.

一方,**化学吸着**は,化学結合力に起因する吸着であり,吸着分子と表面との間に電子の交換があるため物理吸着に比べて結合力は強い.化学吸着の結合エネルギー(吸着熱)の範囲は非常に広く,20〜100 kcal/mol 程度である.

表面あるいは異なる相の間の界面に吸着が生じているとき,吸着量は,表面の単位面積当りの吸着分子数 $n$(単位:分子数/m²)や,気体の場合には標準状態で占める体積 $v$(単位:L/m²)で表わされることが多い.また,相対吸着量としては,吸着分子が表面を単分子層として覆う場合の飽和吸着量 $v_m$ を基準として,表面被覆率 $\theta = v/v_m$ がしばしば用いられる.分子の表面への吸着と表面からの離脱が動的に釣合った平衡状態での吸着量(あるいは被覆率)は,その系の温度 $T$ および吸着する分子の圧力 $p$(あるいは濃度 $c$)の関数 $v = f(p, T)$ となる.実験的に最も多く測定されるのは,温度を一

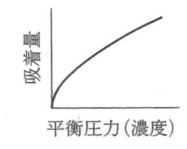
(a) Freundlich type

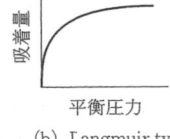
(b) Langmuir type

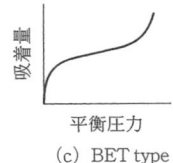
(c) BET type

図 2・3 各種吸着等温線

定としたときの吸着量と平衡圧との関係であり,この関係を図示したものを**吸着等温線**という(図 2・3).

気体の固体表面への吸着は,主として方向性のない物理吸着である.気体の吸着量 $v$ の評価としては,実験的に求められた Freundlich の吸着等温式

$$v = Kp^{1/n} \tag{2・7}$$

$p$ は圧力,$K$ および $n$ は定数.

があり,活性炭への $SO_2$,$H_2O$ の吸着や,タングステン蒸着膜への $H_2$ の吸着などに対して成立する[2].

Langmuir は,吸着は表面上の吸着点(吸着席)においてのみ生じ,吸着点が満席になるまで起こると考えた[3](図 2・4).すなわち,気層から固体表面への到達分子数は,気体運動論から $p/\sqrt{2\pi mkT}$(ここに,$p$:

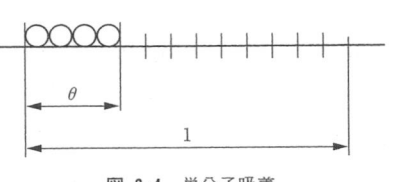

図 2・4 単分子吸着

圧力，$m$：分子の質量，$k$：ボルツマン数，$T$：絶対温度）であるから，吸着分子の表面被覆率を $\theta$ とすれば，吸着速度 $S_a$ は空の吸着点の比率 $(1-\theta)$ と到着分子数に比例すると考えられ，

$$S_a = k_a p(1-\theta) \tag{2.8}$$

となる．ただし，$k_a = k_0/\sqrt{2\pi mkT}$ である．一方，脱離速度 $S_d$ は

$$S_d = k_d \theta \exp\left(-\frac{E_1}{RT}\right) \tag{2.9}$$

と表わされる．ここで，$E_1$ は吸着熱，$R$ はガス定数である．分子の吸着と吸着点からの脱離が動的平衡にあると考えられるので，$S_a = S_d$ が成立する．そこで，

$$a = \frac{k_a}{k_d} \exp\left(\frac{E_1}{RT}\right) = \frac{k_0}{k_d} \frac{\exp(E_1/RT)}{\sqrt{2\pi mkT}}$$

とおけば，

$$\theta = \frac{ap}{1+ap} \tag{2.10}$$

となる．これを**ラングミュア(Langmuir)の吸着等温式**と呼び，吸着層が単分子層に近い場合に実験結果とよく一致する．

Brunauer, Emmett, Teller らは，Langmuir の単分子層吸着理論を多分子層吸着に拡張した．単分子層に対しては上述の議論が成立することから，図 2·5 に示すように固体表面の露出部分を $\theta_0$，

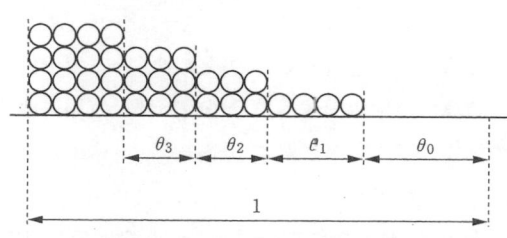

図 2·5　多分子吸着

1 分子層(単分子層)の部分を $\theta_1$，2 分子層の部分を $\theta_2$ などのように表すと，

$$k_a \theta_0 p = k_d \theta_1 \exp\left(-\frac{E_1}{RT}\right)$$

なる関係式が得られる．また，2 分子層以上の吸着に対しては，吸着分子の気化(蒸発)速度と液化(凝縮)速度が釣合っている状態と考えられるので，吸着分子の気化熱を $E_2$ とすれば，

$$k_a' \theta_1 p = k_d' \theta_2 \exp\left(-\frac{E_2}{RT}\right), \quad k_a' \theta_2 p = k_d' \theta_3 \exp\left(-\frac{E_2}{RT}\right)$$

などの関係式が得られる．この場合，第1層の $k_a, k_b$ と第2層以上の $k_a, k_b$ とは異なると考えられ，第2層以降には $'$ を付けて区別している．また，吸着分子の分圧が飽和蒸気圧 $p_0$ の場合には，気体分子は表面上に凝縮して液体となるため吸着量は無限大となる．この場合には，気液界面で吸着分子が動的平衡状態にあると考えられるから，

$$k_a' p_0 = k_d' \exp\left(-\frac{E_2}{RT}\right)$$

となる．したがって，

$$k_a/k_d = c k_a'/k_d', \quad x = p/p_0, \quad b = \exp\left(\frac{E_1 - E_2}{RT}\right)$$

とおけば，

$$\theta_1 = c\theta_0 \frac{p}{p_0} \exp\left(\frac{E_1 - E_2}{RT}\right) = c\theta_0 x b, \qquad \theta_2 = \theta_1 \frac{p}{p_0} = c\theta_0 x^2 b$$

などの関係式が得られ，被覆率 $\theta$ は関係式

$$\sum_{n=0}^{\infty} nx^n = \frac{x}{(1-x)^2}, \qquad \sum_{n=1}^{\infty} x^n = \frac{x}{1-x}$$

を利用して，

$$\theta = \frac{v}{v_m} = \frac{\theta_1 + 2\theta_2 + 3\theta_3 + \cdots}{\theta_0 + \theta_1 + \theta_2 + \theta_3 + \cdots} = \frac{cbx}{(1+x)[1+(cb-1)x]} \tag{2・11}$$

となる．これを研究者らの頭文字をとって **BET の吸着等温式** と呼ぶ[4]．

希薄溶液中の固体への分子吸着は，気固系吸着に類似しており，上の固体表面への気体分子の吸着に関する議論は，気体圧力 $p$ の代わりに溶液中の吸着分子の濃度 $c$ を用いればそのまま成立する．

例えば，長鎖脂肪酸やアルコールなどの比較的大きい分子の吸着には，Langmuir の吸着等温式が成立する．すなわち，吸着量は溶液の濃度とともに増加するが，濃度が高くなると一定値に漸近するのが普通である．

## 2・3 固体表面での液体の拡がり

### 2・3・1 ぬ れ

潤滑油がその機能を果たすためには，固体表面をぬらすこと，すなわち，固体表面上を液体が拡がることが必要である．固体表面上を液体が拡がるか否かは，接触

の際の界面自由エネルギーの変化に依存する．後述するように，金属表面のような高エネルギー表面であれば，潤滑油などの液体はその上を拡がっていき，ぬらすことができる．しかし，金属表面に有機化合物の薄膜が吸着していると，低エネルギー表面となるため，滴下した液体が滴の状態を保って拡がらない場合がある．

液体が固体表面上を拡がらない場合には，図2·6に示すように固液気体の三重界面は平衡状態にあり，点Pに働く3つの界面張力がベクトル的に釣り合うので，

$$\gamma_{SG} = \gamma_{SL} + \gamma_{LG}\cos\theta \qquad (2·12)$$

が成立する．この式を **Young-Dupré の式** といい，$\theta$ を **接触角**（contact angle）と呼

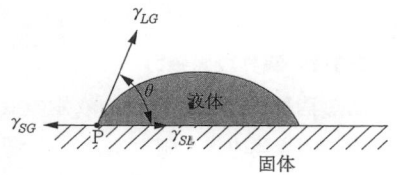

図 2·6 固体表面上の液滴

ぶ．ここに，$\gamma_{SG}$ は固体/飽和蒸気間，$\gamma_{SL}$ は固体/液体間，$\gamma_{LG}$ は液体/飽和蒸気間の界面張力である．

固体と液体間の界面エネルギー $W_{SL}$ が液体の凝集エネルギー $W_{LL}$ と同等以上であれば液体は固体表面上を拡がるので，液体が固体表面上を拡がるかどうかは，**拡張係数**（spreading coefficient, $S$）

$$S = W_{SL} - W_{LL} = \gamma_{SG} - \gamma_{LG} - \gamma_{SL} \qquad (2·13)$$

を導入することにより推定することができる．すなわち，$S \geq 0$ であれば，液体は固体表面上を拡がることになる．

式(2·12)を式(2·13)に代入すれば，関係式

$$S = \gamma_{LG}(\cos\theta - 1) \qquad (2·14)$$

が得られる．$\theta = 0$ の場合には $S = 0$ であるから，液体は固体表面を自由に拡がり，固体表面を完全にぬらすが*，$\theta > 0$ の場合には液体は固体表面上を拡がらないことがわかる．

一般的には $\gamma_{LG} \gg \gamma_{SL}$ とみなすことができるので，$S \fallingdotseq \gamma_{SG} - \gamma_{LG}$ となる．すなわち，固体の表面エネルギーが液体の表面エネルギーよりも大きければ，液体は常に拡がることになる．一般に，金属表面は高エネルギー表面であるため，$S > 0$ の関係が成

---

\* 式(2·12)は固液気体の三重界面 $P$ での平衡状態を表わしているので，$P$ 点の移動はない．しかし，$\theta = 0$ の場合には液滴の厚さは限りなく0になるため，実際には液体は固体表面上を拡がることになる．なお，$\theta = 180°$ の場合には液体は固体を全くぬらさないことになる．

立して，液体によってぬらされるため普通の潤滑条件下では潤滑不良にならず，潤滑膜が切れても修復されやすい．しかし，潤滑油が酸化重縮合してラッカーなどを形成すると，局所的に低エネルギー部が形成され，潤滑不良になる場合がある．

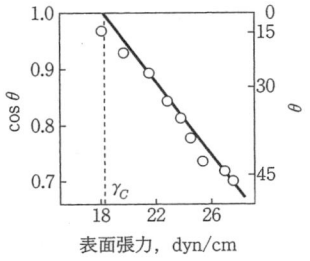

図 2・7 PTFEの臨界表面張力[5]

### 2・3・2 臨界表面張力

ある固体表面上で数種の液体の接触角 $\theta$ を測定し，その液体の表面張力 $\gamma_{LG}$ と $\cos\theta$ の関係をプロットすると，図2・7に示すように，一般的には直線関係が得られる．この直線が $\cos\theta=1$ の線と交わる点の表面張力をその固体の**臨界表面張力**[5](critical surface tension) $\gamma_C$ と定義すれば，直線の式は，$k$ ($k>0$) を比例定数として，

$$\cos\theta = 1 + k(\gamma_C - \gamma_{LG}) \tag{2・15}$$

となる．式(2・14)から

$$S = k\gamma_{LG}(\gamma_C - \gamma_{LG}) \tag{2・16}$$

であるので，

$$\gamma_C \geqq \gamma_{LG} \tag{2・17}$$

を満足する液体のみが，その固体表面上を拡がることになる．表2・1に例としてポリマの臨界表面張力を示す．

表 2・1 ポリマの臨界表面張力[5]

(20℃, dyn/cm)

| ポリマ | 臨界表面張力 |
|---|---|
| ポリテトラフルオルエチレン(PTFE) | 18.5 |
| ポリトリフルオルエチレン | 22 |
| ポリビニリデンフルオライド | 25 |
| ポリビニールフルオライド | 28 |
| ポリエチレン | 31 |
| ポリトリフルオルクロロエチレン | 31 |
| ポリスチレン | 33 |
| ポリビニールアルコール | 37 |
| ポリビニールクロライド | 40 |
| ポリビニリデンクロライド | 40 |
| ポリエチレンテレフタレート | 43 |
| 66-ナイロン | 46 |

前節で述べたように，現実の固体表面が溶液と接触すると吸着が起こり，その表面が溶液中の吸着性分子により覆われることがある．このような場合の接触角 $\theta$ は吸着物質によりほぼ支配され，固体表面の影響はほとんど受けなくなる．たとえば，ある種のエステ

ルや界面活性剤溶液などは，金属のような高エネルギー表面上でもある接触角を示して拡がらない．これは，固体表面上に吸着した吸着膜の $\gamma_c$ が，その液体の $\gamma_{LG}$ よりも小さいからである．このような液体は**自己疎液性液体**（**自疎性液体**, autophobic liquid）と呼ばれ，固体表面上を拡がらないという性質をもつため，精密機械や時計などの潤滑油として広く利用されている．

### 2・3・3 マランゴニ効果

温度変化や濃度変化などによって，表面張力あるいは界面張力に局所的変動が起これば，その差に起因する駆動力が発生し，液体内部に流動が誘起される．この現象を**マランゴニ効果**（Marangoni effect）と呼び，熱および物質移動において重要な役割を果たす．

表面張力 $\gamma$ は，温度 $T$ および濃度 $C$ の関数であるので，

$$\gamma = \gamma(T, C) \tag{2・18}$$

いま，液体の拡がり方向の座標を $x$ とすれば（図 2・8），

$$\frac{d\gamma}{dx} = \frac{\partial \gamma}{\partial T}\frac{\partial T}{\partial x} + \frac{\partial \gamma}{\partial C}\frac{\partial C}{\partial x} \tag{2・19}$$

となる．ここで，$\partial \gamma / \partial x > 0$ が満足されれば，液体は固体表面上を拡がることになる．通常，表面張力は温度上昇とともにほぼ直線的に低下する（$\partial \gamma / \partial T < 0$）．また，多成分から構成されている潤滑油では，揮発成分の比率が減少し，高分子量の不揮発成分濃度が高くなると表面張力は増加する（$\partial \gamma / \partial C > 0$）．

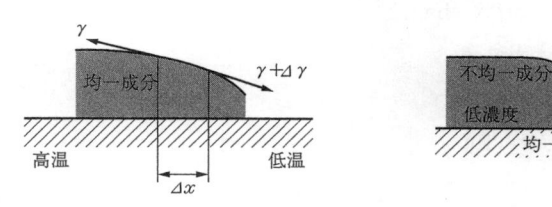

(a) 温度こう配による液滴の拡がり　　(b) 濃度こう配による液滴の拡がり

図 2・8　マランゴニ効果

そこで，濃度が一定（$\partial \gamma / \partial C = 0$）の場合には，条件 $\partial T / \partial x < 0$ が満足されたときに，潤滑油は $x$ の正の方向に拡がることになる．すなわち，固体表面に温度こう配

が存在する場合には，潤滑油は高温側から低温側に拡がる．したがって，潤滑油は摩擦面の外の低温部，つまりその周辺部へ拡がるようになり，潤滑油の必要な摩擦面に潤滑油の欠乏状態をもたらすおそれが生じる．

また，固体表面上の温度が一定である場合($\partial \gamma/\partial T=0$)には，$\partial C/\partial x>0$ の条件が満足されれば潤滑油は $x$ の正の方向に拡がることになる．したがって，一般の鉱油系潤滑油のように多成分系の液体では，低留分の蒸発に伴い油膜内に発生する濃度こう配が表面張力こう配を引き起こし，高濃度側に向かって流動が誘起されることになる*．なお，高粘度である高分子成分の方が表面張力が高いため，成分間の偏析も誘発される．

その結果，摩擦力の増大 ⇒ 温度上昇 ⇒ 温度こう配 ⇒ 成分偏析の増大 ⇒ 低温側への油の散逸（とくに高分子量成分の散逸）⇒ 油欠乏 ⇒ 高摩擦の発生という悪循環が生じ，摩擦面での熱的不安定が助長されるため，焼付き発生の危険が高くなる．

### 2・4 表面トポグラフィ

機械設計は，技術的条件，経済的条件，人間的条件の最適妥協点を目標として実施されるのが普通である[7]．この観点に立てば，工学的表面は，機械の機能・性能，加工コスト，商品価値（視覚，触覚）を考慮して作製されることになる．いずれにせよ，工学上使用される固体表面は，加工によって作成されるわけであるから，理想的平滑表面にはほど遠く，加工法に応じて特徴的な，微視的あるいは巨視的な幾何学的起伏を持っている．これらは，

（1） 物体の輪郭すなわち形状(shape)
（2） うねり(surface waviness)
（3） 表面粗さ(surface roughness)
（4） 格子構造(lattice structure)

---

\* アルコール度の高い酒を入れたグラスの内壁には液膜が引き上げられ液滴の列が出現する．この液滴はワインの涙(wine tear)と呼ばれる．液滴はある大きさに成長すると重力のために壁面を下降する．この状態が繰り返されるためグラス壁面には循環流が観察されることになる．この現象は，ここで説明した表面張力の局所的変化すなわちマランゴニ効果によるものであるが，最初にこの現象を研究したのは英国の物理学者 Thomson[6] である．マランゴニ効果は蒸発，結晶成長，無重力下での材料製造，耐火物の局部溶損，液晶の挙動など多くの分野で重要な役割を果たしている．

などに分類されるが，その各々は，トライボロジーに関連する諸現象，たとえば，摩擦や摩耗，歯車のピッチング，転がり軸受のフレーキングなどの表面損傷の発生に密接に関係している[8]．

表面の形状，うねりが同一である場合に，工学上問題となる表面の幾何学的特性は表面粗さである．この表面粗さの定量的評価をするために多くの手法が考案されているが，その特徴的因子を必要にして十分なだけ取り出すことは極めて困難である．

まず，表面粗さの一次元（直線）特性について説明する．表面を測定面に直角な平面で切断したとき，その切り口に現れる曲線からノイズなどの高周波を除いたものを**断面曲線**，断面曲線から所定の波長より長い表面うねり成分を除去した曲線を**粗さ曲線**と呼ぶ(JIS B 0601)．また，断面曲線から所定の波長よりも短い表面粗さの成分を除去した曲線を**うねり曲線**，長波長成分を表わす曲線を**平均線**という．図2・9(b)にこれらの説明図を示す．

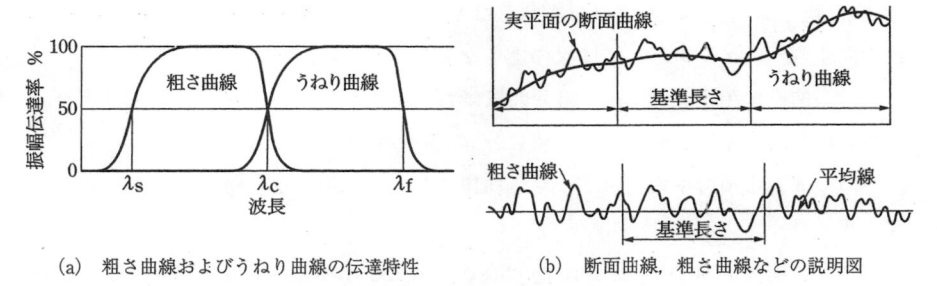

(a) 粗さ曲線およびうねり曲線の伝達特性　　(b) 断面曲線，粗さ曲線などの説明図

図 2・9　表面粗さ (JIS B 0601 より)

以下，代表的な粗さパラメータについて簡単に説明する．

（1）**最大高さ粗さ**〔maximum height peak-to-valley roughness〕$Rz$ または $R_{max}$：粗さ曲線の山の高さの最大値と谷の深さの最大値の和，つまり粗さ突起の最大高さ．

（2）**十点平均粗さ**（ten points height roughness）$Rz_{JIS}$：粗さ曲線において最も高い山頂から5番目までの山頂の平均値と，最も低い谷底から5番目までの谷底の平均値との和．実際の表面においては，平均値の代わりに中央値（上から3番目と下から3番目）の和を用いても有意差は認められない．

（3）**算術平均粗さ**（arithmetic average roughness）$Ra$：粗さ曲線を $z=f(x)$

で表し，基準長さを $L$ としたとき

$$Ra = \frac{1}{L}\int_0^L |f(x)|\,dx \tag{2・20}$$

によって求められるもので，旧 JIS(B 0601-1982)規格に示される**中心線平均粗さ**に相当する．

（4）**二乗平均平方根粗さ** (root mean square roughness) $Rq$ または $R_{\text{rms}}$：表面粗さの標準偏差に相当し，$\sigma$ とも表示される．すなわち，

$$Rq = \sqrt{\frac{1}{L}\int_0^L f^2(x)\,dx} = \sigma \tag{2・21}$$

以上の，粗さパラメータは粗さの高さ方向（**縦方向粗さ**）のみを定量化したものである．これらは，工作法が同じ表面同士を比較する場合には便利であるけれども，粗さ形状の情報を与えないため，トライボロジーの立場からは十分ではない．すなわち，トライボ諸現象は，上記の粗さパラメータ，すなわち縦方向粗さばかりでなく，表面粗さ突起の形状および分布状態などの**横方向粗さ**によっても影響を受ける．横方向粗さパラメータとしては次のようなものが考えられている．

（5）**凹凸の平均間隔** $Sm$：粗さ曲線において 1 つの山およびそれに隣り合う 1 つの谷に対応する平均線の長さの和(凹凸の間隔)の算術平均値．

（6）**局部山頂の平均間隔** $S$：粗さ曲線において，隣り合う局部山頂間の間隔の算術平均値．

（7）**負荷長さ率** (proportional profile bearing) $Rmr(c)$：粗さ曲線からその平均線に平行な切断レベル $c$ で切断したときに得られる切断長さの和(負荷長さ $\eta_p$)の基準長さに対する比へ百分率で表したもの(図 2・10)．

さて，粗さ曲線 $z = f(x)$ において，基準長さ $L$ の範囲で高さ $z$ と $z+dz$ の間にある粗さ曲線の $x$ 方向の長さと基準長さの比は，粗さ曲線の**確率密度関数** $\phi(z)$ となる(図 2・11)．このとき，粗さ曲線の平均値

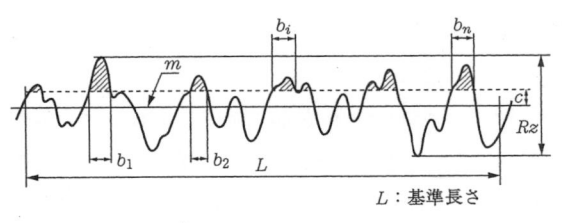

$$Rmr(c) = \frac{\eta_p}{L} \times 100, \quad \eta_p = b_1 + b_2 + \cdots + b_n$$

図 2・10　負荷長さ率 $Rmr(c)$ (JIS B 0601 より)

$m$, すなわち平均線の $z$ 方向の位置は

$$m = \int_{-\infty}^{\infty} z\phi(z)\,dz \tag{2・22}$$

また, 平均値の周りの $n$ 次のモーメントは

$$m_n = \int_{-\infty}^{\infty} (z-m)^n \phi(z)\,dz \tag{2・23}$$

のように定義される*.

ここで, 二次のモーメント

$$\sigma^2 = Rq^2 = \int_{-\infty}^{\infty} (z-m)^2 \phi(z)\,dz \tag{2・24}$$

を分散(variance), その平方根を標準偏差と呼ぶ. なお, 平均線から $c$ の距離での負荷長さ率 $t_p$ は

$$Rmr(c) = \int_{c}^{\infty} \phi(z)\,dz \tag{2・25}$$

で表される. この $Rmr(c)$ の分布が表面粗さ分布の**累積分布関数**であり, この累積分布関数のことを**アボットの負荷曲線**(Abbott's bearing area curve)という(図 2・11 参照).

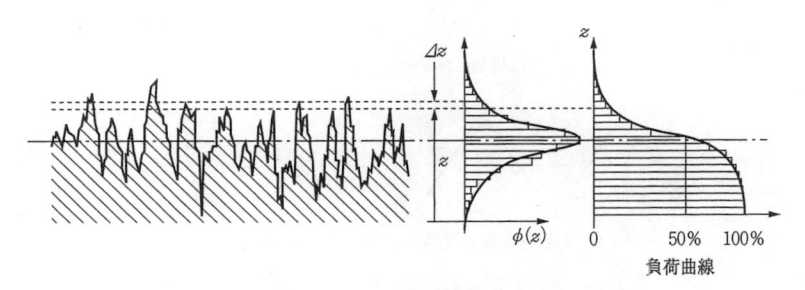

図 2・11 粗さ曲線の確率密度関数 $\phi(z)$ と負荷曲線

また, 三次および四次のモーメント

$$Rsk = \frac{1}{\sigma^3} \int_{-\infty}^{\infty} (z-m)^3 \phi(z)\,dz \tag{2・26}$$

$$Rku = \frac{1}{\sigma^4} \int_{-\infty}^{\infty} (z-m)^4 \phi(z)\,dz \tag{2・27}$$

は, 粗さ突起の形状および分布を示すパラメータとして用いられ, それぞれスキュ

---

\* 式(2・20), (2・21)においては, 粗さ曲線 $z=f(x)$ の平均値を 0 としている

ーネス(ひずみ度 skewness)$Rsk$, **クルトシス(とがり度** kurtosis)$Rku$ と呼ばれる. 図 2・12 に粗さ曲線の確率密度関数の形状とひずみ度, とがり度の例を示す. 正規分布のひずみ度は 0, とがり度は 3 である. 摩擦面がなじみ, 表面粗さが平滑化されるとひずみ度は負になり, とがり度は大きくなる.

(a) 研削 ($Rsk=0.25$, $Rku=2.8$)

(b) (a) のなじみ後 ($Rsk=-2.6$, $Rku=11.2$)

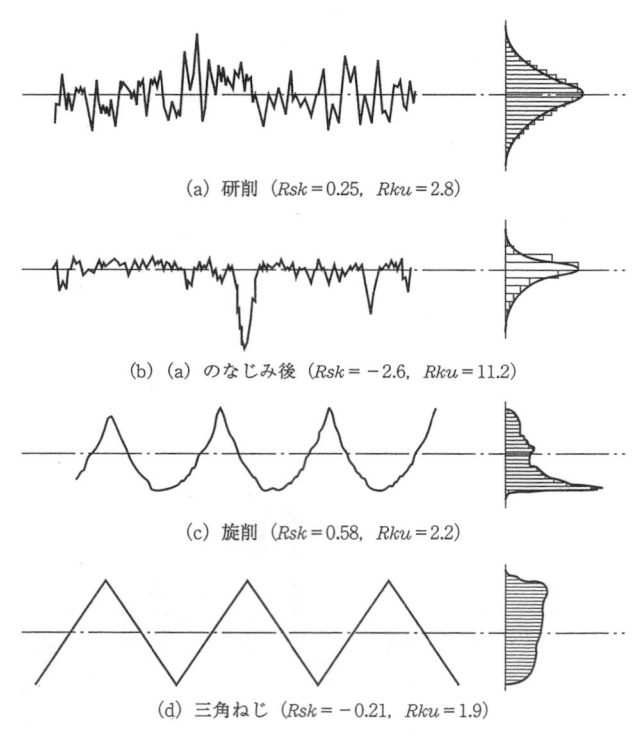

(c) 旋削 ($Rsk=0.58$, $Rku=2.2$)

(d) 三角ねじ ($Rsk=-0.21$, $Rku=1.9$)

図 2・12 ひずみ度($Rsk$), とがり度($Rku$)と確率密度関数

(8) **相関距離**(correlation distance)$\beta$：粗さ曲線 $f(x)$ と距離を $\lambda$ だけずらした値 $f(x+\lambda)$ との積の平均.

$$R(\lambda) = \lim_{L \to \infty} \frac{1}{L} \int_0^L f(x) f(x+\lambda) \, dx \tag{2・28}$$

は, 距離 $\lambda$ だけ離れた $f(x)$ の値の間の関連性を表す尺度であり, **自己相関関数**という. 自己相関関数の値が $R(0)$ の値の $1/e$ に低下するまでの距離 $\beta_*$ を **相関距離**[9] といい, 突起間隔や突起頂部の形状のパラメータとして用いることができる. なお,

$R(\lambda)$ を $R(0)=\sigma^2=Rq^2$ で正規化した

$$\chi(\lambda)=R(\lambda)/R(0) \qquad (2\cdot29)$$

を**自己相関係数**と呼ぶ．図 2・13 に縦方向粗さが同じで，横方向粗さの異なる 2 つの表面粗さ曲線と自己相関係数を示す．

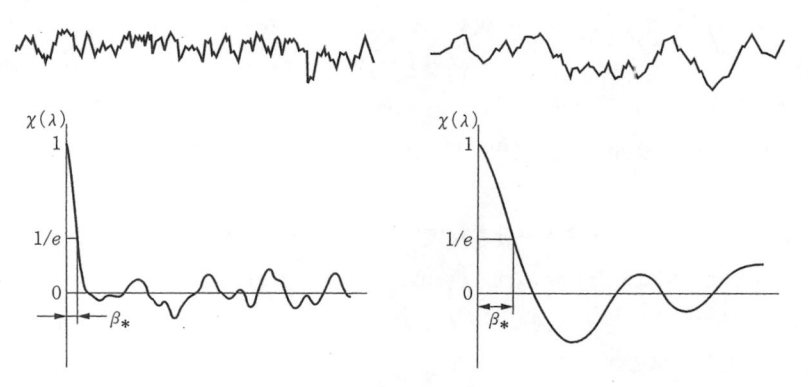

図 2・13 粗さ曲線とその自己相関係数

以上は，一次元の表面粗さパラメータであるが，表面は二次元的な広がりを持っているから，微視的形状の方向性を示すパラメータが必要になる．Peklenik[10] は，相関距離として自己相関係数の値が 1/2 に低下する長さ，すなわち，$\chi(\lambda)=0.5$ に対応する $x$ 方向，$y$ 方向の平均波長 $\chi_{0.5x}$，$\chi_{0.5y}$ の比

$$\chi_*=\chi_{0.5x}/\chi_{0.5y} \qquad (2\cdot30)$$

で粗さの方向性を定義した．$\chi_*$ を**粗さの方向性パラメータ**と呼ぶ．

また，粗さ曲線のフーリエ変換により得られる**パワースペクトル**(power spectrum)は，粗さ曲線の変動成分の強度分布を表し，表面粗さ変動成分の解析などに使用される(図 2・14)．パワースペクトルと自己相関関数とは相互にフーリエ変換の関係にあり，一方がわかれば他方は

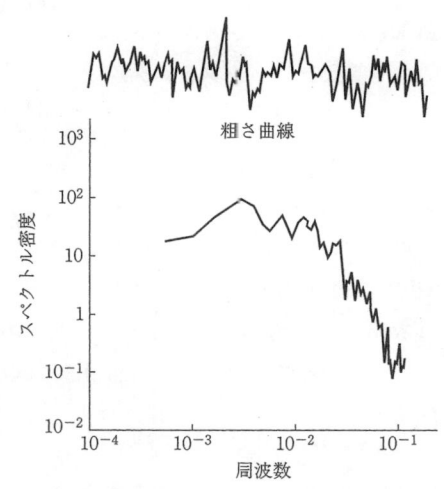

図 2・14 粗さ曲線とパワースペクトル(桑畑秀哉氏作成)

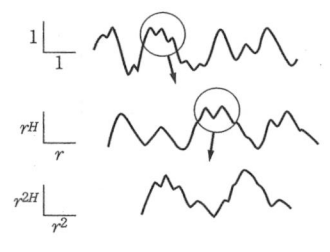

図 2・15 自己アフィンフラクタル

一義的に求まる[11].

上述した各粗さパラメータは，実際に測定した粗さ曲線から求められるが，実測した粗さ曲線には，測定機器の分解能により限られた波長範囲の情報しか含まれていない．したがって，突起曲率半径などは測定方法やデータのサンプリング間隔によって異なった値となる．Mandelbrotにより提唱された**フラクタル**(fractal)[11]~[16]の概念はこの問題を克服する手段として使用できる．

フラクタルは形状の複雑さを計る尺度であり，ある形状の一部を拡大するとやはりもとの形状と相似の形状が現れる場合に，この形状を自己相似フラクタルと呼ぶ．フラクタル次元 $D$ は，ある図形がそれ自身を $r$ 倍($r<1$)に縮小した統計的に等しい図形 $N$ 個から構成されているときに，

$$N = 1/r^D \tag{2・31}$$

で定義される実数である．表面粗さなどの曲線では，$1<D<2$ である．

一般に，粗さ曲線は自己相似ではないが，図 2・15 に示すように横方向のスケールを $1/r$ 倍したときに縦方向のスケールを $1/r^H$ 倍とすると統計的に相似になる場合がある．これを**自己アフィンフラクタル**と呼ぶ．$H$ はハースト指数と呼ばれ，0 から 1 の間の値をとり，$H=2-D$ の関係が成立する[17]．図 2・16 は，縦方向粗さ(標準偏差)が等しくてフラクタ

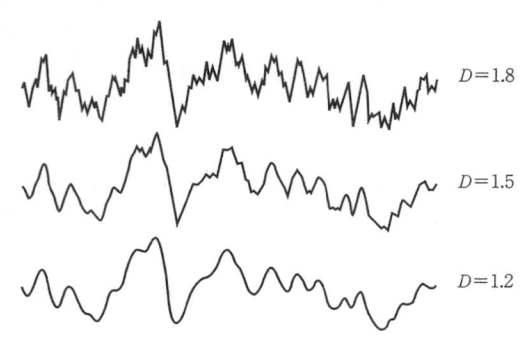

図 2・16 粗さ形状とフラクタル次数(桑畑秀哉氏作成)

ル次元 $D$ の異なる粗さ曲線を示したものである．$D$ の大きい方が複雑な曲線であることがわかる．フラクタル曲線は，いたるところで連続であるが，微分不可能である[12]．

## 2・5 固体の接触

物体の接触状態はその物体の輪郭に応じて，面接触と集中接触に大別される．しかし，実際の工学的表面は表面粗さを持つため，広い面同士が全面的に直接接触することはない．すなわち，面接触の状態は実際には存在せず，見掛け上は面接触の状態にあっても集中接触が分散して存在することになる．このような接触状態を**分散接触**と呼ぶ．接触問題は，摩擦や潤滑のみならず，熱伝導，電気接点，機械加工，塑性加工などの問題を扱う際にはまず解決しなければならない重要課題である．

### 2・5・1 集中接触

普通，点接触，線接触などで代表される**集中接触**(concentrated contact)の応力解析は Hertz[18] によって理論解が導かれたので**ヘルツ接触**(Hertzian contact)とも呼ばれる．集中接触においても実際の接触部は弾性変形あるいは塑性変形するため有限の広さの接触面積を持つことになる．しかし，その面積は極めて狭いため，この部分には極めて高い接触圧力が発生し，これらが表面損傷の原因となる．このような接触状態はトライボロジーにおける接触問題の基本と考えられるのみならず，転がり軸受や歯車のような外接的接触下で転がり/滑り運動をする機械要素の設計の基礎ともなっている．

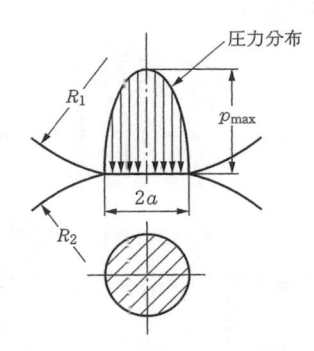

図 2・17 ヘルツ接触（点接触の場合）

#### 1. 点接触

縦弾性係数（ヤング率）$E_1$, $E_2$, ポアソン比 $\nu_1$, $\nu_2$, 半径 $R_1$, $R_2$ の2つの球が荷重 $W$ で接触する場合の圧力分布は点対称であり，接触部は円形となる（図2・17）．この場合の関係式は次のように表される．

圧力分布
$$p = p_{max}\sqrt{1-\left(\frac{r}{a}\right)^2} \tag{2・32}$$

ヘルツの最大接触圧力
$$p_{max} = \frac{3W}{2\pi a^2} \tag{2・33}$$

平均接触圧力
$$\bar{p} = \frac{W}{\pi a^2} = \frac{2}{3}p_{max} \tag{2・34}$$

接触円半径
$$a = \sqrt[3]{\frac{3W}{2}\frac{R}{E}} \qquad (2\cdot 35)$$

接触中心の変形量
$$\delta = \frac{a^2}{R} \qquad (2\cdot 36)$$

ここで，$R$ および $E$ は**等価(曲率)半径**および**等価縦弾性係数**と呼ばれ，つぎのように定義される．

$$\frac{1}{R} = \frac{1}{R_1} + \frac{1}{R_2} \qquad (2\cdot 37)$$

$$\frac{2}{E} = \frac{1-\nu_1^2}{E_1} + \frac{1-\nu_2^2}{E_2} \qquad (2\cdot 38)*$$

また，円筒座標系で表した接触部の応力は，接触部中心軸($z$ 軸，表面 $z=0$)上において，

$$\sigma_z = \frac{a^2}{a^2+z^2} p_{\max} \qquad (2\cdot 39)$$

$$\sigma_r = \sigma_\theta = -\left[(1+\nu)\frac{z}{a}\left(-\frac{\pi}{2} + \frac{a}{z} + \sin^{-1}\frac{z}{\sqrt{a^2+z^2}}\right) - \frac{a^2}{2(a^2+z^2)}\right] p_{\max} \qquad (2\cdot 40)$$

である．図2・18に接触中央部($x=0$, $y=0$)での表面近傍の応力分布を示す．接触部表面においては，$\nu=0.3$ のとき，

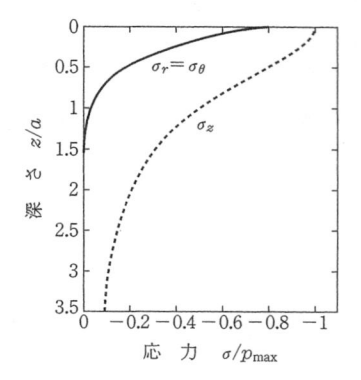

図 2・18 接触中央部($x=0$, $y=0$)での表面近傍の応力分布(点接触)．

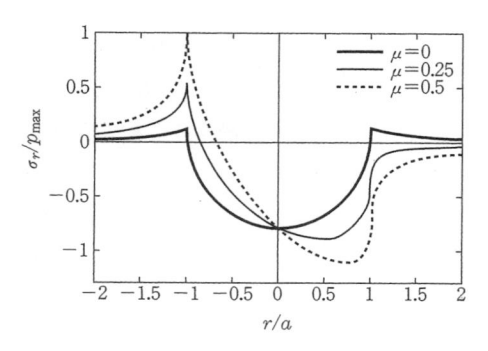

図 2・19 表面での $\sigma_r$ 分布．$\mu$ は摩擦係数

---

\* 等価縦弾性係数 $E$ の定義としては，$\frac{1}{E} = \frac{1-\nu_1^2}{E_1} + \frac{1-\nu_2^2}{E_2}$ が使用される場合もあるので，論文などを読む場合には注意が必要である．

$$\sigma_z = -p_{max}, \qquad \sigma_r = \sigma_\theta = -0.8 p_{max} \qquad (2\cdot 41)$$

となり，応力状態は静水圧に近い．これが接触圧力が非常に高くなっても材料表面が破損しない理由である．

また，表面での応力分布を図 2·19 に示す．接触円周辺部に最大引張り応力

$$(\sigma_r)_{max} = \frac{1-2\nu}{3} p_{max} \cong 0.133 p_{max} \qquad (2\cdot 42)$$

が生じており，この応力がセラミックスなどのぜい性材料の破断，いわゆる**ヘルツクラック**（Hertz crack）を発生させる原因となる（図 2·20）．なお，図 2·19 には摩擦力が作用した場合の応力分布も示している．滑り運動に伴う摩擦力は接触部後縁部で高い引張り応力をもたらすため，ぜい性破壊の危険性を増加させることが分かる．

せん断応力は接触面中心下 $z=0.47a$ の位置で最大になる．この位置における応力は $\sigma_z = -0.82 p_{max}$, $\sigma_r = \sigma_\theta = -0.2 p_{max}$ であり，最大せん断応力は次のようになる．

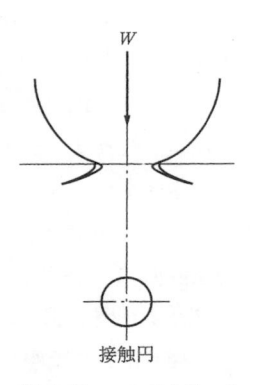

$$\tau_{max} = \frac{|\sigma_z - \sigma_r|}{2} \cong 0.31 p_{max} = 0.465 \bar{p} \qquad (2\cdot 43)$$

図 2·20 ヘルツクラック

また，高い接触応力は材料の降伏と塑性変形を生じさせるが，**材料の降伏条件**としては，つぎの 3 条件が採用されることが多い．

① **最大主応力条件**

主応力 $\sigma_1$, $\sigma_2$, $\sigma_3$ の最大値が降伏応力 $\sigma_s$ に達したときに材料の降伏が起こる．

$$\max(|\sigma_1|, |\sigma_2|, |\sigma_3|) \geqq \sigma_s \qquad (2\cdot 44)$$

② **最大せん断応力条件**（**Tresca の条件**）

最大せん断応力がある限界値に達したときに降伏が起こる．$\sigma_s$ を単軸引張試験での降伏応力とすれば，本条件でのせん断降伏応力 $k$ は $\sigma_s/2$ となる．

$$\max\left(\left|\frac{\sigma_1-\sigma_2}{2}\right|, \left|\frac{\sigma_2-\sigma_3}{2}\right|, \left|\frac{\sigma_3-\sigma_1}{2}\right|\right) \geqq \frac{\sigma_s}{2} \qquad (2\cdot 45)$$

あるいは

$$\tau_{max} \geqq k \qquad (2\cdot 46)$$

③ **せん断ひずみエネルギー条件**（**Mises の条件**）

せん断ひずみエネルギーがある限界値に達したときに降伏が起こる．本条件では，

せん断降伏応力 $k$ は $\sigma_s/\sqrt{3}$ となる.

$$(\sigma_1-\sigma_2)^2+(\sigma_2-\sigma_3)^2+(\sigma_3-\sigma_1)^2 \geq 2\sigma_s^2 \qquad (2\cdot 47)$$

延性材料では最大せん断応力条件,最大せん断ひずみエネルギー条件が,ぜい性材料では最大主応力条件がよく合うといわれている.

ここで,最大せん断応力条件およびせん断ひずみエネルギー条件を採用すれば,いずれに対しても降伏条件は

$$\sigma_z-\sigma_r=\sigma_s$$

となる.つまり,

$$0.465\bar{p}=\sigma_s/2 \quad \text{すなわち} \quad \bar{p}=1.1\sigma_s \qquad (2\cdot 48)$$

が満足されれば,$z=0.47a$ において降伏が始まることになる(図2・21 参照).

荷重が増加するとともに降伏域は拡大し,完全弾塑性体の場合には,

$$\bar{p} \cong 3\sigma_s \qquad (2\cdot 49)$$

で接触面下全域で降伏する.

ブリネル硬さ(Brinell hardness)やビッカース硬さ(Vickers hardness)などの**押込み硬さ**はこの状態を計測している.すなわち,押込み硬さ $H$ は近似的に $H \cong 3\sigma_s$ と表される.つまり,式(2・49)は押込み硬さの理論的根拠になっており,後述する摩擦の凝着説の基礎をなしている.

摩擦係数 $\mu=0$  摩擦係数 $\mu=0.3$

$$J_2=\tau_{xy}^2+\tau_{yz}^2+\tau_{zx}^2+\frac{1}{6}\left[(\sigma_x-\sigma_y)^2+(\sigma_y-\sigma_z)^2+(\sigma_z-\sigma_x)^2\right]$$

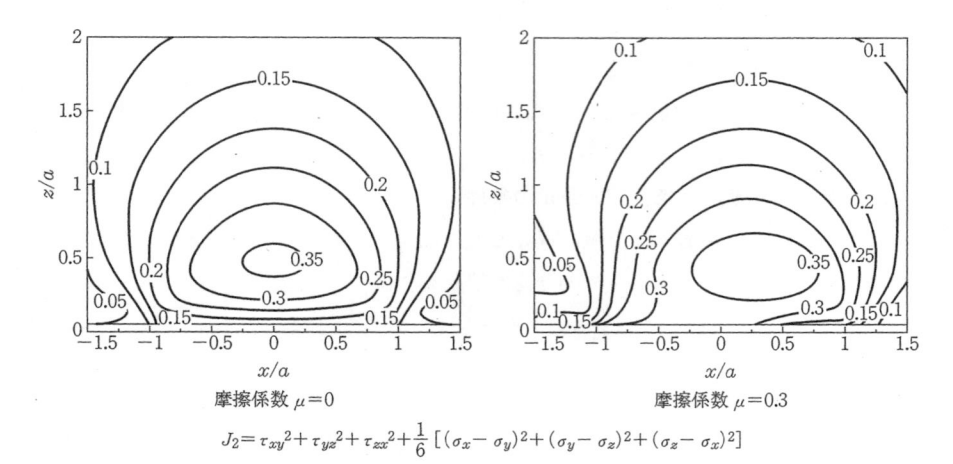

図 2・21 表面下での $J_2$ の分布(樋脇和俊氏作成).
図は $\sqrt{J_2}/p_{max}$ の等高線である.$J_2$ は第二次応力不変量であり,Mises の降伏条件は,$J_2$ が一定値になれば材料は降伏することを意味する.

なお，接線力が作用する場合の応力解析は，点接触に対しては Hamilton[19]，楕円接触に対しては Bryan, Keer[20] によって実施されている．

**2. 線接触**

2つの円筒が単位長さ当たり荷重 $W/L$ で接触する場合の接触圧力分布は線対称であり，接触部は矩形となる（図 2·22）．

圧力分布　　　　　　$p = p_{max}\sqrt{1-\left(\dfrac{x}{b}\right)^2}$ 　　　　　(2·50)

ヘルツの最大接触圧力　　$p_{max} = \dfrac{2W}{\pi bL}$ 　　　　　(2·51)

平均接触圧力　　　　$\bar{p} = \dfrac{W}{2bL} = \dfrac{\pi}{4}p_{max}$ 　　　　　(2·52)

接触半幅　　　　　　$b = \sqrt{\dfrac{8}{\pi}\dfrac{R}{E}\dfrac{W}{L}}$ 　　　　　(2·53)

ここで，$R$, $E$ はそれぞれ式 (2·37)，(2·38) で定義した等価半径，等価縦弾性係数である．

接線力が作用せず，$\nu = 0.3$ の場合の接触部の応力は，接触部表面 ($z=0$) 中央において，

$$\sigma_z = \sigma_x = -p_{max},$$
$$\sigma_y = -0.6 p_{max} \quad (2·54)$$

また，表面下の $z = 0.5b$, $x = \pm 0.85b$ においては，接触面に平行方向のせん断応力 $\tau_{zx}$ が最大となり，その値は

$$(\tau_{zx})_{max} = \pm 0.25 p_{max} \quad (2·55)$$

となる．一方，接触面に対し 45° 方向のせん断応力 $\tau_{45°}$ は，$z = 0.786b$, $x = 0$ で最大となり，その値は

$$(\tau_{45°})_{max} = \sqrt{(\sigma_x - \sigma_z)^2/4 + \tau_{zx}^2} = 0.301 p_{max},$$
$$\tau_{xz} = 0 \quad (2·56)$$

となる．したがって，最大せん断応力条件では

$$0.301 p_{max} = k \quad \text{すなわち} \quad p_{max} = 3.3k \quad (2·57)$$

のときに，表面下 $z = 0.786b$ の位置で降伏が起こり始める．また，せん断ひずみエネルギー条件では

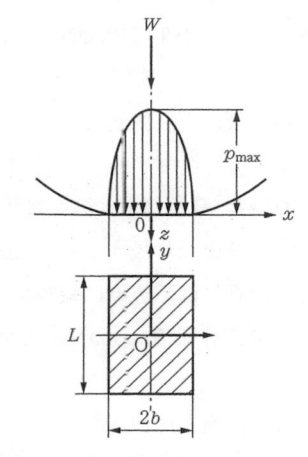

図 2·22　ヘルツ接触（線接触の場合）

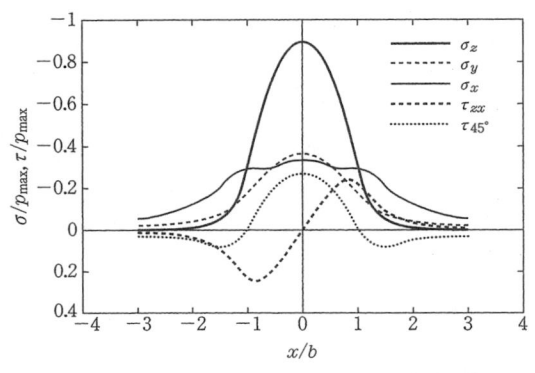

図 2·23 表面下($z=0.5b$)での応力分布（線接触）

$$p_{max}=3.1k \quad (2\cdot58)$$

まで荷重が増加したときに，$z=0.705b$ の位置で降伏が生じる．

図 2·23 に表面下 $z=0.5b$ での応力分布を示す．この応力分布は，接線力が表面に作用していない場合に，接触点の移動に伴う応力変動を示すものとも解釈できる．すなわち，転がり接触においては，接触点の移動（転がりの進行）によって，表層部は両振りのせん断応力 $\tau_{zx}$，および片振りに近いせん断応力 $\tau_{45°}$ を繰返し受けることになる．これが 8·3 節で説明する転がり疲れの主要原因の一つである．

なお，表面に接線力が作用する場合には，最大せん断応力の位置は表面に接近し，摩擦係数が 1/9 以上になると，接触面上でせん断応力が最大になる[21]．

### 2·5·2 分散接触と真実接触面積

工業的に取り扱う表面は，粗さを持っているため，このような2つの表面を接触させた場合には，実際に接触している面積（**真実接触面積**，real contact area）は，**見かけの接触面積**（apparent contact area）に比べて極めて小さいことが普通である（図 2·24）．

この真実接触面積の一つ一つは集中接触になっており，わずかな面積に荷重が集中するため，接触部においては完全に塑性変形を生じていると考えられる．接触2面のうち，硬度の低い方の材料の**塑性流動圧力**（降伏圧力）を $p_m$ とすれば，真実接触部の平均降伏圧力は $p_m$ に等しいと考えられる．すなわち，

$$p_m = 3\sigma_s = W_i/A_i \quad (2\cdot59)$$

となる．ここで，$A_i$ は個々の真実接触点での面積，

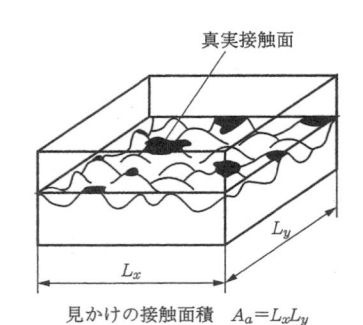

図 2·24 分散接触と真実接触面積

$W_i$ はそれに加わる荷重である．したがって，接触荷重 $W$ に対応する真実接触面積 $A_r$ は

$$A_r = \sum A_i = \sum W_i/p_m = W/p_m \tag{2・60}$$

と表される．すなわち，真実接触面積は荷重と材料の降伏圧力だけで決まり，見かけの接触面積には無関係となる．また，荷重が増大しても個々の真実接触部の大きさはあまり増加せず，接触点の数が増加する（**2・5・3** 参照）．この真実接触面積の概念は，3章，8章で取り扱う摩擦および摩耗法則に対する理論的根拠を与える．

ところで，実際の機械の摩擦面は繰返し摩擦されることが多く，作動初期には塑性的接触をしていた摩擦面も次第になじみ，定常状態に達した後は，突起間の接触は弾性変形の範囲に留まり，荷重は突起によって弾性的に支持されるようになる．弾性接触の場合には，式(2・35)から分かるように，個々の突起接触に対しては $A_i \propto W_i^{2/3}$ の関係が成立するため，$A_r \propto W$ の関係を示す実際の摩擦，摩耗の観察結果（**3・1**節参照）と一見矛盾する．この矛盾は，次節で示すように，表面粗さの影響を考慮することにより解決される．

### 2・5・3　粗面の接触

図 2・25 に示すような粗面と平滑面の接触問題を考える．平面が粗面の突起頂点分布の平均線（平均面）から $d$ だけ離れている場合に，平均線から $z$ の高さを持つ粗さ突起が平面と接触する条件は，$z-d>0$ で与えられる．厳密には周囲の突起接触による表面変位の影響を受けるけれども，単位面積当りの接触突起数が少なくこれが無視できると仮定する．接触に伴い突起頂部は $\delta = z-d$ の変位を受け，これに対応する荷重 $W$ を支える．突起頂部の曲率半径を $\beta$ とすれば，式(2・35)および式(2・36)から，1個の突起に対して

$$\left.\begin{array}{l} \text{突起の接触半径：} a_i = (\beta\delta)^{1/2} \\ \text{突起の接触面積：} A_i = \pi a_i^2 = \pi\beta\delta \\ \text{突起の負荷容量：} W_i = \dfrac{2}{3} E \beta^{1/2} \delta^{3/2} \end{array}\right\} \tag{2・61}$$

となる．

Greenwood-Williamson は，粗面の粗さ突起を全て同じ曲率半径 $\beta$ を持つ球状突起と仮定し，その高さ分布が，統計的分布にしたがうものと仮定した[22]．すなわ

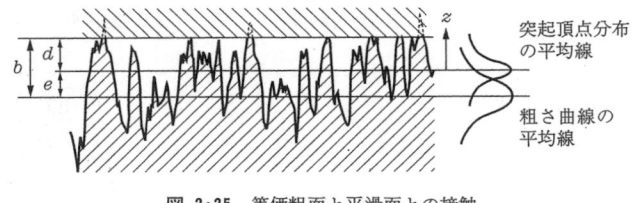

**図 2·25** 等価粗面と平滑面との接触

ち，粗面の突起高さ分布の確率密度関数を $\zeta(z)$（$z$：突起頂点分布の平均線からの距離）とすれば，1つの突起の頂点が $z$ と $z+dz$ の間にある確率は $\zeta(z)\,dz$ となる．粗面突起の中で高さが $d$ 以上の突起が相手平面と接触するので，接触している突起の数の期待値 $n$ は全突起数を $N$ とすれば，

$$n = N\int_d^\infty \zeta(z)\,dz \tag{2·62}$$

となる．また，接触面積 $A$ および接触荷重 $W$ の期待値は式(2·61)からつぎのように求まる．

$$A = N\int_d^\infty \pi\beta(z-d)\,\zeta(z)\,dz, \tag{2·63}$$

$$W = \frac{2}{3}NE\beta^{1/2}\int_d^\infty (z-d)^{3/2}\zeta(z)\,dz \tag{2·64}$$

ここで，$A_0$ を見かけの接触面積，$\eta = N/A_0$ を単位面積当たりの突起数とすれば，

接触点数の期待値：$n = \eta A_0 F_0(h)$ (2·65)

全接触面積の期待値：$A = \pi\eta A_0 \beta\sigma_* F_1(h)$ (2·66)

接触荷重の期待値：$W = \dfrac{2}{3}E\eta A_0 \beta^{1/2}\sigma_*^{3/2}F_{3/2}(h)$ (2·67)

となる．ここに，

$$F_n(h) = \int_h^\infty (s-h)^n \zeta^*(s)\,ds, \qquad h = d/\sigma_* \quad s = z/\sigma_*$$

〔$\sigma_*$：突起高さの標準偏差，$\zeta^*(s)$：正規化された突起高さの確率密度関数，$\eta\beta\sigma_* \cong$ 一定と仮定〕

一般の機械部品表面の粗さ分布および突起高さ分布は正規分布

$$\zeta^*(s) = \frac{1}{\sqrt{2\pi}}e^{-s^2/2} \tag{2·68}$$

に近いが，確率密度関数として正規分布を用いると式(2·65)〜(2·67)を閉じた形で計算することができない．そこで，正規分布に近い指数分布

$$\zeta^*(s) = \exp(-s) \tag{2.69}$$

を確率密度関数として使用すれば,

$$F_n(h) = \Gamma(n+1) e^{-h} = n! e^{-h}$$

$$\Gamma(n+1/2) = \frac{(2n-1)!!\sqrt{\pi}}{2n}, \qquad n!! = \begin{cases} n(n-2)\cdots 3\cdot 1 \\ n(n-2)\cdots 4\cdot 2 \end{cases}$$

となるので, $n$, $A$, $W$ は次のように求められる.

$$n = \eta A_0 e^{-h} \tag{2.70}$$

$$A = \pi(\eta\beta\sigma_*) A_0 e^{-h} \tag{2.71}$$

$$W = \frac{\sqrt{\pi}}{2}(\eta\beta\sigma_*) E(\sigma_*/\beta)^{1/2} A_0 e^{-h} = \frac{1}{2\sqrt{\pi}} E(\sigma_*/\beta)^{1/2} A \tag{2.72}$$

したがって, 接触面積 $A$ および接触点の数 $n$ は荷重に比例することになる. なお, 正規分布を用いて弾性接触条件の下で数値計算しても同様な結果が導かれる.

さて, $H$ を押込み硬さとすれば, 塑性変形開始時には式(2·43)が成立するので, $\bar{p} = 1.1\sigma_s = 1.1(H/3)$ となる. したがって, $p_{\max} = (3/2)\bar{p} = (1.1/2) H \fallingdotseq 0.6H$ になったときに塑性変形が始まると考えてよいので, 塑性変形開始時の限界圧縮変形量 $\delta_p$ は, 式(2·33), (2·35), (2·36)から

$$\delta_p = \beta\left(0.6\frac{\pi}{2}\frac{H}{E/2}\right)^2 = 0.89\beta\left(\frac{H}{E/2}\right)^2 \cong \beta\left(\frac{H}{E/2}\right)^2 \tag{2.73}$$

となる. したがって, 塑性変形を生ずる突起数および接触面積の期待値 $n_p$ および $A_p$ は

$$n_p = \eta A_0 \int_{d+\delta_p}^{\infty} \zeta(z) dz = \eta A_0 \int_{(d/\sigma_*)+(\delta_p/\sigma_*)}^{\infty} \zeta^*(s) ds$$

$$= \eta A_0 F_0\left(\frac{d}{\sigma_*} + \frac{\delta_p}{\sigma_*}\right) \tag{2.74}$$

$$A_p = \pi\eta A_0 \beta\sigma_* \int_{(d/\sigma_*)+(\delta_p/\sigma_*)}^{\infty} (s-h) \zeta^*(s) ds$$

$$= \pi\eta A_0 \beta\sigma_* F_1\left(\frac{d}{\sigma_*} + \frac{\delta_p}{\sigma_*}\right) \tag{2.75}$$

となる. つまり, 塑性変形を起こす突起数あるいはその場合の接触面積は, $d/\sigma_*$ のみならず $\delta_p/\sigma_*$ にも依存することになる. なお,

$$\psi = \sqrt{\frac{\sigma_*}{\delta_p}} = \frac{E/2}{H}\sqrt{\frac{\sigma_*}{\beta}} \tag{2.76}$$

を**塑性指数**(plasticity index)と呼ぶ．いま，仮に $A_p/A_0=0.02$ を突起が弾性的接触する限界値とみなすならば，そのときの見かけの接触圧力 $p$ は

$\psi=0.6$ ならば，$p=4$ MPa，

$\psi=1.0$ ならば，$p=0.2$ Pa

となる[22]．よって，

$\psi<0.6$ ならば，よほど大きい荷重でない限り接触は弾性的

$\psi>1$ ならば，極めて小さい荷重でも接触は塑性的

となる．

なお，Whitehouse-Archard[9] は，このような突起接触状態の過酷度を示す塑性指数として

$$\psi=\frac{E/2}{H}\frac{\sigma}{\beta_*} \tag{2・77}$$

を提案した．ただし，$\sigma$ は粗さ曲線の標準偏差，$\beta_*$ は相関距離である．

以上の取扱では一方を平滑面と仮定したが，両方の面が共に粗い場合には，等価粗面と平滑面の接触に置き換えて上述の理論を適用することが可能である[23]．この場合，

$d$ : 粗面間の突起の頂点の平均高さ間の距離

$d_e$ : 粗面の接触を粗面と平滑面の接触に置き直したときの分離距離

$b$ : 表面粗さの平均線間距離(粗面間の分離距離)

とする．等価粗面の粗さの標準偏差 $\sigma$ は両面のそれを $\sigma_1$，$\sigma_2$ とすれば，

$$\sigma=\sqrt{\sigma_1{}^2+\sigma_2{}^2} \tag{2・78}$$

となり，突起高さの標準偏差 $\sigma_*$ は

$$\sigma_*=0.7\sigma \tag{2・79}$$

と見積ることができる．等価曲率半径 $\beta$ は

$$\frac{1}{\beta}=\frac{1}{\beta_1}+\frac{1}{\beta_2} \tag{2・80}$$

また，突起間の接触においては，必ずしも突起の頂部同士が接触するわけではなく，突起頂部と相手側の突起斜面との接触頻度の方がはるかに多いことを考慮して，等価隙間 $d_e$ は $d$ よりも大きくとり，

$$d_e=d+0.5\sigma \tag{2・81}$$

と見積る．また，次のような関係がある．

$$b-d=1.1\sigma \tag{2・82}$$

〔参考文献〕

( 1 )　Kittel, C., *Introduction to solid state physics*, Wiley, New York (1971)，または，宇野良漬ら共訳，キッテル固体物理学入門上・下（第4版），丸善(1974).
( 2 )　慶伊富長ら，界面現象の基礎，朝倉書店(1973)9.
( 3 )　Langmuir, I., *J. Amer. Chem. Soc.*, 40 (1918) 1391.
( 4 )　Brunauer, S., Emmett, P. H. and Teller, E., *Ind. Eng. Chem.*, 55, 10 (1963) 18.
( 5 )　Shafine, E. G. and Zisman, W. A., *J. Phys., Chem.*, 64 (1960) 519.
( 6 )　Thomson, J., Phil. Mag., S 4, 10 (1855) 330.
( 7 )　兼田楨宏，山本雄二，基礎機械設計工学，理工学社(1995).
( 8 )　平野冨士夫，潤滑，27, 2(1982)71.
( 9 )　Whitehouse, D. J. and Archard, J. F., *Proc. Roy. Soc. London*, A 316 (1970) 97.
(10)　Peklenik, J., *Proc. Instn. Mech. Engrs.*, 182, Pt.3 K (1967/68) 108.
(11)　日野幹雄，スペクトル解析，朝倉書店(1977)47.
(12)　Manbelbrot, B. B., *Science*, 155, (1967) 636.
(13)　Manbelbrot, B. B., *Fractals : Form, Chance, and Dimension*. W. H. Freeman and Company (1977).
(14)　杉村丈一，トライボロジスト，39, 3(1994)208.
(15)　Majumdar, A. and Bhushan, B., *Trans.* ASME, JOT, 112, 2 (1990) 206.
(16)　高安秀樹，高安美佐子，フラクタルって何だろう，ダイヤモンド社(1998).
(17)　Voss, R. F., *in scaling Phenomen in Disordered systems*, Pynn, R. and Skjeltorp, A. eds. Plenum Publishing (1985) 1.
(18)　Hertz, H., J. Reine und Angew. Math., 92 (1881) 156.
(19)　Hamilton, G. M., *Proc. Instn Mech Engrs*, 197, C, (1983) 53.
(20)　Bryan, M. D. and Keer, L. M., *J. Appl. Phys.*, Trans. ASME, 49, 2 (1982) 345.
(21)　Smith, J. O. and Liu, C. K., *J. Appl. Mech.*, 20 (1953) 157.
(22)　Greenwood, J. A. and Williamson, J. B. P., *Proc. Roy. Soc.* London, A 295 (1966) 300.
(23)　Greenwood, J. A, and Tripp, J. H., *Proc. Inst. Mech. Engrs.*, 185 (1970/71) 625.

# 3章 摩擦
friction

## 3・1 乾燥摩擦

厳密な意味での乾燥摩擦とは，摩擦表面に異物質が全く存在しない完全に清浄な面の間の摩擦をいう．完全真空中で固体を切断してできた表面をそのまま真空中で摩擦する場合がこれに相当する．2・1節で記述したように，固体表面は本質的に不安定であるので，表面の結晶構造はひずみ，表面には周囲雰囲気中の気体分子などが吸着して，これらが摩擦に大きな影響を与える．そこで，一般的には，大気中でできるだけ清浄にした表面同士の摩擦を**乾燥摩擦**(dry friction)あるいは**固体摩擦**ということが多い．

したがって，乾燥摩擦と呼ばれる範囲はかなり漠然としているが，比較的汚れの少ない固体表面に対して，**Amontons(1699)-Coulomb(1785)の法則**として知られる以下の経験則が成立する．

① 摩擦力は接触面に加えられる垂直荷重に比例する．
② 摩擦力は見かけの接触面積には無関係である．

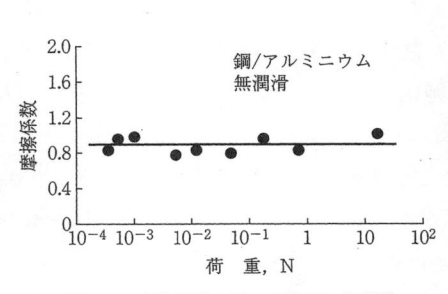

図 3・1　摩擦係数に及ぼす荷重の影響[1] 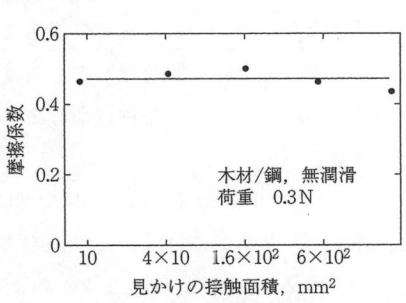　　図 3・2　摩擦係数に及ぼす接触面積の影響[2]

③ 摩擦力は滑り速度には無関係である．
④ 静摩擦力は動摩擦力より大きい．

これらの経験則に関係する実験結果の例を図3・1～図3・4に示す．図3・3から分かるように，経験則③は低すべり速度域や高すべり速度域においては成立しないことが多い．また，高分子材料などのように変形の際に粘弾性特性を示し，内部摩擦の大きい材料に対しては経験則④は成立せず，動摩擦力の方が静摩擦力よりも高い場合があることに注意しなければならない．

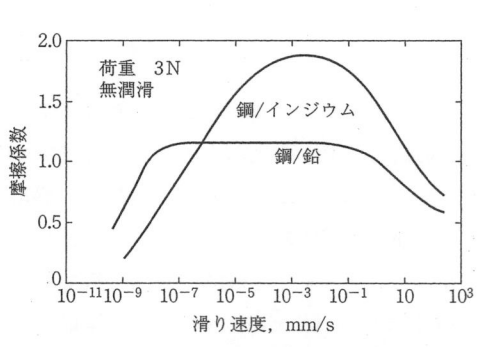

図3・3 摩擦係数に及ぼす滑り速度の影響[2]

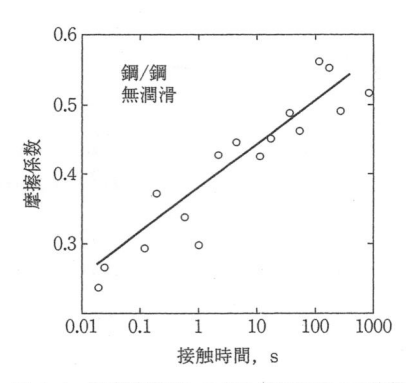

図3・4 静摩擦係数に及ぼす接触時間の影響[3]

### 3・1・1 滑り摩擦の機構

摩擦に消費されたエネルギーは，新生面の創成や弾性変形などの内部エネルギーの増大に寄与する以外は塑性変形，ヒステリシス損失などの散逸エネルギーとして消散される．したがって，摩擦機構を考えるためにはこれらの現象をすべて考慮しなくてはならないが，これらすべてを含んだ摩擦法則を求めることは，その複雑さゆえにかえってその本質を隠してしまう可能性がある．この観点から，分子間凝着，表面粗さのかみ合い，弾塑性変形など単純化されたいくつかのモデルによる摩擦法則が提案されてきた．

とくに，AmontonsやCoulombなどによって提唱された表面粗さ説は，その直感的合理性から歴史的には重要な位置を占めていた．しかし，平滑面になるほど摩擦力が増大する現象が表面加工技術の進歩に伴って明らかになった結果(図3・5参照)，ついにはその地位を次に述べる凝着説にゆずるに至った．学問としての摩擦研

究の開始は，Leonardo da Vinci (1452-1519)にさかのぼり，上述の経験則①,②も彼によりすでに見出されていたといわれている[4]．詳細な現象把握に基づいて導出された摩擦に関する経験則が，500年以上にもわたってその地位を保っているにもかかわらず，思考からのみ推論された摩擦機構が，詳細な実験事実の積み重ねから得られた凝着説にその地位をゆずったことを忘れてはならない．

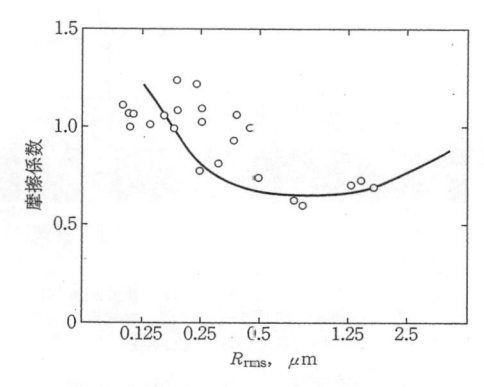

図 3・5 摩擦係数に及ぼす表面粗さの影響[2]

現在では，少なくとも金属に関しては，Bowden-Tabor[5][6]によって提唱された凝着理論が乾燥摩擦(固体摩擦)の基本原理と考えられている．そこで，以下では摩擦の凝着説について説明する．

### 1. 摩擦の凝着説

摩擦力は凝着部をせん断するに必要な力(凝着項)と，物体の移動する前方にある物体を押し退けるに必要な力(掘り起こし項)の和によって与えられるとする説である．

**(1) 凝着項**(adhesion term)　真実接触部は高い接触圧力のため，材料は降伏して凝着を生ずる．摩擦面同士が相対運動をするためにはこの凝着部分(junction)をせん断することが必要であり，このせん断力 $F_a$ が摩擦力となる(図3・6)．つまり，凝着項は式(2・60)を考慮して次のように表示される．

$$F_a = A_r s = (W/p_m)s \tag{3・1}$$

$W$：荷重，$A_r$：真実接触面積，$s$：凝着部をせん断するために必要なせん断応力，すなわち凝着部のせん断強さ，$p_m$：軟らかい方の固体の塑性流動圧力

**(2) 掘り起こし項**(ploughing term)　硬い金属の突起が軟らかい金属の中に押し込まれた状態で互いに滑るためには，前面にある部分を排除，すなわち，すき起こさねばならない(図3・7参照)．これに必要な

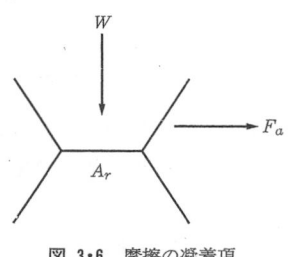

図 3・6 摩擦の凝着項

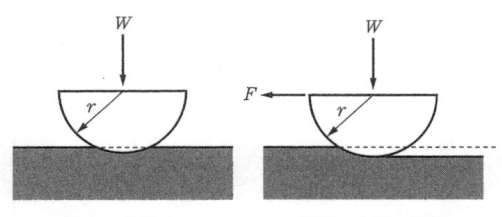

図 3·7 摩擦の掘り起こし項
：押込み突起の移動に伴い接触が突起前方のみに限定されるので，突起押込み深さが増大していることに注意．

力 $F_p$ が摩擦力となり，次のように表すことができる．

$$F_p = A'p' \quad (3\cdot 2)$$

$A'$：進行方向前面の投影面積，
$p'$：硬度の小さい方の固体の平均流動圧力 $\fallingdotseq p_m$

結局，摩擦力 $F$ は

$$F = F_a + F_p \quad (3\cdot 3)$$

と表わされるが，一般に機械要素として使用される摩擦面の表面粗さは小さいため，掘り起こし項は凝着項に比較して小さく無視できる．したがって，滑り摩擦力 $F$ は

$$F = A_r s = (W/p_m)s = (s/p_m)W \quad (3\cdot 4)$$

と近似できる．すなわち，摩擦力は見かけの接触面積には無関係で，垂直荷重に比例することになり，Amontons-Coulomb の法則①，②の理論的根拠を与える．また，静摩擦力は通常十分長時間静的接触した後に滑り運動を与える際に得られる摩擦であるが，一般的には接触時間が経過するほど凝着の可能性も高くなるので（図 3·4 参照），静摩擦力が動摩擦力よりも大きいことが普通である．なお，滑り速度は式 (3·4) には陽に入っていない．これは経験則③が成立する可能性を示唆するが，$s$ および $p_m$ は変形速度によって変化すると考えられ，これが経験則③が実際上一般的法則として是認されない原因である．

したがって摩擦係数 $\mu$ は定義により次のようになる．

$$\mu = \frac{F}{W} = \frac{s}{p_m} = \frac{凝着部のせん断強さ}{軟らかい物体の塑性流動圧力} \quad (3\cdot 5)$$

$$\fallingdotseq \frac{軟らかい物体のせん断強さ}{軟らかい物体の塑性流動圧力}$$

すなわち，摩擦係数は軟らかい方の摩擦面材料の $s$ および $p_m$ によって近似的に決定されることになる．$s$ および $p_m$ は材料の特性によって規定されるため，$s/p_m$ の値は材料の種類によって大きく変わらないと考えられる．つまり，摩擦係数は摩擦材料の組み合わせによらずほぼ一定になる．

一般の金属では，$p_m = (3〜5)s$ であるから，上記凝着理論によれば摩擦係数は

0.2～0.3となる．しかし，実際には乾燥状態での摩擦係数は0.5を越えることも多く，真空中では1を越える場合もある．この矛盾は式(3・1)の導出において，真実接触面積および摩擦力の算出に用いた$p_m$と$s$が互いに独立であると考えたために生じたものである．

**2. 凝着部の成長**

摩擦状態では垂直圧力$p$とせん断応力$s$とが組み合わさって作用しているので，2・5・1で説明したように，降伏は垂直圧力$p$とせん断応力$s$が組合わさった結果として生ずる．簡単のためこの状態を2次元的に考えれば(図3・8)，主応力は

$$\sigma_1 = \frac{p}{2} + \sqrt{\left(\frac{p}{2}\right)^2 + s^2}, \quad \sigma_2 = \frac{p}{2} - \sqrt{\left(\frac{p}{2}\right)^2 + s^2}$$

となる．したがって，降伏条件は最大せん断応力説(Trescaの説)および最大ひずみエネルギー説(Misesの説)ともに，

$$p^2 + \alpha s^2 = p_m^2$$

で表され，$\alpha$の値は，Trescaの説では4，Misesの説では3となる．

上式が3次元接触状態に対しても適用できると仮定し，材料のせん断強さを$s_m$とすれば，

$$p^2 + \alpha s^2 = p_m^2 = \alpha s_m^2 \quad (3・6)$$

図3・8　凝着部の成長

となる．なお，$\alpha$の値は3～25程度である[5]．

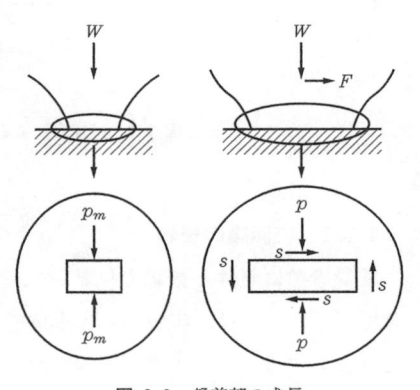

せん断応力が作用するときの真実接触面積を$A$，せん断応力が作用しないとき($s=0$)のそれを$A_0$とすれば，$W=pA$，$F=sA$，$W=p_mA_0$となるので，式(3・6)から次式が得られる．

$$\frac{A}{A_0} = \frac{W/p}{W/p_m} = \frac{p_m}{p} = \sqrt{1 + \alpha\left(\frac{F}{W}\right)^2} = \frac{1}{\sqrt{1-(s/s_m)^2}} \quad (3・7)$$

すなわち，凝着部のせん断強さが固体のせん断強さに等しい場合には，せん断応力が増大しても真実接触面積が増大(**junction growth**)するだけで，全体としての滑りは発生しない(図3・9参照)．このように，滑りが発生しない場合の摩擦力を**接線力** (tangential force)と呼び，滑りを伴う場合の摩擦力とは区別する．滑りのない接線

力と垂直力の比，$\phi=F/W$，を**接線力係数**(tangential force coefficient)と呼ぶ．$\phi$を用いて式(3·7)を書き直すと，

$$\phi=\frac{F}{W}=\frac{sA}{pA}=\frac{s}{p}=\frac{1}{\sqrt{\alpha\{(s_m/s)^2-1\}}} \qquad (3·8)$$

となる．

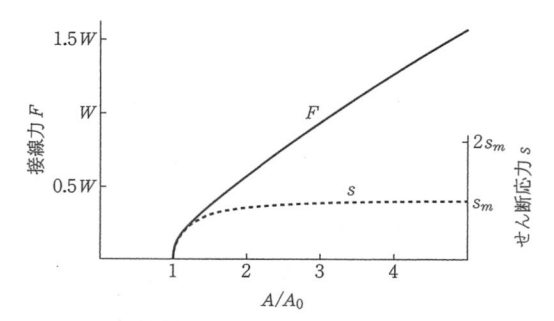

図 3·9 接線力による真実接触面積の増大($\alpha=9$)[7]

## 3·1·2 表面膜の影響

乾燥摩擦における接線力係数は式(3·8)からせん断応力の増大とともに無限に大きくなる．これは，実質的には全体的滑りが発生しないことを意味し，実際の現象とは矛盾する．この矛盾は固体表面上に固体自体のせん断強さよりも弱いせん断強さをもつ表面膜の形成を仮定することにより解決される．いま，表面膜のせん断強さを $s_f$ とし，$s_f=ks_m (k<1)$ とする(図3·10)．この場合には，摩擦面でのせん断応力が $s_f$ になった時 $(s=s_f)$ に，全体的な滑りが発生する．その時の $\phi$ の値が静摩擦係数 $\mu$ に相当し，式(3·8)から

$$\mu=\frac{k}{\sqrt{\alpha(1-k^2)}} \qquad (3·9)$$

となる．すなわち，図3·11，図3·12から分かるように，固体表面上に全く表面膜の存在しない清浄面($k=1$)では $\mu$ は無限大であるが，$k=0.95$ では $\mu\cong1(\alpha=9)$ となる．

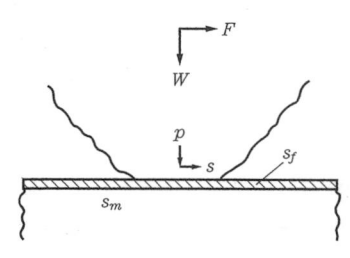

図 3·10 摩擦面の表面膜モデル[7]

つまり，乾燥摩擦は摩擦する材質が何である

かということよりも，摩擦面にどのような表面膜が形成されているかによって大きく影響される．摩擦材料が異なれば，同一環境においても固体表面の性質は相違するため反応生成膜の性質は異なり，乾燥摩擦において材質の影響が現れることになる．すなわち，摩擦力低減の手段は，固体間に第3の物質(固体，液体，気体)を介在させて $k$ を低下させることであることが分かる．接触面間に適当な吸着分子膜を介在させること(境界潤滑)は，有効なせん断力低減策である．流体力学的，電磁気学的に気体や液体の厚い膜を構成させて

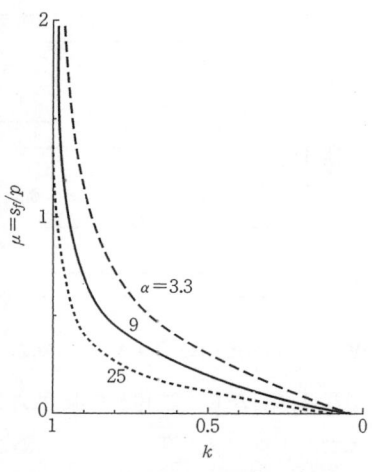

図 3・11 摩擦係数に及ぼす表面膜の影響[7]

2面間の直接接触を完全に断つ流体潤滑は最も理想的な手段であるといえる．

ところで，$k$ が小さい場合には式(3・9)は

$$\mu \cong \frac{k}{\sqrt{\alpha}} = \frac{ks_m}{\sqrt{\alpha s_m{}^2}} = \frac{s_f}{p_m} = \frac{\text{表面膜のせん断強さ}}{\text{下地金属の塑性流動圧力}} \quad (3\cdot10)$$

となる．この結果と上述した概念を考慮すれば，摩擦係数を低減するには表面層をせん断強さの低い材料にし，下地金属を塑性流動圧力の高い材料，すなわち，硬質材料にすればよいことになる(図 3・13 参照)．これが潤滑の極意であり，10・3・3 で説明する軟質被膜材の設計原理となって

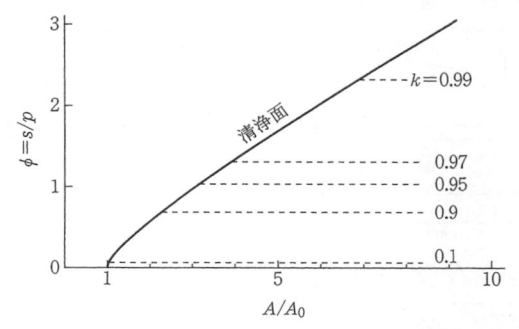

図 3・12 表面膜による真実接触面積の成長の抑制と摩擦係数の低下 ($\alpha=9$)[7]

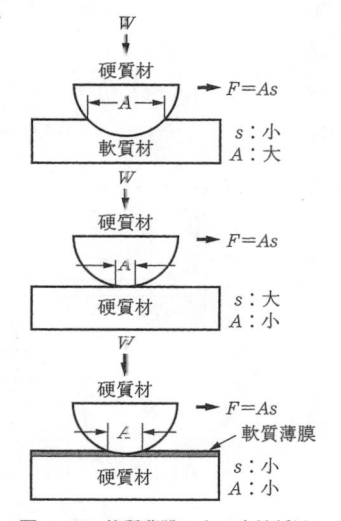

図 3・13 軟質薄膜による摩擦低減

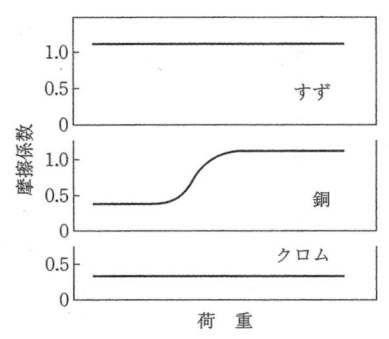

図 3・14 摩擦係数に及ぼす表面皮膜強度の影響[6]

いる．

さて，一般に大気中で摩擦を測定すると酸化膜を隔てての値が得られるが，その値は下地金属と酸化膜との強さによって相違する．酸化膜が破壊されない範囲では，滑りは酸化膜内で起こり，酸化膜のせん断強さによって摩擦力が支配される．通常，酸化膜のせん断強さは金属のそれに比較して小さいので摩擦係数は低くなる．しかし，酸化膜の強度が下地金属よりも高い場合や荷重が高い場合には，土台の下地金属が荷重によって塑性変形を起こす．酸化膜の変形がこれに追従できなくなると，酸化膜が崩壊する結果，金属間同士の摩擦となり，摩擦係数は高くなる．具体的例を図3・14に示す．

## 3・2　付着-滑り（スティック-スリップ）現象

図3・15は鋼にインジウムを被覆した表面上に鋼を滑らせたときの摩擦の温度特性を示したものである．温度上昇に伴い摩擦は徐々に低下するが，インジウムの融点に達すると急激に増加し，のこ歯状の付着-滑り（stick-slip）の振動模様を呈している．しかし，冷却に伴ってその振幅は徐々に低下し，融点以下では再び低い値を示している．このような付着-滑り現象は，摩擦係数が滑り速度の増加とともに低下

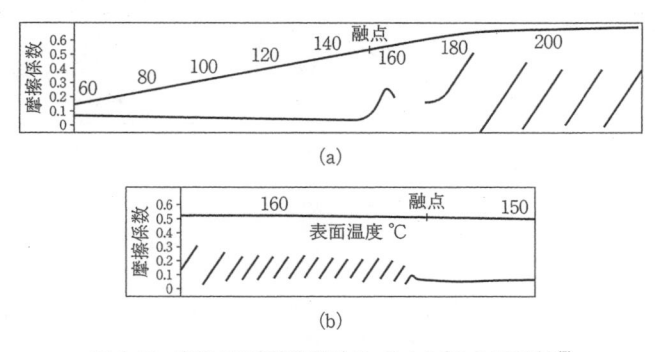

図 3・15　摩擦の温度特性〔鋼/インジウム（融点155℃）〕[5]

する場合や，高い静摩擦から低い動摩擦に移る場合などに，慣性力，復元力，摩擦力の間で構成される振動系が不安定となって発生する自励振動である．付着-滑りの発生は工作機械の滑り面の運動の障害となり，

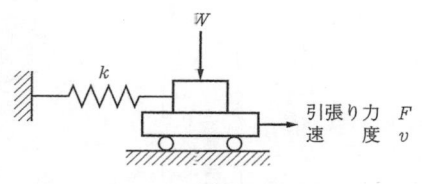

図 3・16 摩擦振動系モデル

加工精度に直接的影響を及ぼしたり，表面損傷の原因ともなるため極力防がねばならぬが，逆に，この現象を利用して潤滑膜の有効性を判別することができる．

図 3・16 に示すような振動系を考える[2]．接触荷重を $W$ とし，平板が速度 $v$ で移動するとする．Amontons-Coulomb の法則ならびに 3・1・1 の摩擦の凝着説の項で述べたことを参考にして，図 3・17 に示すように平板と接触物体との間の動摩擦係数 $\mu_k$ は時間 $t$ によらず一定，静摩擦係数 $\mu_s$ は時間経過とともに増加すると仮定する．

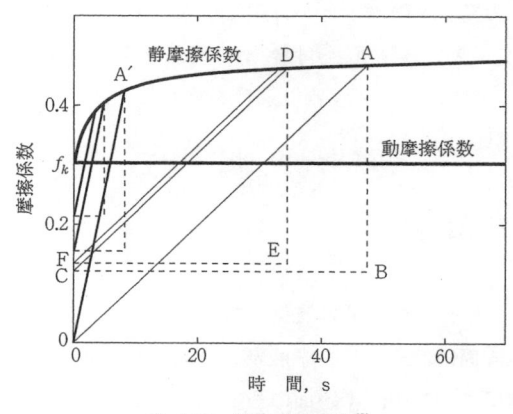

図 3・17 付着-滑り現象[2]

系のばね定数を $k$ とすれば，平板の移動に伴って物体も移動するため（付着状態），ばねは上部物体を平板の運動方向と逆方向に $kvt$ で引っ張ることになる（0 → A）．このばね力が $\mu_s W$ に達すると（A 点），上部物体と平板は相対滑りを起こし（A → B），上部物体は B 点で再び付着状態となる．以後同様な過程を繰り返し（例えば C → D → E），終局的には定常滑り運動をするようになる．すなわち，摩擦波形は図 3・15 のようになる．

付着-滑り運動を防止するための必要十分条件は，滑り速度の増加とともに摩擦係数が上昇する摩擦特性にすることである．例えば，表面粗さを良くして流体潤滑状

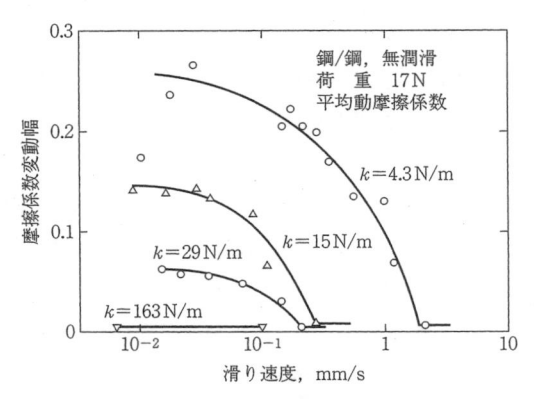

図 3・18 付着-滑り現象発生に及ぼす滑り速度と系の剛性の影響[2]

態を確保すればその発生を防ぐことが可能になる．また，図3・17に示すように$kv$を大きくすれば($0 \to A'$)，発生した付着-滑り現象を早く減衰させることができる．すなわち，システムの剛性を高め，滑り速度を増すことは，付着-滑り現象の早期減衰に有効である（図3・18）．

## 3・3 摩擦面温度

摩擦面に発生した摩擦熱の一部は流体や摩耗粉によって持ち去られるが，残りは熱伝導によって摩擦面に伝えられ，摩擦表面の温度上昇をもたらす．温度上昇は潤滑油の劣化，油膜厚さの減少，摩擦面の強度低下などを引起こし，焼付きなどの表面損傷発生の危険性を増大させることになる．

摩擦面温度は，機械本体の温度上昇に伴って必然的に生じる摩擦面本体の温度上昇である**本体温度（バルク温度**，bulk temperature）**上昇**と，摩擦面での瞬間温度上昇（**閃光温度**，flash temperature）に分けて取扱われる．すなわち，実際の摩擦面温度は本体温度と

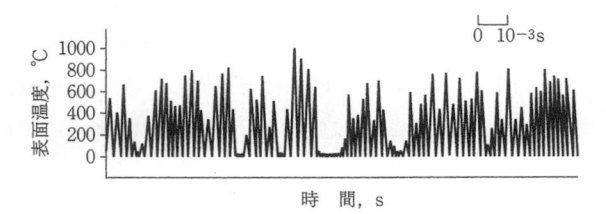

図 3・19 摩擦面温度の時間変化[5]
（コンスタンタン/鋼，滑り速度3m/s，荷重5N）

閃光温度の和である．

閃光温度には 2 通りの概念がある．真実接触面での温度上昇と見かけの接触面での平均温度上昇である．前者では真実接触面積が非常に狭いために，発生熱量が小さくても温度上昇は著しく高くなる．しかし，熱容量がきわめて小さいため，その高温の維持時間は非常に短く，他への影響は少ない．すなわち，摩擦面では図 3・19 に示すようにマイクロ秒ほどの間隔で 1000 K 程度の温度の昇降を引起こす．このため，閃光温度といえばこの真実接触面積での温度上昇をさすことが多い．一方，後者の閃光温度は，歯車をはじめとする集中接触をする摩擦面の見かけの接触領域，すなわちヘルツ接触領域での温度上昇を考える場合に採用されることが多い．これは摩擦熱が見掛けの接触面上に一様に分布するか，または接触圧力に比例して分布すると仮定して，見掛けの接触領域での平均温度上昇を推定するものである．この場合の温度上昇は $100 \sim 200$ K 以内におさまることが多い．

本節では，Blok[8][9]，Jaeger[10][11]，Archard[12] らによって理論的に求められた乾燥状態での摩擦面の温度上昇の推定式について説明する．摩擦面温度の計算には接触面間の摩擦係数の正しい評価が不可欠であるが，摩擦係数は両表面の物性に依存するのみならず，潤滑状態あるいは表面温度によっても変化することに注意しなければならない．また，本体温度，平均温度，最高温度の中でどの温度が重要であるかは，接触状態や問題としている対象によって相違するので，この点の検討も大切である[13]．

なお，本節では，発生摩擦熱の全てが摩擦表面へ熱伝導のみによって伝えられると仮定して温度上昇を求めている．しかし，実際には，前述したように，摩擦熱は対流または放射によって持ち去られるため，求められた温度上昇は高め，したがって安全側の値を示すと考えられる．

### 3・3・1 熱源による温度上昇

#### 1. 静止熱源

半無限体表面上にある円形(半径 $a$)の一様分布熱源を考える(図 3・20 参照)．ただし，表面からの熱放散はないものとする．

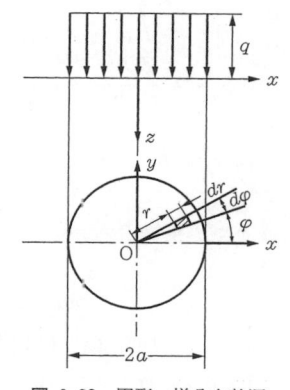

図 3・20 円形一様分布熱源

時間 $t=\tau$ に，表面上の点 $(\xi, \eta, 0)$ に $qd\xi d\eta d\tau$ の熱が加えられたとき（$q$：単位面積当たりの熱源の強さ；W/m²），点 $(x, y, z)$ における時間 $t$ における温度上昇 $d\theta$ は

$$d\theta = \frac{2qrd\xi d\eta d\tau}{\rho c\{4\pi\kappa(t-\tau)\}^{3/2}} \exp\left\{-\frac{r^2}{4\kappa(t-\tau)}\right\} \quad (3\cdot 11)$$

$$r^2 = (x-\xi)^2 + (y-\eta)^2 + z^2$$

で与えられる[12]．ここに，$\rho$ は密度 (kg/m³)，$c$ は比熱 (J/kg·K)，$\lambda$ は熱伝導率 (W/m·K)，$\kappa = \lambda/\rho c$ は熱拡散率 (m²/s) である．したがって，$t$ 時間加熱後の温度上昇は

$$\theta_t = \int_0^{2\pi} d\varphi \int_0^a dr \int_0^t \frac{qr}{4\rho c\{\pi\kappa(t-\tau)^{3/2}\}} \exp\left\{-\frac{r^2}{4\kappa(t-\tau)}\right\} d\tau \quad (3\cdot 12)$$

となる．

いま，熱源の中心 $O(0, 0, 0)$ の温度上昇を考えると，

$$\theta_t = \frac{qa}{\lambda\sqrt{\pi}}\left\{\frac{1}{\sqrt{N}}(1-e^N) + 2\int_{\sqrt{N}}^{\infty} e^{-w^2}dw\right\} \quad (3\cdot 13)$$

ただし，$N = a^2/4\kappa t$ である．定常状態（$t\to\infty$）での O 点での温度上昇，すなわち円形熱源による最高温度上昇は

$$\theta_\infty = \frac{qa}{\lambda} = \frac{Q}{\pi\lambda a}, \qquad Q = \pi a^2 q \quad (3\cdot 14)$$

となる．図 3·21 は O 点での温度上昇の時間変化を示したものである．$N = 0.1$ すなわち $t = 5a^2/2\kappa$ の加熱時間で表面温度は定常値の 82% まで上昇する．例えば，$a = 10\,\mu m$，$\kappa = 12\,mm^2/s$ とすれば，わずか 20 μs の加熱によって表面温度は定常値近くまで上昇することになる．

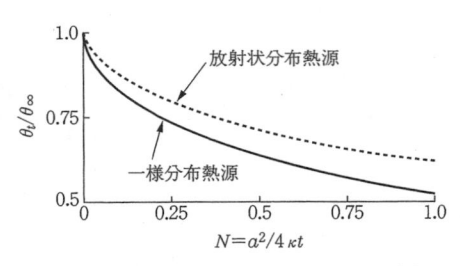

**図 3·21** 円形熱源の温度上昇の時間経過[14]

また，熱源分布が一様ではなく放物線分布の場合には O 点での温度上昇は

$$\theta_\infty = \frac{4Q}{3\pi\lambda a} \quad (3\cdot 15)$$

となり，一様分布の 4/3 倍の温度上昇を示す．

同様な計算を 1 辺 $2b$ の正方形一様分布熱源に対して行うと，熱源中心の温度上

昇 $\theta_\infty$ および熱源部の平均温度上昇 $\theta_{av}$ は

$$\theta_\infty = \frac{4bq}{\pi\lambda}\ln(1+\sqrt{2}) = 1.12\frac{bq}{\lambda} = 0.281\frac{Q}{\lambda b} \tag{3・16 a}$$

$$\theta_{av} = 0.946\frac{bq}{\lambda} = 0.237\frac{Q}{\lambda b} \tag{3・16 b}$$

となる．

定常状態の円形熱源による温度上昇は熱伝導方程式

$$\frac{\partial^2 \theta}{\partial r^2} + \frac{1}{r}\frac{\partial \theta}{\partial r} + \frac{\partial^2 \theta}{\partial z^2} = 0 \tag{3・17}$$

を解くことによっても求めることができる．すなわち，$\theta = R(r)Z(z)$ と変数分離し，式(3・17)を解くと $\theta = e^{-wz}J_0(wr)$ が得られる．ここで，$J_0(wr)$ は第1種ベッセル関数である．したがって，任意の $w$ に対して $\int_0^\infty e^{-wz}J_0(wr)f(w)\,dw$ が式(3・17)の解となるので，境界条件を満足する $f(w)$ を求めればよい．

いま，熱源内では表面温度が一定値 $\theta_0$ を保ち，熱源部以外では表面より熱放散がない場合には，

$$\theta = \frac{2\theta_0}{\pi}\int_0^\infty e^{-wz}J_0(wr)\sin wa\frac{dw}{w} \tag{3・18}$$

となり，熱源の強さ $Q$ は

$$Q = -2\pi\lambda \int_0^a \left(\frac{\partial \theta}{\partial z}\right)_{z=0} r\,dr = 4\lambda a\theta_0 \tag{3・19}$$

となる．したがって，$\theta_0$ と熱源の強さ $Q$ との間には，

$$\theta_0 = \frac{Q}{4\lambda a} \tag{3・20}$$

の関係が成立する．また，円形一様分布熱源の場合の平均温度上昇は同様にして求めると，

$$\theta_{av} = \frac{8qa}{3\pi\lambda} = 0.849\frac{qa}{\lambda} = 0.270\frac{Q}{\lambda a} \tag{3・21}$$

となる．

## 2．移動熱源

熱源が移動する代わりに，物体の方が $x$ 方向に速度 $u$ で移動する場合を考える．時間 $t$ に，$(x, y, z)$ にある点は時間 $\tau$ には $(x-u(t-\tau), y, z)$ にあるので，式(3・11)

の $r$ に $r^2 = \{(x-\xi) - u(t-\tau)\}^2 + (y-\eta)^2 + z^2$ を代入すれば，式(3・12)は

$$\theta_t = \frac{q}{\lambda\sqrt{\pi}} \iint_G \frac{1}{D} \exp\left\{\frac{u(x-\xi)}{2\kappa}\right\} d\xi d\eta \int_{1/2\sqrt{\kappa t}}^{\infty} \exp\left\{-w^2 - \frac{u^2 D^2}{16\kappa^2 w^2}\right\} dw \tag{3・22}$$

となる．ただし，$D^2 = (x-\xi)^2 + (y-\eta)^2 + z^2$，$G$ は熱源の領域である．定常状態では，

$$\theta_\infty = \frac{q}{2\pi\lambda} \iint_G \frac{1}{D} \exp\left\{-\frac{u\{D-(x-\xi)\}}{2\kappa}\right\} d\xi d\eta \tag{3・23}$$

となる．

円形熱源中心の O での温度上昇は

$$\theta_\infty = \frac{q}{2\pi\lambda} \int_0^{2\pi} d\varphi \int_0^a \exp\left\{-\frac{ur(1+\cos\varphi)}{2a}\right\} dr$$

$$= \frac{q}{\lambda} \int_0^a \exp\left(-\frac{ur}{2\kappa}\right) I_0\left(\frac{ur}{2\kappa}\right) dr \tag{3・24}$$

ただし，$r^2 = \xi^2 + \eta^2$，$I_0(ur/2\kappa)$ は第1種変形ベッセル関数である．式(3・24)は $\int e^{-z} I_0(z) dz = z e^{-z} \{I_0(z) + I_1(z)\}$ の関係を用いれば，つぎのように書き直される．

$$\theta_\infty = \frac{qa}{\lambda} e^{-P_e} \{I_0(P_e) + I_1(P_e)\} \tag{3・25}$$

ここに，$P_e = ua/2\kappa$ は**ペクレ(Peclet)数**(**4・5** 節参照)である．$P_e$ が小さい場合には式(3・25)は

$$\theta_\infty = \frac{qa}{\lambda} = \frac{Q}{\pi\lambda a} \tag{3・26}$$

となる．これは静止熱源の式(3・14)と同じである．$P_e$ が大きい場合には $I_0(P_e) \cong$

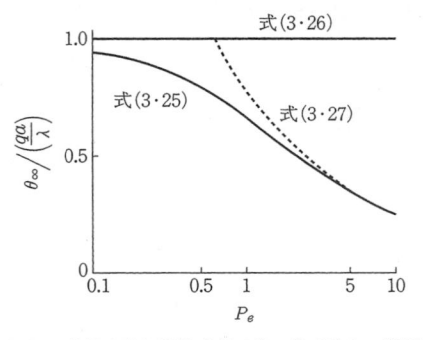

図 3・22 式(3・25)と近似式(3・26)，(3・27)との関係[14]

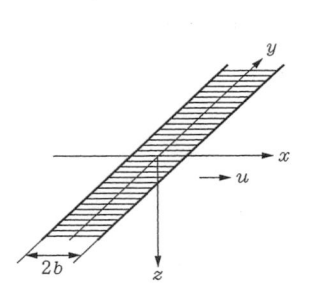

図 3・23 移動帯熱源

$I_1(P_e) \cong e^{P_e}/\sqrt{2\pi P_e}$ であるので，式(3・25)は

$$\theta_\infty = \frac{2qa}{\lambda\sqrt{\pi}}\sqrt{\frac{\kappa}{ua}} = 0.798\frac{qa}{\lambda\sqrt{P_e}} = 0.254\frac{Q}{\lambda a\sqrt{P_e}} \tag{3・27}$$

となる．これらの関係を図3・22に示す．すなわち，式(3・26)は$P_e<0.1$の範囲で，式(3・27)は$P_e>3$の範囲で十分な精度で使用できる．

図3・23に示す一様分布帯熱源の場合の表面温度上昇は，式(3・23)から次ぎのように求められる．

$$\theta_\infty = \frac{q}{2\pi\lambda}\int_{-b}^{b}d\xi\int_{-\infty}^{\infty}\frac{1}{D}\exp\left[-\frac{u\{D-(x-\xi)\}}{2\kappa}\right]d\eta$$

$$= \frac{q}{\pi\lambda}\int_{-b}^{b}K_0\left(\frac{u}{2\kappa}|x-\xi|\right)\exp\left[-\frac{u(x-\xi)}{2\kappa}\right]d\xi \tag{3・28}$$

ここに，$K_0(z)$は第2種変形ベッセル関数である．図3・24はこの結果を示したものである．$P_e$が大きいときには熱源出口側で温度上昇は最大になることが分かる．このときの最高温度上昇は

$$\theta_{x=b} = \frac{2\kappa q}{\pi\lambda u}[2P_e e^{2P_e}\{K_0(2P_e)+K_1(2P_e)\}-1] \cong \frac{2q}{\lambda}\sqrt{\frac{2\kappa b}{\pi u}} = 1.13\frac{qb}{\lambda\sqrt{P_e}} \tag{3・29}$$

である．ただし，$P_e=ub/2\kappa$である．また，帯熱源部の平均温度上昇は次式で表わされる．

$$\theta_{av} = \frac{4q}{3\lambda}\sqrt{\frac{2\kappa b}{\pi u}} = 0.752\frac{qb}{\lambda\sqrt{P_e}} \tag{3・30}$$

なお，放物線分布熱源の場合は$P_e$が大きくなると最高温度上昇は$x=b/2$の位置で生じるが最高温度の値そのものは熱源の分布形状の影響をほとんど受けない[15]．

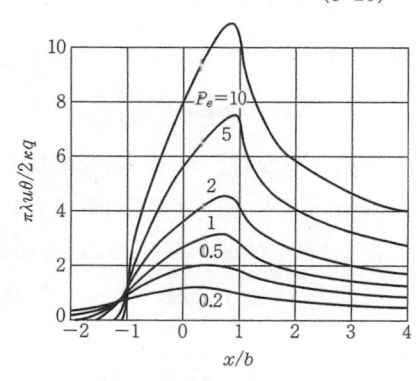

図3・24 一様分布移動帯熱源の表面温度上昇分布[10]

### 3・3・2 摩擦面の温度上昇

滑り接触している物体が直接接触している部分では，両物体の表面温度は等しくなるので，接触部で発生する摩擦熱はこの条件を満足するように分配される．しか

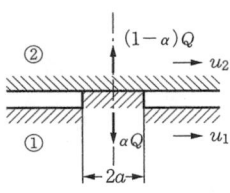

**図 3・25　摩擦熱の分配**

し，この熱分配の割合は接触点各部で異なり，解析的に求めるのは困難である．したがって，接触部の平均温度上昇または最高温度上昇が等しくなるように摩擦熱が分配されると仮定する．

　一般に，真実接触面積は見掛けの接触面積に比べて著しく小さく，見掛けの接触面積中に散在している．また，前節で示したように，表面温度は非常に短時間加熱で定常温度にまで上昇する．そこで，ここでは真実接触部を円形と仮定し，その部分の定常表面温度上昇を求める．

　図 3・25 に示すように，物体①，②が接触し，各々が速度 $u_1$, $u_2$ で移動する場合を考える．ペクレ数 $P_e$ が小さい場合（$P_e<0.1$）には，静止熱源と見なせるので，式(3・21)より

$$0.849\frac{\alpha qa}{\lambda_1}=0.849\frac{(1-\alpha)qa}{\lambda_2}$$

ただし，$\alpha$ は物体①への熱分配率である．したがって，

$$\alpha=\frac{\lambda_1}{\lambda_1+\lambda_2}, \qquad \theta=0.849\frac{qa}{\lambda_1+\lambda_2}=0.270\frac{Q}{(\lambda_1+\lambda_2)a} \tag{3・31}$$

となる．接触が塑性的であれば，物体の塑性流動圧力，摩擦係数を各々 $p_m$, $\mu$ とすれば，$q=\mu p_m|u_1-u_2|$ と表されるので，

$$\theta=0.849\frac{\mu p_m|u_1-u_2|a}{\lambda_1+\lambda_2} \tag{3・32}$$

となる．たとえば，$a=10\,\mu\mathrm{m}$, $\mu=0.5$, $\lambda_1=\lambda_2=40\,\mathrm{W/m\cdot K}$, $u_1-u_2=10\,\mathrm{m/s}$, $p_m=2\,\mathrm{kN/mm^2}$ とすれば，$\theta\cong1000\,\mathrm{K}$ となり，真実接触部での温度上昇すなわち閃光温度は非常に高くなる場合があることが分かる．

　$P_e$ が大きい（$P_e>3$）場合には，式(3・27)より次式が導かれる．

$$\alpha=\frac{\lambda_1\sqrt{P_{e1}}}{\lambda_1\sqrt{P_{e1}}+\lambda_2\sqrt{P_{e2}}},$$

$$\theta=0.798\frac{qa}{\lambda_1\sqrt{P_{e1}}+\lambda_2\sqrt{P_{e2}}}=0.254\frac{Q}{(\lambda_1\sqrt{P_{e1}}+\lambda_2\sqrt{P_{e2}})a} \tag{3・33}$$

　つぎに，図 3・25 に示す摩擦条件において，物体①が静止，または $P_{e1}$ が小さく，物体②の $P_{e2}$ が大きい場合を考える．物体①は静止熱源，物体②は移動熱源となるので，式(3・21)，式(3・27)より

$$0.849\frac{\alpha qa}{\lambda_1}=0.798\frac{(1-\alpha)qa}{\lambda_2\sqrt{P_{e2}}}$$

したがって，

$$\alpha=0.798\frac{\lambda_1}{\lambda_1+1.06\lambda_2\sqrt{P_{e2}}},$$

$$\theta=\frac{0.849qa}{\lambda_1+1.06\lambda_2\sqrt{P_{e2}}}=\frac{0.270Q}{(\lambda_1+1.06\lambda_2\sqrt{P_{e2}})a} \tag{3・34}$$

となる．$P_{e2}$ が大きい場合には $\alpha\cong 0$ となり，摩擦熱は速度の速い物体②によってほとんど吸収される．すなわち，図 3・25 の場合には，摩擦熱は摩擦面における接触部の移動速度の速い物体の方へ多く分配されることになる．一般には，接触域に入ってくるバルク表面温度の低い摩擦面の方へ熱は多く分配される．

以上の式は真実接触部での閃光温度，点接触をする機械要素の摩擦面温度上昇の推定式として使用できる．一方，歯車をはじめとして温度上昇が問題となる機械要素には線接触をするものも多い．これらの接触部の温度上昇は式(3・29)または式(3・30)を用い，本節と同様な取り扱いをすることによって求められる．

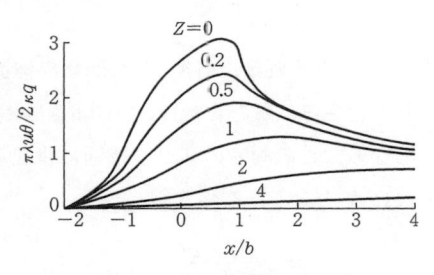

**図 3・26** 表面下の温度分布[10]
（一様分布移動帯熱源, $P_e=1$), $Z=uz/2\kappa$

図 3・26 は一様分布帯熱源の場合の内部の温度上昇分布を，また，図 3・27 は表面下の最高温度上昇の変化を示したものである．温度上昇は摩擦面から内部に入ると急速に低下し，かつ平均化されることが分かる．またその低下の割合はペクレ数 $P_e$ が大きいほど大きい．

たとえば，$b=0.12$mm, $\kappa=12$mm$^2$/s, $u=1$ m/s の場合($P_e=5$)には，表面下 0.08mm 内部に入るだけで最高温度上昇が表面での大きさの 1/5 にまで低下することになり，摩擦熱の侵入

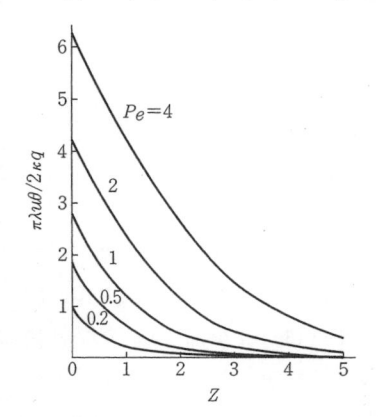

**図 3・27** 表面下の最高温度上昇の変化[10]
（一様分布移動帯熱源）
$P_e=ub/2\kappa$, $Z=uz/2\kappa$

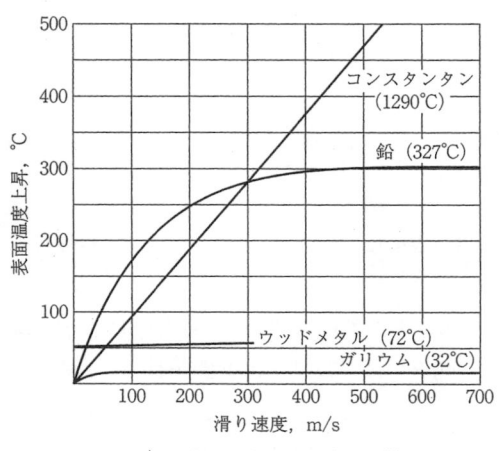

**図 3・28** 表面温度-滑り速度特性[5]
（ ）内は融点を示す.

深さは非常に浅いことが分かる．

さて，今まで述べた結果は1回の接触すなわち熱源が1回通過した場合の温度上昇についてであった．一般には摩擦面は繰り返し通過する場合が普通であり，周期的に接触が繰り返されることにより本体（バルク）表面温度は次第に上昇していく．本体温度上昇は摩擦面の熱量の収支を考えることにより推定できる．摩擦面の熱容量を $C$，等価熱伝達係数を $h$，等価表面積を $A$ とすれば，時間 $dt$ の間に摩擦面から放出される熱量（機械本体へ伝導により逃げさる熱量を含む）は $hA\theta dt$，摩擦面の温度上昇のため消費される熱量は $Cd\theta$ となる．この両者の和が摩擦面に供給される熱量 $Qdt$ に等しいので $Qdt = Cd\theta + hA\theta dt$ となる．この式を

$$\theta + \frac{C}{hA}\frac{d\theta}{dt} = \frac{Q}{hA} = \theta_\infty$$

と置き換えて解けば，

$$\theta = \theta_\infty\left\{1 - \exp\left(-\frac{hA}{C}t\right)\right\} \tag{3・35}$$

となる．ただし，$\theta_\infty = Q/hA$ は定常状態での摩擦面の本体温度上昇である．

図 3・28 は，各種の金属円柱を鋼表面上を滑らせた場合の表面温度上昇を測定したものである．摩擦面温度は融点の低い方の金属の融点を超えないことに注意すべきである．低融点金属では，摩擦しゅう動によって容易に融点に達するが，摩擦面においてこの溶融した部分が一時的に潤滑膜の作用をする（**3・1・2** 参照）．例えば，軸受メタルとして使用される錫や鉛の合金はなじみやすく，接触面を大きくすることができるとともに，溶融状態となったときには潤滑膜を形成して，致命的な焼付きへの進展を防ぐことができる．

## 3・4 接触状態とトライボ特性

接触面が相対的に滑ると表面膜などに機械的損傷が発生する．また，しゅう動発熱によって接触面温度は上昇する．前節で述べたように，この温度上昇は接触中心よりも出口側で高く，また，接触時間とともに上昇する．すなわち，焼付きなどの表面損傷の発生を防ぐためには，接触時に受けた熱的擾乱を非接触時に回復しておかなければならない．

見かけの接触面積が同じで運動方向長さが相違する場合には，長手方向にしゅう動を行うと摩擦距離，しゅう動時間が長くなるため機械的擾乱を受けやすく，温度上昇も高くなる．例えば，長手方向のかみ合い割合が大きいハイポイド歯車やウォーム歯車は表面損傷防止のためにトライボ的対策が重要である．

図 3・29 は 2 物体を接触させた場合の弾性接触圧力分布を示したものである．接触端が直角の場合には端部の圧力は無限大になるが，端部を少し丸めるだけで端部圧力は著しく低下する（図 5・12 参照）．さらに，クラウニングを付けるなどにより中高の楕円体形状の接触にすると，2・5 節で説明したように，接触圧力分布は半楕円状となる．すなわち，接触端部の形状は表面損傷の発生の難易に直接関係するので注意しなければならない．

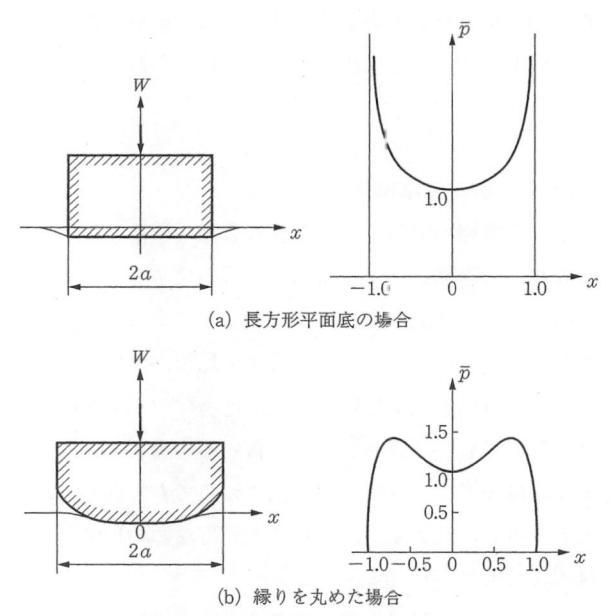

図 3・29 弾性接触圧力分布の例[16]
無次元圧力：(a) $\bar{p}/(w/\pi a)$, (b) $\bar{p}/(4w/3\pi a)$
$w$：単位幅当たりの荷重

(a) 長方形平面底の場合
(b) 縁りを丸めた場合

## 3・5 転がり摩擦

転がり運動は摩擦係数が滑り運動に比較して1桁から3桁程度低く，エネルギー損失が低いのに加えて，円滑な運動が期待できるために，多くの摩擦面にその応用を見ることができる．しかしながら，その摩擦抵抗の低さが転がり摩擦抵抗自体を正確に測定することを極めて難しくしており，その摩擦機構を厳密かつ定量的に説明する統一的理論は未だ存在していない．なお，転がり摩擦においては，静摩擦係数は潤滑油の影響をあまり受けないものの表面粗さの影響は大きいこと，動摩擦係数は転がり速度，表面粗さの増大，硬さの減少によって増加することなどが知られている[17]．

### 3・5・1 転がり摩擦機構

転がり摩擦の原因と考えられる各種の機構を以下に列記する．実際の転がり摩擦はこれらの機構が複雑に絡み合って発生するものと考えられる．そこで，転がり摩擦の問題を取り扱う場合には，対象となる転がり接触面においてはこれらの諸機構の中のどの機構が主要因であるかを見極めた後に対処することが必要となる．

転がり運動を利用した機械要素は多いが，その摩擦抵抗が転がり摩擦のみに限定された機械要素は存在しないと言っても過言ではない．転がり運動を利用した代表的な機械要素である転がり軸受においても，保持器やころ端面では滑り摩擦が主体的であるし，転動体に限定しても潤滑油の粘性抵抗，空気抵抗なども転がり摩擦の原因として考えられる．

（1）塑性変形説　転がり接触に伴い接触面は多かれ少なかれ塑性変形する．その塑性変形のために消費される仕事が転がり摩擦の原因であるとする説[6]であり，接触圧力が材料の降伏応力よりも高い場合には顕著になる．しかしながら，転がり接触を繰り返すことによって，材料の加工硬化，接触面幅の増大や摩擦面間の幾何学的形状の一致性（conformity）の向上に伴う接触圧力の低下に

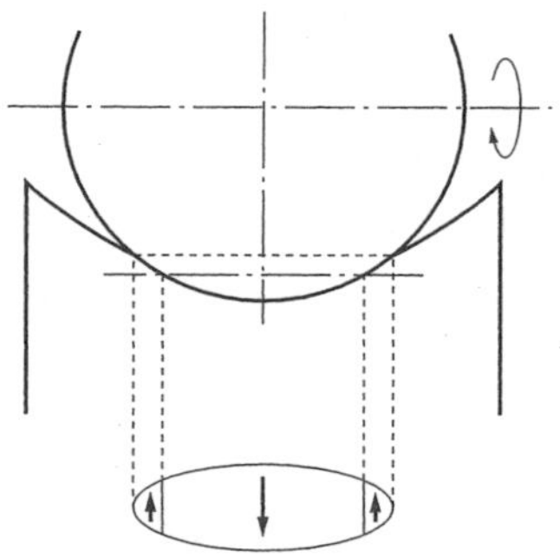

図 3・30　ヒースコート滑り

より塑性変形量はしだいに減少する．したがって，この機構による転がり摩擦は繰り返し数の増加とともに低下し，一定値に漸近する．なお，表面下の塑性変形の影響については，**8・3・1**を参照されたい．

（ 2 ） **差動滑り説**　深い溝の中を球が転がる場合などでは，図3・30に示すように純転がり運動すると考えられる部分の両側領域は互いに滑り方向の相違する滑り接触（**差動滑り**）領域が出現する．この滑りは**ヒースコート滑り**（Heathcote slip）と呼ばれ，この微視的滑り摩擦に起因する抵抗が転がり摩擦となる[18]．また，弾性係数の異なる材料間では接触に伴う表面の弾性変形量が異なるために微視的滑りが発生する．この滑りを**レイノルズ滑り**（Reynolds slip）と呼ぶ[19]．

（ 3 ）　**凝着説**　転がり運動のためには接触面中に存在する真実接触面積（**3・1・1**参照）で発生する2面間の凝着部分を引き離さねばならない．これに必要とされる仕事が転がり摩擦となるとする説であり[20]，表面粗さの小さい場合や真空中では問題となる．

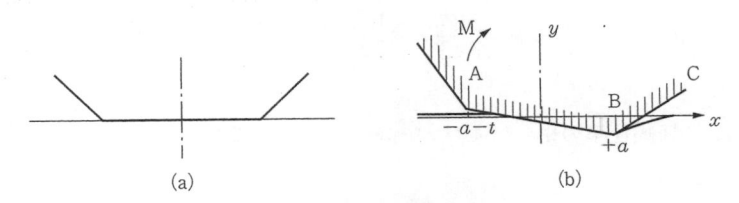

図 3・31　表面粗さ説(静摩擦の発生機構)

（ 4 ）　**表面粗さ説**　幾何学的に完全な真円筒や真球は存在しない．そこで，転がり運動の起動時には図3・31(a)に示すような安定位置から弾性変形を伴った(b)のような状態に移行するが，この際位置エネルギーが減少し，これが静摩擦をもたらすとする説である[21]．また，転がり運動時には実際には多面体である円筒または球の突起部を瞬間中心として回転し相手面に衝突する．この場合に起こる衝突損失が転がり摩擦の原因となる[21]．

（ 5 ）　**内部摩擦説**　転がり運動に伴って弾性変形が生じ，接触点より転がり方向の接触面では圧縮状態にあり，その反対側は圧縮変形が解放される状態にある．すなわ

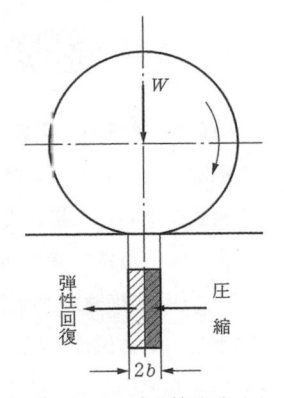

図 3・32　半無限平面上を回転する円柱

ち，転がり接触面では弾性圧縮ひずみエネルギーの蓄積とその回復が繰り返されることになる．この際，蓄えられたひずみエネルギーの大半は回復されるものの一部は**ヒステリシス損失**，つまり**内部摩擦**によって熱として放出される．これが転がり摩擦の原因となる[6]．ポリマやゴムのような高分子材料のヒステリシス損失は，一般的に金属に比べて大きいので，これらの材料で作られた機械要素の転がり摩擦の主要因は内部摩擦であると考えられる．

例えば，半径 $R$，長さ $L$ の円柱が荷重 $W$ を受けて平面上を回転する場合の接触点は，接触半幅 $b$〔式(2・53)〕の有限の面積を有する(図3・32)．したがって，回転しようとすれば接触域前半部で回転に抵抗するモーメントが発生する．理想的には接触点後半部でこれと大きさが等しく方向が反対のモーメントも作用するが，これを無視すれば，円柱が単位距離進む間になされる圧縮仕事 $\phi_1$ は，接触圧力分布を $p$，変形量を $\delta$ とすれば，$\phi_1 = \int pLd\delta$ である．ところで，$p$ は式(2・50)で与えられ，$\delta = x^2/2R$ であるので，

$$\phi_1 = \int_0^b pL\frac{d\delta}{dx}dx = \frac{2Wb}{3\pi R} = \frac{(W/L)^{3/2}}{R^{1/2}}\left(\frac{16}{9\pi^3}\right)^{\frac{1}{2}}\left(\frac{1-\nu_1^2}{E_1}+\frac{1-\nu_2^2}{E_2}\right)^{\frac{1}{2}}L \tag{3・36}$$

となる．この圧縮仕事の中の $\alpha$ だけが内部摩擦として消費されるとすれば，$\alpha\phi_1$ が転がり抵抗となる．

なお，半径 $R$ の球が単位距離進む場合にする仕事 $\phi_2$ は，ヘルツの接触円半径を $a$ とすれば〔式(2・35)〕，次のように表される．

$$\phi_2 = \frac{3}{16}\frac{Wa}{R} = \frac{3}{16}\left(\frac{3}{4}\right)^{\frac{1}{3}}\frac{W^{4/3}}{R^{2/3}}\left(\frac{1-\nu_1^2}{E_1}+\frac{1-\nu_2^2}{E_2}\right)^{\frac{1}{3}} \tag{3・37}$$

### 3・5・2　接線力の影響

駆動車輪とレールの場合や回転車輪にブレーキがかけられた場合のように，転がり接触部において接線力，すなわちトラクション $T$(図5・17参照)が伝達される場合を考える．荷重を $W$，滑り摩擦係数を $\mu$ とすれば，$T$ が静摩擦力 $\mu W$ に達すると $(T = \mu W)$，接触部は全面的に滑るようになり，過大な摩耗や焼付き等の表面損傷を発生し，動力伝達の機能をなくす畏れがある．以下，$T < \mu W$ の場合を考える．

転がり運動によってトラクションを伝達する場合，その伝達力は摩擦力により得られるわけであるから，接触域での全面的滑りが発生しないものの，駆動側表面速

度は被動側表面速度に比べて大きいことが必要である．その結果として，接触域では2表面間に相対滑りが生じるはずであるが，その相対滑りは摩擦力による表面層の弾性変形によって抑制される．すなわち，摩擦力により駆動側表面は入口側，被動側表面は出口側に移動することにより相対滑り量は相殺される．2面間の相対滑

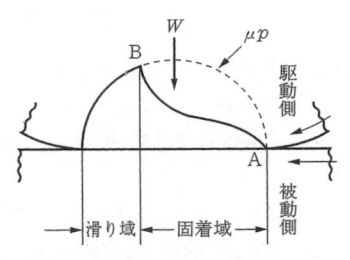

図 3・33 転がり接触時の接線力分布

り量は接触域内部に向かうにしたがって大きくなり，それを抑制するために必要な摩擦力もそれに応じて増加する．しかし，得られる最大摩擦力は静摩擦係数 $\mu$ と接触圧力 $p$ の積 $\mu p$ であるので，必要な抑制力が $\mu p$ 以上にまで増大した時（図 3・33 の B 点）に相対滑りが発生するようになる．すなわち，接触域入口部では相対滑りが抑制される（固着域）ものの，その後部には滑り域が発生することになる．つまり，見かけ上は全面的な滑りが存在しない場合でも，接触域内では部分的に滑りが発生することになる．

また，車輪とレールの接触を考えると，車輪（駆動側）は圧縮状態で，レール（被動側）は引張り状態で接触域に入ってくる．したがって，あたかも車輪はその周長が短くなり，レールは長さが長くなったように振る舞う．したがって，車輪が1回転する間に移動する距離は変形しない場合よりもわずかに短くなる．この現象を**クリープ**（creep）という．

〔参 考 文 献〕

( 1 )  Whitehead, J. R., *Proc. Roy. Soc. London*, A 201, (1950) 109.
( 2 )  Rabinowicz, E., *Friction and Wear of Materials*, John Wiley & Sons (1966).
( 3 )  Buckley, D. H., NASA, SP-277.
( 4 )  Dowson, D., *History of Tribology*, Longman (1979).
( 5 )  Bowden, F. P. and Tabor, D., *The friction and lubrication of solids*, Pt. 1, Oxford (1950).
( 6 )  Bowden, F. P. and Tabor, D., *The friction and lubrication of solids*, Pt. 2, Oxford (1964).
( 7 )  Tabor, D., *Proc. Roy. Soc.*, A 251 (1959) 378.
( 8 )  Blok, H., *General Discussion on Lubrication and Lubricants*, Group IV, I. Mech. E

(1937) 26.
( 9 )　Blok, H., *Wear*, 6 (1963) 483.
(10)　Jaeger J. C., *Proc. Roy. Soc*. N.S.W., 76 (1942) 203.
(11)　Carslaw, H. S. and Jaeger, J. C., *Conduction of Heat in Solids*, Oxford Univ. Press (1959).
(12)　Archard, J. F., *Wear*, 2 (1958/59) 438.
(13)　Yamamoto, Y., *Bull JSME*, 25, 199 (1982) 103.
(14)　山本雄二，潤滑，27，11(1982) 789.
(15)　寺内喜男，浜本高志，潤滑，15，3(1970) 133.
(16)　Галин, Л.А., 佐藤常三(訳)，接触弾性論，現代工学社(1974).
(17)　佐々木外喜雄，沖野教郎，日本機械学会論文集，26，163(1960) 467；26，169(1960) 1281.
(18)　Heathcote, H. L., *Proc. Inst. Auto. Engrs.*, 15 (1921) 569.
(19)　Reynolds, O., *Phil. Trans.*, 166 (1876) 155.
(20)　Tomlinson, G. A., *Phil. Mag.*, 7 (1927) 905.
(21)　佐々木外喜雄，沖野教郎，日本機械学会論文集，27，181(1961) 1456.

# 4章 流体潤滑
## hydrodynamic lubrication

　相対運動をする2面間の直接接触は，連続的な流体膜を2面間に形成することにより防止できる．したがって，このような**流体潤滑**（**fluid film lubrication**）の状態を確保することは潤滑上の理想であり，潤滑されるしゅう動部の設計・運転にあたっては，まず，流体潤滑状態の確保を目標とすべきである．

　流体膜の確保に関しては，接触面の形状や運転条件のほかに，適正粘度を持つ潤滑油の選択が重要になる．高粘度油の使用は膜厚の確保には有用ではあるが，潤滑膜のせん断発熱に伴う温度上昇や摩擦力の増大を招く恐れがある．温度上昇は，粘度低下をもたらし，流体膜の崩壊や潤滑油の変質劣化を促進する．潤滑油の泡立ち，キャビテーションなども流体膜の確保にとっては有害である．無論，接触面内への異物混入や接触面の腐食などが起こらないように注意すべきである．また，摩擦面の加工精度・組立精度不良，荷重および熱による変形などが流体潤滑に大きく影響することはいうまでもない．

　流体膜形成は，外部から加圧流体を圧送することによって負荷能力を得る**静圧作用**（hydrostatic action），または，2面の相対運動によって負荷能力を得る**動圧作用**（hydrodynamic action）によって行われる．前者による流体潤滑を"**Hydrostatic Lubrication**"，後者による流体潤滑を"**Hydrodynamic Lubrication**"と呼ぶ．

　流体潤滑に関する接触面内の現象は，流体の状態方程式，狭いすきまに適用された粘性流体運動方程式，エネルギー方程式，接触表面形状に関係する弾性（または弾塑性）方程式によって記述される．

## 4・1　動的流体潤滑理論

　油潤滑された鉄道車軸受の摩擦試験を実施していたTowerは，軸受内に軸の回

転とともに高い流体力学的圧力が発生することを見い出し，この結果を 1883 年に発表した[1].

Reynolds[2] は，粘性流体の運動を記述する Navier-Stokes の方程式を狭いすきまの流れに適用することによって，軸受内のくさび形油膜が流体力学的圧力を発生することを導き，Tower の実験結果を説明した(1886)．これが今日の流体潤滑理論の基礎になっており，その基礎式を **Reynolds 方程式** という．以下，この Reynolds 方程式を導出し，その物理的意味を説明する．

### 4・1・1　Navier-Stokes の方程式

運動する流体の中の直交座標 $(x, y, z)$ 空間に固定され，$dx$, $dy$, $dz$ の辺をもつ直六面体微小要素を考える（図 4・1）．流体は一般に連続体であるが，この微小部分の運動は Newton の法則に従い，質量×加速度＝外力の関係が成立する*．外力には，各面に作用する圧力の合力，各面に働く粘性力，この微小要素内の流体全体に動く，例えば地球の重力のような外力（体積力と呼ぶ）とがある．空間に固定された流体の微小部分内の速度成分 $(u, v, w)$ が空間（場所）と時間 $t$ によって変化することを考慮すれば，加速度成分は速度成分の時間に関する全微分として次のように表される．

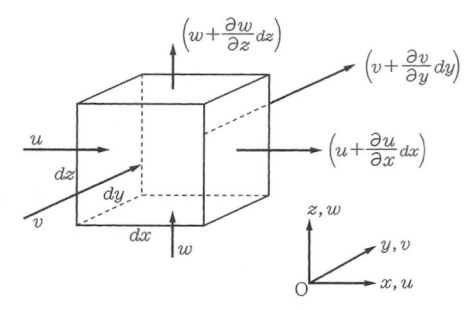

図 4・1　微小直六面体における流体の出入

$$\left.\begin{array}{l}\dfrac{Du}{Dt}=\dfrac{\partial u}{\partial t}+u\dfrac{\partial u}{\partial x}+v\dfrac{\partial u}{\partial y}+w\dfrac{\partial u}{\partial z}\\[4pt]\dfrac{Dv}{Dt}=\dfrac{\partial v}{\partial t}+u\dfrac{\partial v}{\partial x}+v\dfrac{\partial v}{\partial y}+w\dfrac{\partial v}{\partial z}\\[4pt]\dfrac{Dw}{Dt}=\dfrac{\partial w}{\partial t}+u\dfrac{\partial w}{\partial x}+v\dfrac{\partial w}{\partial y}+w\dfrac{\partial w}{\partial z}\end{array}\right\} \qquad (4・1)$$

各速度間には **質量保存の法則** あるいは **連続の式** によって表される関係式が成立する．すなわち，微小直六面体内の流体の平均密度を $\rho$ とすれば，

---

\* 通常の Newton の運動方則では，運動している 1 つの質点あるいは剛体に着目している．

$$\frac{\partial \rho}{\partial t}+\frac{\partial}{\partial x}(\rho u)+\frac{\partial}{\partial y}(\rho v)+\frac{\partial}{\partial z}(\rho w)=0 \qquad (4\cdot 2\,\mathrm{a})$$

または

$$\frac{D\rho}{Dt}+\rho\left(\frac{\partial u}{\partial x}+\frac{\partial v}{\partial y}+\frac{\partial w}{\partial z}\right)=0 \qquad (4\cdot 2\,\mathrm{b})$$

流体が非圧縮性であれば $\rho$ は一定であるから，この場合の連続の式は

$$\frac{\partial u}{\partial x}+\frac{\partial v}{\partial y}+\frac{\partial w}{\partial z}=0 \qquad (4\cdot 2\,\mathrm{c})$$

となる．

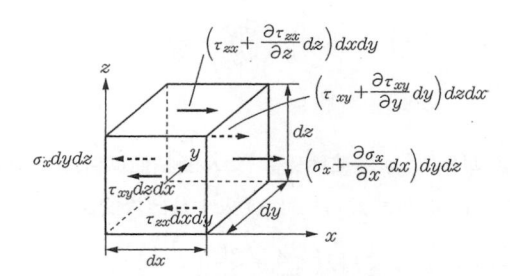

図 4・2 微小直六面体に作用する力

流体中に考えた微小直六面体の各面に作用する応力成分（単位面積当たりの表面力）は，先に述べたように圧力と粘性力からもたらされるが，これを図4・2に示すように

$x$ 軸に垂直な面： $\sigma_x$,　$\tau_{xy}$,　$\tau_{xz}$

$y$ 軸に垂直な面： $\tau_{yx}$,　$\sigma_y$,　$\tau_{yz}$

$z$ 軸に垂直な面： $\tau_{zx}$,　$\tau_{zy}$,　$\sigma_z$

と表し，体積力成分を $(F_x, F_y, F_z)$ として，**Newton の運動法則**を適用すれば

$$\left.\begin{aligned}\rho\frac{Du}{Dt}&=F_x+\frac{\partial \sigma_x}{\partial x}+\frac{\partial \tau_{xy}}{\partial y}+\frac{\partial \tau_{xz}}{\partial z}\\ \rho\frac{Dv}{Dt}&=F_y+\frac{\partial \tau_{yx}}{\partial x}+\frac{\partial \sigma_y}{\partial y}+\frac{\partial \tau_{yz}}{\partial z}\\ \rho\frac{Dw}{Dt}&=F_z+\frac{\partial \tau_{zx}}{\partial x}+\frac{\partial \tau_{zy}}{\partial y}+\frac{\partial \sigma_z}{\partial z}\end{aligned}\right\} \qquad (4\cdot 3)$$

が得られる[3][4]．

応力成分は，流体の粘弾性状態方程式によって，ひずみおよびひずみ速度成分と

関係づけられるが，ここでは，流体は Newton の粘性法則に従うと仮定する．すなわち，流体は等方性で，流体の微小部分に働く応力とひずみとの間には比例関係が成立するとすれば，

$$\left.\begin{aligned}
\sigma_x &= -p + \lambda\left(\frac{\partial u}{\partial x} + \frac{\partial v}{\partial y} + \frac{\partial w}{\partial z}\right) + 2\eta\frac{\partial u}{\partial x} \\
\sigma_y &= -p + \lambda\left(\frac{\partial u}{\partial x} + \frac{\partial v}{\partial y} + \frac{\partial w}{\partial z}\right) + 2\eta\frac{\partial v}{\partial y} \\
\sigma_z &= -p + \lambda\left(\frac{\partial u}{\partial x} + \frac{\partial v}{\partial y} + \frac{\partial w}{\partial z}\right) + 2\eta\frac{\partial w}{\partial z} \\
\tau_{xy} &= \eta\left(\frac{\partial v}{\partial x} + \frac{\partial u}{\partial y}\right), \quad \tau_{yz} = \eta\left(\frac{\partial w}{\partial y} + \frac{\partial v}{\partial z}\right), \\
\tau_{zx} &= \eta\left(\frac{\partial u}{\partial z} + \frac{\partial w}{\partial x}\right)
\end{aligned}\right\} \quad (4\cdot 4)$$

となる．ここで，$p$ は圧力，$\eta$ は**粘性係数（せん断粘性係数）**，$\lambda$ は**第二粘性係数（体積粘性係数）**である．式(4・4)を式(4・3)に代入すれば次式が得られる．

$$\left.\begin{aligned}
\rho\frac{Du}{Dt} &= F_x - \frac{\partial p}{\partial x} + \frac{\partial}{\partial x}\left\{\lambda\left(\frac{\partial u}{\partial x} + \frac{\partial v}{\partial y} + \frac{\partial w}{\partial z}\right) + 2\eta\frac{\partial u}{\partial x}\right\} \\
&\quad + \frac{\partial}{\partial y}\left\{\eta\left(\frac{\partial v}{\partial x} + \frac{\partial u}{\partial y}\right)\right\} + \frac{\partial}{\partial z}\left\{\eta\left(\frac{\partial u}{\partial z} + \frac{\partial w}{\partial x}\right)\right\} \\
\rho\frac{Dv}{Dt} &= F_y - \frac{\partial p}{\partial y} + \frac{\partial}{\partial y}\left\{\lambda\left(\frac{\partial u}{\partial x} + \frac{\partial v}{\partial y} + \frac{\partial w}{\partial z}\right) + 2\eta\frac{\partial v}{\partial y}\right\} \\
&\quad + \frac{\partial}{\partial z}\left\{\eta\left(\frac{\partial v}{\partial z} + \frac{\partial w}{\partial y}\right)\right\} + \frac{\partial}{\partial x}\left\{\eta\left(\frac{\partial u}{\partial y} + \frac{\partial v}{\partial x}\right)\right\} \\
\rho\frac{Dw}{Dt} &= F_z - \frac{\partial p}{\partial z} + \frac{\partial}{\partial z}\left\{\lambda\left(\frac{\partial u}{\partial x} + \frac{\partial v}{\partial y} + \frac{\partial w}{\partial z}\right) + 2\eta\frac{\partial w}{\partial z}\right\} \\
&\quad + \frac{\partial}{\partial x}\left\{\eta\left(\frac{\partial w}{\partial x} + \frac{\partial u}{\partial z}\right)\right\} + \frac{\partial}{\partial y}\left\{\eta\left(\frac{\partial v}{\partial z} + \frac{\partial w}{\partial y}\right)\right\}
\end{aligned}\right\} \quad (4\cdot 5)$$

これを **Navier-Stokes の方程式**と呼ぶ*．

---

\* 流体の持つ運動エネルギーの一部は，粘性のために熱エネルギーとして散逸する．この散逸熱エネルギーが常に正である条件は，4・5節から分かるように，$\eta \geq 0$, $3\lambda + 2\eta \geq 0$ で与えられる．しかし，普通の流体では $3\lambda + 2\eta = 0$，よって

$$\lambda = -(2/3)\eta \quad (4\cdot 6)$$

とおいてよい[(6)]．この場合，

$$p = -(\sigma_x + \sigma_y + \sigma_z)/3 \quad (4\cdot 7)$$

となる．

### 4・1・2 次元解析

Navier-Stokes の運動方程式(4・5)の左辺は**慣性項**, 右辺第一項は**体積力項**, 第二項は**圧力項**, 第三項以上は**粘性項**である.

体積力項は一般には重力項 $\rho g$ ($g$：重力加速度)のみであり, これは潤滑現象にはほとんど影響しないため無視できる*. 膜厚は潤滑面の代表寸法 $L$ と比較して極めて小さく, $\varepsilon = h/L$ は通常 $10^{-3}$ 程度である. したがって, 粘性項のうち $\frac{\partial}{\partial z}\left(\eta \frac{\partial u}{\partial z}\right)$ および $\frac{\partial}{\partial z}\left(\eta \frac{\partial v}{\partial z}\right)$ 以外の項は, これら2項に比較して $\varepsilon$ または $\varepsilon^2$ 程度の微小項となり無視できる. また, 膜厚が薄いため, 膜厚方向の圧力変化は無視できると仮定すれば, 式(4・5)は次のように簡略化できる.

$$\rho \frac{Du}{Dt} = -\frac{\partial p}{\partial x} + \frac{\partial}{\partial z}\left(\eta \frac{\partial u}{\partial z}\right),$$

$$\rho \frac{Dv}{Dt} = -\frac{\partial p}{\partial y} + \frac{\partial}{\partial z}\left(\eta \frac{\partial v}{\partial z}\right), \qquad \frac{\partial p}{\partial z} = 0 \qquad (4 \cdot 8)$$

以下, 膜厚方向を $z$ 方向とし, 式(4・8)の各変数の代表量を

$[x] = [y] = L$：代表寸法(m),  $\qquad [z] = h$：流体膜厚(m),

$[u] = [v] = U$：壁面速度(m/s),  $\qquad [p] = \bar{p}$：平均圧力(Pa),

$[\eta] = \eta$：平均粘度(Pa·s),  $\qquad [\rho] = \rho$：平均密度(kg/m³)

とすれば,

$$[\text{慣性項}] = \left[\rho \frac{Du}{Dt}\right] = \left[\rho \frac{Dv}{Dt}\right] = \frac{\rho U^2}{L} \qquad (4 \cdot 9)$$

$$[\text{圧力項}] = \left[\frac{\partial p}{\partial x}\right] = \left[\frac{\partial p}{\partial y}\right] = \frac{\bar{p}}{L} \qquad (4 \cdot 10)$$

$$[\text{粘性項}] = \left[\frac{\partial}{\partial z}\left(\eta \frac{\partial u}{\partial z}\right)\right] = \left[\frac{\partial}{\partial z}\left(\eta \frac{\partial v}{\partial z}\right)\right] = \frac{\eta U}{h^2} \qquad (4 \cdot 11)$$

となる.

粘性項に対する慣性項の比は, 通常, **レイノルズ**(Reynolds)**数**と呼ばれるが, 潤滑油膜厚さが潤滑面寸法に比較して薄いために,

$$\frac{[\text{慣性項}]}{[\text{粘性項}]} = \frac{\rho U^2/L}{\eta U/h^2} = \frac{UL}{\eta/\rho}\left(\frac{h}{L}\right)^2 = \frac{UL}{\nu}\left(\frac{h}{L}\right)^2 = Re\left(\frac{h}{L}\right)^2 = Re^* \qquad (4 \cdot 12)$$

---

\* 電磁場の作用下で, 液体ナトリウムのような導電性流体が流れる場合には, 電磁力すなわち体積力が働くがこの体積力は無視できない. このような場での潤滑状態を**電磁流体潤滑**という.

と表示され，$Re^*$ を**修正レイノルズ数**という．ここに，$\nu=\eta/\rho$ は動粘度，$Re$ はレイノルズ数である．前述したように，$(h/L)^2$ の値は $10^{-6}$ 程度であるので，レイノルズ数 $Re$ が大きくとも修正レイノルズ数 $Re^*$ は小さく，普通の機械要素においては，慣性項の影響は無視することが可能である．

粘性項に対する圧力項の比は，長さ $L$，幅 $B$ のスラスト軸受に対しては，

$$\frac{[\text{圧力項}]}{[\text{粘性項}]} = \frac{\bar{p}/L}{\eta U/h^2} = \frac{\bar{p}L}{\eta U}\left(\frac{h}{L}\right)^2 = \frac{W/B}{\eta U}\left(\frac{h}{L}\right)^2 = \Delta \tag{4・13}$$

と表される．ここに，$\bar{p}=W/LB$ である．慣性項が無視可能ならば，式(4・8)は圧力項と粘性項のみによって記述されることになる．したがって，式(4・8)から導かれる諸特性は式(4・13)で定義される無次元数によって一義的に規定されることになる．この無次元数は膜厚 $h/L$ と負荷能力 $(W/B)/\eta U$ との関係を示す無次元量とも考えられ，$\eta U/(W/B)$ は**軸受特性数**と呼ばれる．また，ジャーナル軸受では，$h$ の代わりに半径すきま $c$，$L$ の代わりに軸半径 $R$ を用いて，$\bar{p}=W/2RB$，$U=2\pi RN'$ ($N'$ : 1 秒当たりの回転数，rps)，$\phi=c/R$ と表示し，式(4・13)の $\Delta$ または $\Delta$ の逆数

$$S = \frac{\pi}{\Delta} = \frac{\eta N'}{\bar{p}(c/R)^2} = \frac{\eta N'}{\bar{p}\phi^2} \tag{4・14}$$

を**ゾンマーフェルト**(Sommerfeld)**数**と呼ぶ．これらの特性数は，滑り軸受設計の際の基本特性数として使用されている．

### 4・1・3　Reynolds の潤滑基礎式

（1）　流体はニュートンの粘性法則に従う．

（2）　流れは層流である．

との仮定のもとに導かれた Navier-Stokes の運動方程式(4・5)は

（3）　体積力の項を無視する．

（4）　膜厚は潤滑面の大きさに比較して小さい．

と仮定することによって式(4・8)のように簡略化された．さらに，前節で述べた次元解析の結果を参考にして，

（5）　流体の慣性力の影響を無視する．

と仮定すれば，式(4・8)は次のようになる．

$$\frac{\partial p}{\partial x} = \frac{\partial}{\partial z}\left(\eta \frac{\partial u}{\partial z}\right), \quad \frac{\partial p}{\partial y} = \frac{\partial}{\partial z}\left(\eta \frac{\partial v}{\partial z}\right), \quad \frac{\partial p}{\partial z} = 0 \tag{4・15}$$

なお，式(4·15)は，上記仮定を考慮すれば，運動する流体の中に固定された微小直六面体に作用する表面力の釣合いから(図4·3参照)直接求めることができる．例えば，$x$軸方向の表面力の釣合いから

$$pdydz+\left(\tau_{zx}+\frac{\partial \tau_{zx}}{\partial z}dz\right)dxdy=\left(p+\frac{\partial p}{\partial x}dx\right)dydz+\tau_{zx}dxdy$$

したがって，

$$\frac{\partial p}{\partial x}=\frac{\partial \tau_{zx}}{\partial z}=\frac{\partial}{\partial z}\left(\eta\frac{\partial u}{\partial z}\right).$$

が得られる．

また，仮定(4)および計算の単純化を考慮して，

（6） 潤滑面の曲率の影響を無視する[7]*．
（7） 粘度，密度，圧力は膜厚方向に一定[8]．
（8） 潤滑面と流体の間に滑りはない[9]．

と仮定する．
図4·4に示すように，壁面速度を規定すれば，仮定(8)から速度に関する境界条件は

$$z=0 \text{ において} \quad u=u_1, \quad v=v_1, \quad w=0$$
$$z=h \text{ において} \quad u=u_2, \quad v=v_2, \quad w=w_2 \qquad (4·16)$$

となる．この条件の下に，式(4·15)を解けば，速度分布が次のように求まる．

$$u=\frac{1}{2\eta}\frac{\partial p}{\partial x}(z^2-hz)+u_2+(u_1-u_2)\frac{h-z}{h} \qquad (4·17\text{ a})$$

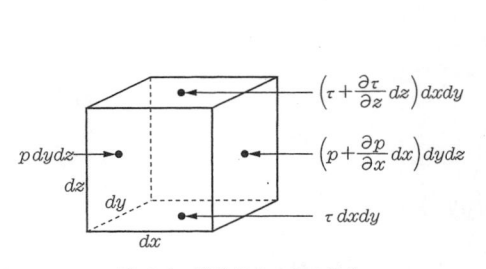

図 4·3 運動方向の力の釣合い　　　　図 4·4 速度境界条件

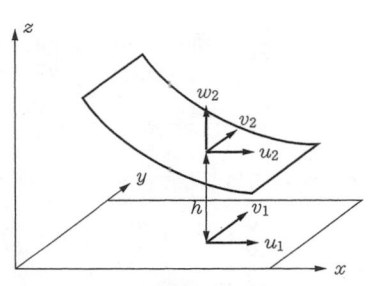

---

*　仮定(6)は曲率$1/R$を無視して，いずれかの面を平面に展開し，他の面が膜厚$h$を隔てて存在しているとしてよいことを示している．しかし，その場合には荷重方向との関係を把握しておかなければならない(**4·2·2**の図4·20参照)．

$$v = \frac{1}{2\eta}\frac{\partial p}{\partial y}(z^2 - hz) + v_2 + (v_1 - v_2)\frac{h-z}{h} \tag{4・17 b}$$

したがって，$x$ および $y$ 方向の単位幅当たりの流量 $q_x$ および $q_y$ は

$$q_x = \int_0^h u\,dz = -\frac{h^3}{12\eta}\frac{\partial p}{\partial x} + \frac{u_1 + u_2}{2}h \tag{4・18 a}$$

$$q_y = \int_0^h v\,dz = -\frac{h^3}{12\eta}\frac{\partial p}{\partial y} + \frac{v_1 + v_2}{2}h \tag{4・18 b}$$

となる．式(4・17)および式(4・18)において，圧力こう配を含む右辺第1項は圧力差によって誘起される流体の流れを示し，**ポアズイユ流れ**(Poiseuille flow)または**圧力流れ**(pressure flow)と呼ばれる．また，表面速度を含む右辺第2項は壁面の移動によって誘起される流れであり，**クエット流れ**(Couette flow)または**せん断流れ**(shear flow)と呼ばれる．

Newton 流体では式(4・17)から分かるように，速度分布は前者の圧力流れでは放物線，後者のせん断流れでは直線分布となる(図4・6参照)．

次に，連続の式(4・2 a)を

$$\frac{\partial}{\partial x}\int_0^{h(x)} f(x,z)\,dz = \int_0^{h(x)}\frac{\partial}{\partial x}f(x,z)\,dz + \frac{\partial h}{\partial x}f(x,h) \tag{4・19}$$

なる関係を利用して積分すれば，

$$\frac{\partial}{\partial x}(\rho q_x) + \frac{\partial}{\partial y}(\rho q_y) - \rho\left(\frac{\partial h}{\partial t} + u_2\frac{\partial h}{\partial x} + v_2\frac{\partial h}{\partial y} - w_2\right) + \frac{\partial}{\partial t}(\rho h) = 0 \tag{4・20}$$

となる．また，

$$w_2 = \frac{dh}{dt}\bigg|_{z=h} = \frac{\partial h}{\partial t} + \frac{\partial h}{\partial x}\frac{\partial x}{\partial t}\bigg|_{z=h} + \frac{\partial h}{\partial y}\frac{\partial y}{\partial t}\bigg|_{z=h}$$

$$= \frac{\partial h}{\partial t} + u_2\frac{\partial h}{\partial x} + v_2\frac{\partial h}{\partial y} \tag{4・21}$$

であるから式(4・20)は

$$\frac{\partial}{\partial x}(\rho q_x) + \frac{\partial}{\partial y}(\rho q_y) + \frac{\partial}{\partial t}(\rho h) = 0 \tag{4・22}$$

となり，式(4・22)に式(4・18)を代入すると次式が得られる．

$$\frac{\partial}{\partial x}\left(\frac{\rho h^3}{12\eta}\frac{\partial p}{\partial x}\right) + \frac{\partial}{\partial y}\left(\frac{\rho h^3}{12\eta}\frac{\partial p}{\partial y}\right) = \frac{u_1 + u_2}{2}\cdot\frac{\partial(\rho h)}{\partial x} + \frac{v_1 + v_2}{2}\frac{\partial(\rho h)}{\partial y}$$

$$+ \frac{\rho h}{2}\frac{\partial}{\partial x}(u_1 + u_2) + \frac{\rho h}{2}\frac{\partial}{\partial y}(v_1 + v_2) + \frac{\partial}{\partial t}(\rho h) \tag{4・23}$$

式(4・23)は，流体潤滑の基礎式であり，**Reynolds 方程式**と呼ばれる．

流体中の $x$ 方向および $y$ 方向に作用するせん断応力は仮定(4)を考慮すれば，

$$\tau_{zx} = \eta \frac{\partial u}{\partial z}, \qquad \tau_{zy} = \eta \frac{\partial v}{\partial z} \tag{4・24}$$

となり，式(4・17)をこれらの式に代入して求めることができる．また，潤滑面に作用する単位面積当たりの摩擦力の $x$ および $y$ 方向成分は，$\tau_{zx}$ および $\tau_{zy}$ の $z=h$ および $z=0$ に対応する値である．すなわち，

$$\tau_{zx}|_{z=0}^{h} = -\frac{\eta(u_1 - u_2)}{h} \pm \frac{h}{2}\frac{dp}{dx} \tag{4・25 a}$$

$$\tau_{zy}|_{z=0}^{h} = -\frac{\eta(v_1 - v_2)}{h} \pm \frac{h}{2}\frac{dp}{dy} \tag{4・25 b}$$

摩擦力 $F_x$ および $F_y$ は式(4・25)を次のように投影面積に対して積分することによって求めることができる．ただし，摩擦力は流体によるせん断力と反対方向に作用するので，

$$F_x|_0^h = \iint -\tau_{zx}|_{z=0}^{h} dxdy, \qquad F_y|_0^h = \iint -\tau_{zy}|_{z=0}^{h} dxdy \tag{4・26}$$

となる．

さて，式(4・26)を積分した結果は，式(4・25)から分かるように，$z=h$ 面での値と $z=0$ 面での結果が互いに相違することになる．

これは，例えば $x$ 方向の摩擦力に関して

$$F_x|_h - F_x|_0 = -L\int h\frac{dp}{dx}dx = L\int pdh > 0 \tag{4・27}$$

が成立することから分かるように，式(4・25)で与えられるせん断応力が空間座標面への投影面に対して与えられており，対象面が傾斜した場合に考慮しなければならない圧力の成分が，式(4・26)に含まれていないためである（図4・5参照）．この概念は，摩擦力の測定を実施する際に問題になることがあるので注意しなければならない．

潤滑面の**負荷容量** $W$ は，Reynolds 方程式から求められる圧力 $p$ を受圧面全域にわたって積分することによって求めることができる．すなわち

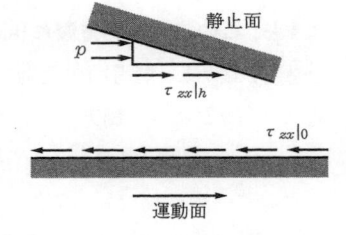

図 4・5　傾斜面に作用する圧力成分

$$W = \iint p\,dx\,dy \tag{4・28}$$

したがって，$x$ および $y$ 方向に対する摩擦係数 $\mu_x$ および $\mu_y$ は次式で与えられる．

$$\mu_x = \frac{F_x}{W}, \quad \mu_y = \frac{F_y}{W} \tag{4・29}$$

#### 4・1・4　流体膜の発生機構

潤滑面が流体膜を介して荷重 $W$ を支持するためには，式(4・28)を満足する正の圧力 $p$ が流体内に発生する必要がある．いま，流体の潤滑面入口側端部ならびに出口側端部の圧力を 0 とすれば，正の圧力が発生するための必要条件は，圧力分布が上に凸であることである．

この条件は

$$\frac{\partial^2 p}{\partial x^2} + \frac{\partial^2 p}{\partial y^2} < 0 \tag{4・30}$$

で与えられる．ところで，式(4・23)の左辺は

$$\frac{\rho h^3}{12\eta}\left(\frac{\partial^2 p}{\partial x^2} + \frac{\partial^2 p}{\partial y^2}\right) + \frac{\partial p}{\partial x}\frac{\partial(\rho h^3/12\eta)}{\partial x} + \frac{\partial p}{\partial y}\frac{\partial(\rho h^3/12\eta)}{\partial y} \tag{4・31}$$

と書き換えられるが，$\rho h^3/12\eta$ は正であり，一般にその変化幅は小さい．したがって，式(4・23)の右辺が負であれば式(4・30)の条件は満足されることになる．すなわち，式(4・23)の右辺が負の場合に正の圧力が発生することになる．

簡単化のために式(4・23)において，$u_1 = u$，$u_2 = 0$，$v_1 = 0$，$v_2 = 0$ と仮定すれば，

$$\frac{\partial}{\partial x}\left(\frac{\rho h^3}{12\eta}\frac{\partial p}{\partial x}\right) + \frac{\partial}{\partial y}\left(\frac{\rho h^3}{12\eta}\frac{\partial p}{\partial y}\right) = \frac{u}{2}\frac{\partial(\rho h)}{\partial x} + \frac{\rho h}{2}\frac{\partial u}{\partial x} + \frac{\partial(\rho h)}{\partial t} \tag{4・32}$$

となる．

以下，この式を用いて圧力の発生機構を説明する．なお，左辺の $\partial p/\partial y$ の項の存在は，発生した圧力こう配によって運動方向に直角方向の流れが発生することを意味する．この流れを**側方漏れ**(side leakage)と呼び，その存在は負荷容量の低下をもたらす．しかし，潤滑面の運動方向に直角方向の幅 $L$ が運動方向長さ $B$ の 4 倍以上あれば($L/B \geqq 4$)，側方漏れの影響は無視できる．

#### 1.　くさび[膜]作用

右辺第一項が負である条件は，$\partial(\rho h)/\partial x < 0$ である．$\rho$ を一定(非圧縮性流体)と仮定すれば，この条件は油膜厚さが潤滑面の移動方向，すなわち，流れ方向に減少

する狭まりすきまを形成することを意味する．このような条件が満足されると，図4・6に示すように，壁面の移動に伴い流体は接触面内に引き込まれる（せん断流れ）が，流体の入口すきまの方が出口すきまよりも大きいために，流入流量が流出流量よりも多くなり流体分子同士が押し合って圧力を発生することになる．質量保存則は発生した圧力によって誘起される圧力流れによって満足される．すなわち，接触域内での圧力が高いために，入口側では接触域内から入口側に向かって，出口側では出口側に向かって流体が流れることになる．

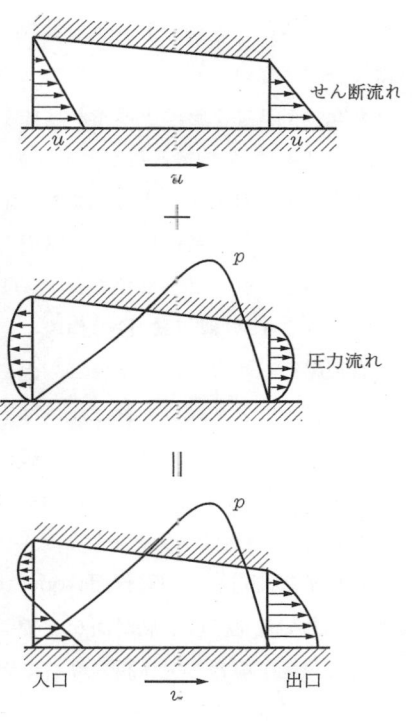

このように，流体の粘性と壁面の運動を利用して，流体を強制的に末狭まりのくさび形のすきまに流入させて圧力を発生させることは，流体潤滑膜形成の基本原理であり，この作用を**くさび［膜］作用**（wedge action）と呼ぶ．$\rho$が一定で潤滑面が互いに平行である場合には，くさび作用による流体膜の形成はあり得ない．

図4・6　くさび作用

### 2. 伸縮作用

右辺第二項が負である条件は，$\partial u/\partial x<0$ である．この条件に，図4・7に示すように，潤滑面の表面速度が流体の入口側から出口側に向かって低下することを意味している．このような条件が満足されると，流入流量の方が流出流量よりも大きくなるために，結果的にくさび作用と全く同様な状態となり，圧力が発生することになる．この作用を**伸縮作用**（stretch action）と呼ぶ．

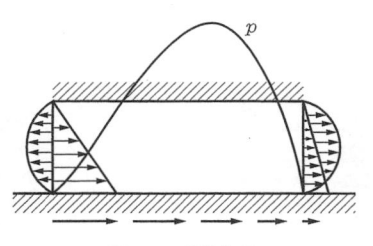

通常の潤滑面では，表面速度が場所的に変化することはあまりないので，この作用が支

図4・7　伸縮作用

配的になることは稀であるが，大きい弾性変形あるいは塑性変形を伴った潤滑面では無視できない．例えば，圧延ロールやダイスによる塑性加工の潤滑では，加工にともなって被加工材の表面積が増加することに起因して，運動方向に表面速度が増加するため，この伸縮作用が負の圧力の発生をもたらし，くさび作用による2面間の流体力学的分離を阻害する．また，雨天時に発生するハイドロプレーニング現象，すなわち，くさび膜作用による路面とタイヤ間の雨による分離は，この伸縮作用によって増長されることになる．

### 3. スクイズ[膜](絞り膜)作用

右辺第三項が負である条件は，$\partial(\rho h)/\partial t<0$ である．すきま $h$ が減少すれば流体は接触面外に流出するが，流出にともなう粘性抵抗のために圧力が発生する（図4・8参照）．その発生の大きさは，$\partial h/\partial t<0$ の絶対値が大きいほど大きくなる．これを**スクイズ[膜](絞り膜)作用**(squeeze action)と呼び，動荷重を受ける潤滑面などでは，この作用が圧力発生すなわち流体膜の維持に大きく寄与する．

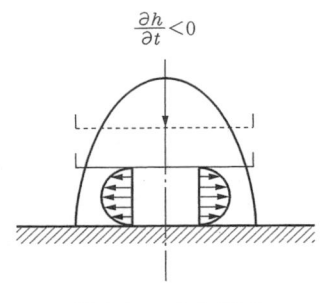

図 4・8 スクイズ作用

### 4. その他

相対滑り速度によってすきま内に導入された流体は，せん断仕事を受けるために，流体入口側より出口側に向かって温度上昇を引き起こす．この温度上昇により小さいながら圧力が発生する．

たとえば，上記(1)における圧力発生条件 $\partial(\rho h)/\partial x<0$ は，平行膜，圧縮性流体を仮定すれば $\partial\rho/\partial x<0$ となる．すなわち，流体の入口側から出口側に向かって温度こう配が存在すれば出口側流体の熱膨張が発生し，これが圧力発生をもたらす．この作用による圧力発生原理を**熱くさび作用**(thermal wedge action)という．

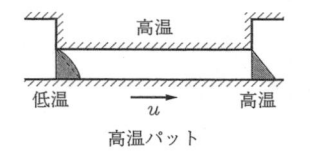

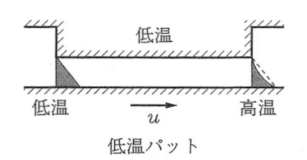

図 4・9 粘性くさび作用

また，図4・9に示すように，潤滑面の一方の表面上に流体の入口側から出口側に向かって温度こう配があれば，膜厚方向に粘度こう配を発生し，これが速度分布に影響して起こる流入油量が，流出油量よりも増加する状態に対応するため，圧力が発生する．これを**粘性くさび作用**(viscosity wedge action)という．

そのほか，設計上は平滑かつ平行な潤滑面であっても，現実の潤滑面に存在するうねりや粗さがくさび膜として働いたり，しゅう動発熱によってもたらされる潤滑面の熱変形が二次的にくさび膜を形成し，これが負荷容量を与える場合もある．

### 4・1・5 Reynolds方程式の取扱上の注意

Reynolds方程式は式(4・23)で与えられているが，扱う対象によって一見相違する記述となるので物理的解釈を誤らぬように注意しなければならない．以下，この点に関して簡単に説明する．簡単化のため，流体は非圧縮性流体と仮定し，$v_1=0$, $v_2=0$, $\partial(u_1+u_2)/\partial x=0$ とすれば，式(4・23)はつぎのようになる．

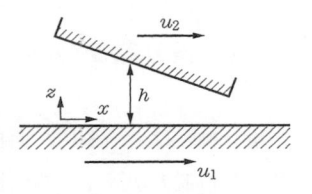

図4・10 傾斜平面滑り軸受

$$\frac{\partial}{\partial x}\left(\frac{h^3}{12\eta}\frac{\partial p}{\partial x}\right)+\frac{\partial}{\partial y}\left(\frac{h^3}{12\eta}\frac{\partial p}{\partial y}\right)=\frac{u_1+u_2}{2}\frac{\partial h}{\partial x}+\frac{\partial h}{\partial t} \tag{4・33}$$

図4・10に示す傾斜平面滑り軸受の場合には，$\partial h/\partial t = -u_2 \partial h/\partial x$ となるので，式(4・33)は

$$\frac{\partial}{\partial x}\left(\frac{h^3}{12\eta}\frac{\partial p}{\partial x}\right)+\frac{\partial}{\partial y}\left(\frac{h^3}{12\eta}\frac{\partial p}{\partial y}\right)=\frac{u_1-u_2}{2}\frac{\partial h}{\partial x} \tag{4・34}$$

となる．すなわち，図4・10のように傾斜した平面滑り軸受の場合には，$u_1>u_2$ の場合にのみ負荷能力が発生し，その負荷容量は2面の相対速度に比例することになる．$u_1=u_2$ の場合の負荷能力は0である．

図4・11(a)に示す軸表面速度 $u_j$ のジャーナル軸受の場合には，静止軸

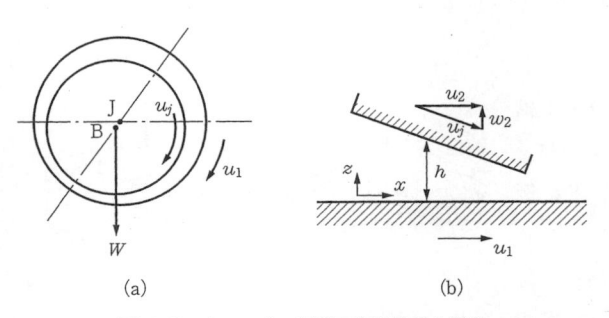

図4・11 ジャーナル軸受の潤滑膜発生原理

受面を平面に展開し，対応する軸表面の微小区間を展開して示すと同図(b)のようになる．前述の平面滑り軸受の場合とは異なって，$u_j$ の方向が，$x$ 軸に平行にとられている $u_2$ の方向とは違っていることに注意すべきである．両表面が構成する角度 $\theta$ は小さいため，

$$u_2 = u_j \cos \theta \cong u_j$$

となる．また，$\partial h/\partial t = 0$ である．したがって，

$$\frac{\partial}{\partial x}\left(\frac{h^3}{12\eta}\frac{\partial p}{\partial x}\right) + \frac{\partial}{\partial y}\left(\frac{h^3}{12\eta}\frac{\partial p}{\partial y}\right) = \frac{u_1 + u_j}{2}\frac{\partial h}{\partial x} \qquad (4\cdot35)$$

となり，負荷容量は表面速度の和に比例することになる．

## 4・2 滑り軸受の潤滑理論

滑り軸受は，一般に，面接触状態で薄い流体膜を介して荷重を支持する軸受であり，負荷能力が高く，高速性能も良く，半永久的な寿命をもち，振動減衰性，耐衝撃性にも優れている．外接的接触を行う転がり軸受とは異なり，潤滑域での圧力は極端には高くならないので，鉱油などの潤滑油は非圧縮性流体として挙動すると考えてよい．

滑り軸受は，軸方向荷重を支持する**スラスト軸受**(thrust bearing)と軸直角方向荷重を支持する**ジャーナル軸受**(journal bearing)に分類される．また，荷重を支える機構から**動圧軸受**(動力学的流体潤滑軸受)，**静圧軸受**(静力学的流体潤滑軸受)，**磁気軸受**などに分類される．さらには使用流体に応じて**液体軸受**と**気体軸受**に大別される．

### 4・2・1 スラスト軸受

図 4・12 はスラスト軸受の基本構造を示したものである．種々のパッド形状が考案されているが，その例を図 4・13 に示す．

軸受長さ $B$，軸受幅 $L$ のパッド軸受の基本特性は，Reynolds 方程式

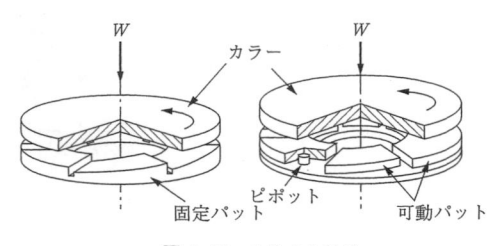

図 4・12 スラスト軸受

(4・34)を境界条件 $z=0$ で $u_1=U$, $z=h$ で $u_2=0$ の下で解くことによって知ることができるが,式の構造から分かるように,数値解によらざるを得ない.そこで,以下では,簡単化のために,運動と直角方向すなわち $y$ 方向の圧力変化を無視する.したがって,$y$ 方向の流れ(側方漏れ)はないものと考える.これは,$L=\infty$ すなわち無限幅軸受を意味するが,$L/B>4$ では妥当な仮定である.また,流体は非圧縮性で粘度は一定と仮定すれば,式(4・34)は

$$\frac{d}{dx}\left(\frac{h^3}{12\eta}\frac{dp}{dx}\right)=\frac{U}{2}\frac{dh}{dx} \tag{4・36}$$

となる.

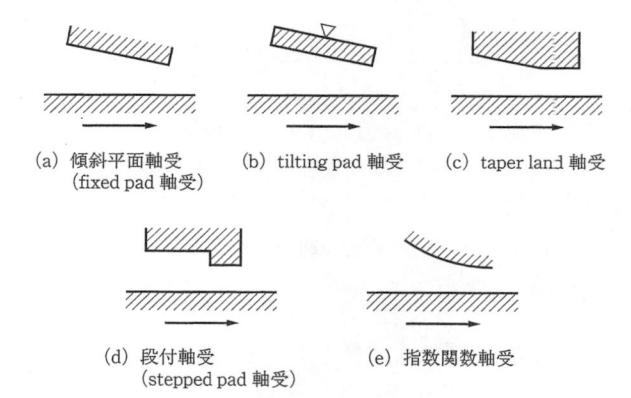

(a) 傾斜平面軸受 (fixed pad 軸受)　(b) tilting pad 軸受　(c) taper land 軸受

(d) 段付軸受 (stepped pad 軸受)　(e) 指数関数軸受

図 4・13　スラスト軸受のパッド形状

### 1. $dh/dx$ が連続な場合

この場合には,式(4・36)は容易に積分でき,次のようになる.

$$\frac{dp}{dx}=6\eta U\frac{h-h_m}{h^3} \tag{4・37}$$

ここで,$h_m$ は積分定数であり,$dp/dx=0$ に対応する膜厚に相当する.

圧力に関する境界条件を $x=0$ で $p=0$, $x=B$ で $p=0$ とすれば,圧力分布は次のように求まる.

$$p=6\eta U\left(\int_0^x\frac{dx}{h^2}-h_m\int_0^x\frac{dx}{h^3}\right)=\frac{6\eta UB}{h_0^2}\left(\int_0^\xi\frac{d\xi}{H^2}-H_m\int_0^\xi\frac{d\xi}{H^3}\right)=\frac{\eta UB}{h_0^2}K_p$$

$$H_m=\int_0^B\frac{d\xi}{H^2}\bigg/\int_0^B\frac{d\xi}{H^3},\quad K_p=6\left(\int_0^\xi\frac{d\xi}{H^2}-H_m\int_0^\xi\frac{d\xi}{H^3}\right) \tag{4・38}$$

ここに,$\xi=x/B$, $H=h/h_0$, $H_m=h_m/h_0$ であり,$h_i$ および $h_0$ は入口および出口膜

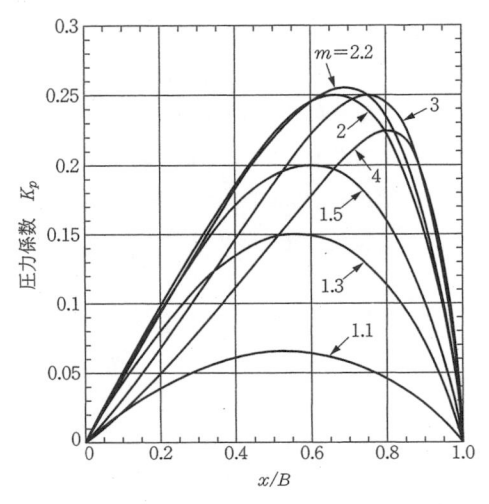

**図 4·14** 無限幅傾斜平面パッド軸受の圧力分布 ($m = h_i/h_0$)

厚である(図 4·14 参照).

負荷容量 $W$ は,式(4·38)の圧力分布を軸受面積にわたって積分することによって,次のように求めることができる.

$$W = \int_0^L \int_0^B p\,dx\,dy = L\int_0^B p\,dx$$

$$= \frac{6\eta U B^2 L}{h_0^2} \int_0^1 \left(\int_0^\xi \frac{d\xi}{H^2} - H_m \int_0^\xi \frac{d\xi}{H^3}\right) d\xi$$

$$= \frac{\eta U B^2 L}{h_0^2} K_W$$

$$K_W = 6\int_0^1 \left(\int_0^\xi \frac{d\xi}{H^2} - H_m \int_0^\xi \xi \frac{d\xi}{H^3}\right) d\xi \tag{4·39}$$

**負荷容量係数** $K_W$ は,軸受の幾何形状のみによって規定される無次元量である.実際の軸受は有限幅であるので,式(4·34)の左辺 $\partial p/\partial y$ に依存する圧力流れ,すなわち,運動方向に直角の流れが発生する.この流れは**側方漏れ**(side leakage)と呼ばれており,負荷容量の低下をもたらす(図 4·14 と図 4·15 を比較せよ).式(4·39)を変形すれば,

$$\frac{h_0}{B} = \sqrt{K_W}\sqrt{\frac{\eta U}{W/L}} \tag{4·40}$$

となり,膜厚 $h_0$ が $\sqrt{\eta U/(W/L)}$ に比例することが分かる.

壁面に作用するせん断応力は，式(4・25)，(4・37)より

$$\tau_{z=\substack{h\\0}} = -\frac{\eta U}{h} \pm \frac{h}{2}\frac{dp}{dx} = -\frac{\eta U}{h}\left(1 \mp 3\frac{h-h_m}{h}\right) \tag{4・41}$$

摩擦力 $F$ は，摩擦力の作用方向がせん断応力とは逆方向になることを考慮して，式(4・41)を積分することによって次のように求められる．

$$F_{\substack{h\\0}} = -\int_0^L\int_0^B \tau_{z=\substack{h\\0}}dxdy = L\int_0^B \frac{\eta U}{h}\left(1\mp 3\frac{h-h_m}{h}\right)dx = \frac{\eta UBL}{h_0}K_{F\substack{h\\0}}$$

$$K_{Fh} = 3H_m\int_0^1\frac{d\xi}{H^2} - 2\int_0^1\frac{d\xi}{H}, \quad K_{F0} = 4\int_0^1\frac{d\xi}{H} - 3H_m\int_0^1\frac{d\xi}{H^2} \tag{4・42}$$

**摩擦力係数** $K_F$ は軸受形状のみによって決定されるが，運動面での値 $K_{F0}$ と固定面での値 $K_{Fh}$ は相違している．この理由については式(4・27)のところで述べたので参照してほしい．

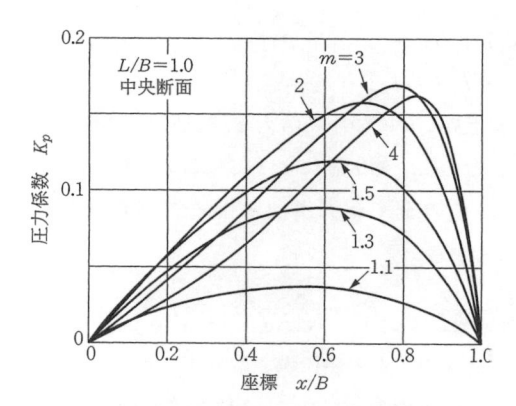

図 4・15 有限幅傾斜平面パッド軸受の圧力分布[10]
($m = h_i/h_o$)

摩擦係数 $\mu$ は定義によって次のようになる．

$$\mu = \frac{F}{W} = \frac{K_F}{K_W}\frac{h_0}{B} = \frac{K_F}{\sqrt{K_W}}\sqrt{\frac{\eta U}{W/L}} \tag{4・43}$$

また，式(4・43)から

$$\frac{\mu}{h_0/B} = \frac{K_F}{K_W} \tag{4・44}$$

となる．すなわち，軸受形状が決定されれば，膜厚は摩擦係数を測定することによって評価できる．

圧力中心 $\bar{x}$ はモーメントの釣合いより

$$\bar{x}W = \int_0^L \int_0^B xp\,dx\,dy = -\frac{L}{2}\int_0^B x^2 \frac{dp}{dx}dx$$
$$= \frac{3\eta U B^3 L}{h_0^2}\int_0^1 \xi^2 \frac{H_m - H}{H^3}d\xi \qquad (4\cdot 45)$$

で与えられる．軸回転の方向が固定されている可動パッドの場合には，原理的には，この位置にピボットを設ければ良いことになる．

なお，式(4・39)を考慮し，軸受形状のみによって規定される**支点係数** $K_c$ を導入すれば，$\bar{x}/B$ は

$$\frac{\bar{x}}{B} = K_c \qquad (4\cdot 46)$$

と表示される．すなわち，軸受形状が定まれば $\bar{x}$ の位置は自動的に決定されることになる．

流量 $Q$ は次式で求まる．

$$Q = q_x L = K_Q U h_0 L \qquad (4\cdot 47)$$

次に潤滑油の温度上昇 $\Delta\theta$ について考える．粘性抵抗に起因する発熱は，潤滑油の温度を上昇させるとともに，熱伝導によって軸および軸受を通して放散される．安全側に考えて，発熱量の全てが潤滑油によって持ち去られると仮定すれば，$\rho c_p Q \Delta\theta = FU$ であるから

$$\Delta\theta = \frac{K_t}{\rho c_p}\frac{W}{BL}, \qquad K_t = \frac{K_F}{K_W K_Q} \qquad (4\cdot 48)$$

となる．実際には，軸受面からの熱伝導で取り去られるので，温度上昇は式(4・48)で求められた値よりも低下する．ここに，$\rho$ および $c_p$ は潤滑油の密度および比熱である*．

負荷容量 $W$ を最大に，摩擦係数 $\mu$ および温度上昇 $\Delta\theta$ を最小にするようにスラスト軸受を設計するならば，$K_W$ を最大に，$K_F/\sqrt{K_W}$ および $K_F/K_W$ を最小にしなければならない．傾斜平面軸受の場合には，$K_W$ の最大値は，$m = h_i/h_0 = 2.19$ の場合に得られて $K_W = 0.160$ であり，この時の $K_c$ の値は 0.577 である．また，$K_F/\sqrt{K_W}$ および $K_F/K_W$ の最小値は，それぞれ $m = 3.07$ および $m = 2.53$ の場合に得られ

---

\* 鉱油では，大気圧下での $c_p$ は，1.84〜2.13 kJ/Kg°C 程度，$\rho c_p \fallingdotseq 1.36$ MPa/°C 程度である(注：1 cal/kgf°C = 4.18 kJ/kg°C，熱の仕事当量 = 427 kgf・m/kcal = 4.1868×10³ J/kcal)．

る[11]．それぞれの最適値を与える $m$ の値が大きく違わないことは軸受設計には好都合である．

**2. $dh/dx$ が不連続の場合**

最大負荷容量をもたらすスラスト軸受は図 4・16 に示すような**段付平行軸受（Rayleigh step 軸受, stepped pad 軸受）**であることが Reyleigh[12] によって示唆され，Reyleigh はそのときの $K_W$ の最大値は $m=1.87$，$B_i/B_o=2.588$（$B_i/B=0.718$）の場合に得られ，0.20626 であることを示している．この値は，傾斜平面軸受の場合の最大値と大差ない．この事実は，入口膜厚および出口膜厚が規定されれば軸受形状や工作上の誤差によって負荷容量がほとんど変わらないことを意味している．以下，この軸受を題材にして，$dh/dx$ が連続でない場合の計算を行う．

膜厚 $h$ が一様な領域では式(4・37)から $dp/dx$ は一定となる．すなわち，圧力分布は入口側から段付部まで直線的に増大し，段付部から出口側に向かって直線的に低下することになる．側方漏れがないと仮定しているので，段付部前後を問わず運動方向流量は等しい．そこで，段付部での圧力を $p_s$ とすれば，式(4・18)より

$$q_x = \frac{Uh_i}{2} - \frac{h_i^3}{12\eta}\frac{p_s}{B_i} = \frac{Uh_o}{2} + \frac{h_o^3}{12\eta}\frac{p_s}{B_o} \tag{4・49}$$

となる．したがって，

$$p_s = \frac{6\eta U B_i B_o (h_i - h_o)}{B_o h_i^3 + B_i h_o^3} \tag{4・50}$$

単位幅当たりの負荷容量 $W/L$ は $p_s B/2$ であるので次式で与えられる．

$$\frac{W}{L} = \frac{3\dfrac{B_i}{B_o}\left(\dfrac{h_i}{h_o}-1\right)}{\left(\dfrac{B_i}{B_o}+1\right)\left\{\left(\dfrac{h_i}{h_o}\right)^3+\dfrac{B_i}{B_o}\right\}} \frac{\eta U B^2}{h_o^2} \tag{4・51}$$

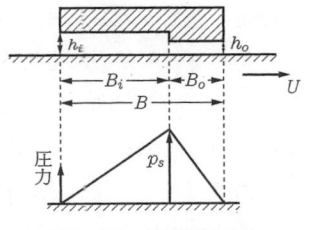

図 4・16 段付平行軸受

### 4・2・2 ジャーナル軸受

回転軸の中で軸受に支えられている部分を**ジャーナル**と呼び，軸に対して直角方向のラジアル荷重を支持する滑り軸受を**ジャーナル軸受**（journal bearing）という．図 4・17 に示すようにいろいろな形状のものがあるが，以下では**真円軸受**について記述する．

静止状態では，ジャーナルと軸受とは荷重ベクトル方向の点で接触している．回転を始めると，始めは直接接触点の摩擦が大きいため，ジャーナルが軸受面を転がって回転方向と逆向きに軸受面をよじ登ろうとする．その間にくさび状のすきまに油膜圧力が発生し，油膜によりジャーナルが支えられるとともに，最小すきまの位置が回転方向に移動し，定常状態においては，荷重ベクトルの方向より角度 $\phi$ だけ前進することになる．図 4・18 は定常状態での軸と軸受の相対位置関係と油膜圧力分布を模式的に示したものである．ただし，$\psi=c/R_1$ で規定されるすきま比は，普通 0.001 程度であるので，図 4・18 はすきまをかなり誇張して描いていることに注意しなければいけない．ここで，$c(c=R_2-R_1$, $R_1$：軸半径，$R_2$：軸受半径)は，**半径すきま**である．なお，軸受中心 B と軸中心 J との距離 $e$ を**偏心量**，$\varepsilon=e/c$ を**偏心率**と呼ぶ．$\phi$ は，荷重方向と BJ を結ぶ直線とのなす角度で，**偏心角**という．

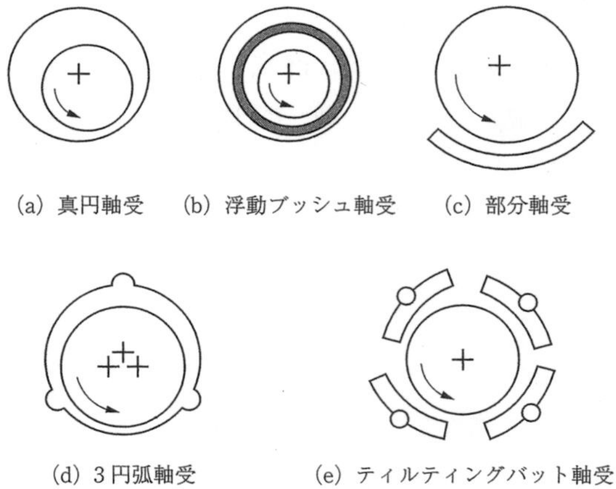

(a) 真円軸受　(b) 浮動ブッシュ軸受　(c) 部分軸受

(d) 3 円弧軸受　(e) ティルティングパット軸受

**図 4・17** ジャーナル軸受のすべり面形状の例

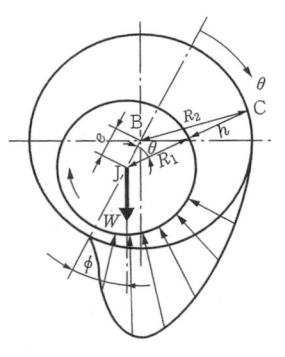

B：軸受中心，J：ジャーナル中心，
$e$：偏心量，$\phi$：偏心角

**図 4・18** ジャーナル軸受における軸と軸受の相対位置関係と油膜圧力分布．

最大すきまの位置からジャーナルの回転方向にはかった角度を $\theta$ とし，$\theta$ での膜厚を $h$ とすれば，$\overline{\rm JC}=R_1+h=\overline{\rm BJ}\cos\theta+\overline{\rm BC}\cos\angle{\rm BCJ}$ である．三角公式より，$(\sin\angle{\rm BCJ})/e=\sin\theta/R_2$ であるので，

$$h=-R_1+e\cos\theta+R_2\sqrt{1-(e/R_2)^2\sin^2\theta} \tag{4・52}$$

となる．$(e/R)^2$ は，$10^{-6}$ のオーダーであるから，1 に比較して無視でき，

$$h\fallingdotseq R_2-R_1+e\cos\theta=c(1+\varepsilon\cos\theta) \tag{4・53}$$

となる．

この膜形状を式(4・34)を $x=R\theta$ と変数変換して得られる Reynolds の方程式

$$\frac{\partial}{\partial \theta}\left(\frac{h^3}{12\eta}\frac{\partial p}{\partial \theta}\right)+R^2\frac{\partial}{\partial y}\left(\frac{h^3}{12\eta}\frac{\partial p}{\partial y}\right)=\frac{RU}{2}\frac{\partial h}{\partial \theta} \quad (4\cdot54)$$

に代入して解けば圧力分布 $p$ が求まり，その結果を用いて軸受特性も算定できる．この際，圧力 $p(\theta, y)$ に関する境界条件は，軸受幅両端 $y=\pm1/2$ では大気圧が取られ，$p(\theta, \pm L/2)=0$ となる．円周方向については，実際の現象を説明するためにいろいろの案が考えられているが，次の3つが代表的なものである(図4・19)．

**（1） Sommerfeld の条件**

$$p(0, y)=0, \quad p(2\pi, y)=0$$

**（2） Gümbel の条件，Half-Sommerfeld の条件**

$$p(0, y)=0, \quad p(\pi, y)=0, \quad p(\theta, y)=0 \quad (\pi \leqq \theta \leqq 2\pi)$$

**（3） Reynolds の条件**

$$p(0, y)=0, \quad p(\theta^*, y)=0, \quad dp/d\theta|_{\theta=\theta^*}=0$$

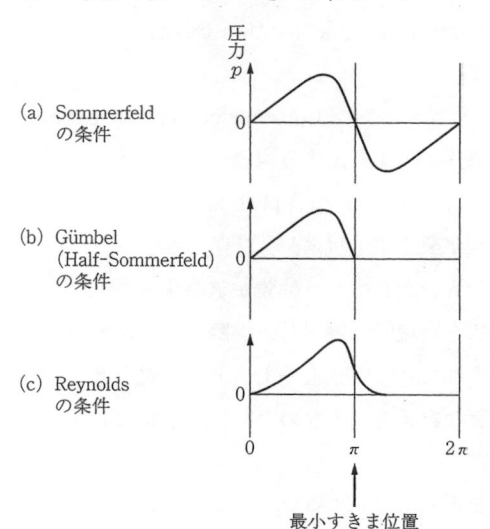

図 4・19 代表的な境界条件とジャーナル軸受の
円周方向に関する境界条件と圧力分布

Sommerfeld の条件では，$0 \leqq \theta \leqq \pi$ のくさび形すきまにおける正圧分布と対称の負圧が，$\pi \leqq \theta \leqq 2\pi$ の逆くさびすきま部に発生する．この場合には，正圧および負圧

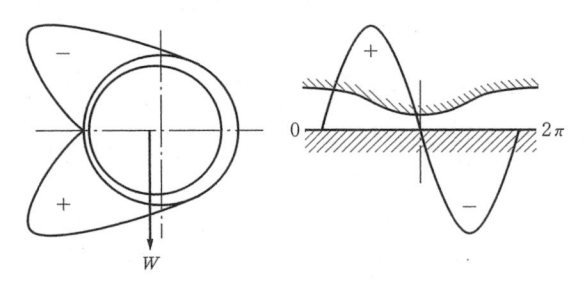

**図 4・20** 軸受面における荷重方向と発生流体圧力分布の関係

両部が荷重を支持するように偏心角が $\pi/2$ となる(図 4・20 参照).しかし,実用軸受においては,このように広い領域にわたって負圧が発生することはなく,偏心角が $\pi/2$ となることもない.負圧の影響を除くために,Sommerfeld の条件で得られた圧力分布において,正圧部分のみを採用した境界条件が Gümbel の条件である.この条件は,第一近似としては十分な精度で軸受特性を評価することが可能であるが,$\theta=\pi$ で流量の連続性が崩れる.この点を補正したものが Reynolds の条件である.実際の軸受では,$\theta>\pi$ において若干の負圧が発生するが,Reynolds の境界条件ではこの負圧の存在を予見することができない.

負圧の発生に伴い,

(a) 剝離キャビテーション(separation cavitation):負圧力により外部の大気が吸い込まれる現象.

(b) 気体性キャビテーション(gaseous cavitation, aeration):負圧力により油中に溶解している気体が分離析出する現象.

(c) 蒸気性キャビテーション(vaporous cavitation):負圧力が潤滑油の飽和蒸気圧に達し蒸気泡が発生する現象.

などの**キャビテーション**が発生し,油膜が破断することになる.

この油膜破断現象を物理的に検討し,実際に近い現象を説明することのできる境界条件も種々提案されている[13].しかし,とくに軽負荷でない限り,この負圧の影響は軸受特性に顕著な影響を与えないため,一般的には Reynolds の境界条件が採用されることが多い.

なお,軸受特性を正確に評価するためには,後述するように,粘性抵抗による発熱と軸受への熱伝達を考慮して,エネルギー方程式を Reynolds 方程式と連立して解かなければならない.また,周速が高い場合や使用潤滑油粘度が低い場合には,流れを乱流として取り扱う必要がある.

ところで,式(4・54)は解析的に解くことができないので,圧力分布を求めるため

には数値解に頼らざるを得ない．しかし，軸受の幅径比 $L/D$（$L$：軸受幅，$D$：軸受直径）が小さい場合には，式(4・54)の左辺の圧力こう配 $\partial p/\partial \theta$ を，大きい場合には $\partial p/\partial y$ を近似的に無視することが可能になり，解析的に圧力分布を得ることができる．

圧力分布が得られれば，これを積分することによって負荷容量 $W$ を知ることができる．いまジャーナルに作用している荷重を $W$ とすれば，油膜力との釣合いから（図 4・21 参照）

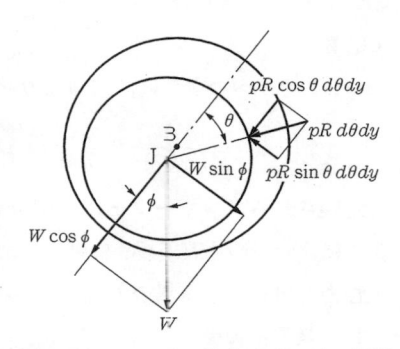

**図 4・21** ジャーナル軸受における力の影響

$$W \cos \phi = - \int_0^L \int_{\theta_1}^{\theta_2} pR \cos \theta d\theta dy \tag{4・55 a}$$

$$W \sin \phi = \int_0^L \int_{\theta_1}^{\theta_2} pR \sin \theta d\theta dy \tag{4・55 b}$$

となる．ここで，$\theta_1$，$\theta_2$ は圧力発生の始点と終点であり，Reynolds 条件では，$\theta_1 = 0$，$\theta_2 = \theta_*$ となる．

ジャーナルおよび軸受面に作用する摩擦力 $F_j$ および $F_b$ は

$$F_{j,b} = \int_0^L \int_{\theta_1}^{\theta_2} \left( \frac{\eta U}{h} \pm \frac{h}{2R} \frac{\partial p}{\partial \theta} \right) R d\theta dy$$

で計算される．添字 $j$，$b$ および複合 $+$，$-$ は，それぞれの順序でジャーナル面，軸受面での値を示す．式(4・55)を考慮すれば，

$$F_{j,b} = \frac{RU}{c} \int_0^L \int_{\theta_1}^{\theta_2} \frac{\eta}{1 + \varepsilon \cos \theta} d\theta dy \pm \frac{Wc\varepsilon}{2R} \sin \phi$$

となる．したがって，摩擦係数 $\mu = F/W$ は

$$\mu_{j,b} \frac{R}{c} = \frac{UR^2}{Wc^2} \int_0^L \int_{\theta_1}^{\theta_2} \frac{\eta}{1 + \varepsilon \cos \theta} d\theta dy \pm \frac{\varepsilon}{2} \sin \phi \tag{4・56}$$

である．円周方向の流量 $Q$ は

$$Q = \int_0^L \left( \frac{Uh}{2} - \frac{h^3}{12 \eta R} \frac{\partial p}{\partial \theta} \right) dy \tag{4・57}$$

側方漏れは

$$Q' = Q_{\theta = \theta_2} - Q_{\theta = \theta_1} = - \int_{\theta_1}^{\theta_2} \frac{h^3}{6\eta} \frac{\partial p}{\partial y} \bigg|_{y=0,L} d\theta \tag{4・58}$$

で計算できる.

**4・1・2** で述べたように，式(4・56)を次元解析することによって〔式(4・14)参照〕.

$$S=\frac{\eta N'}{\bar{p}(c/R)^2}=\frac{\eta N'}{\bar{p}\psi^2} \qquad (4\cdot59)$$

で定義されるゾンマーフェルト(Sommerfeld)数と呼ばれる無次元量が得られる. ここに, $\bar{p}=W/(DL)$, $N'$ は軸回転数(rps)である. したがって, $S$ が与えられれば, 慣性力が無視できる場合の軸受の諸特性は一義的に規定されることになる.

### 1. 無限幅軸受

軸受の幅径比が $L/D>4$ であれば, 式(4・54)の左辺第二項が示す軸方向流れ(側方漏れ)の効果は, 第一項が示す円周方向流れの効果に比べて無視できる. すなわち,

$$\frac{\partial}{\partial\theta}\left(h^3\frac{\partial p}{\partial\theta}\right)=6\eta UR\frac{\partial h}{\partial\theta} \qquad (4\cdot60)$$

したがって, $\eta$ を一定として式(4・60)を積分すれば,

$$p=\frac{6\eta UR}{c^2}\left[\int_{\theta_1}^{\theta}\frac{d\theta}{(1+\varepsilon\cos\theta)^2}-\frac{h_m}{c}\int_{\theta_1}^{\theta}\frac{d\theta}{(1+\varepsilon\cos\theta)^3}\right]+C \qquad (4\cdot61)$$

となる. $h_m$ および $C$ は積分定数で, $h_m$ は $dp/dx=0$, すなわち圧力 $p$ が最大となる位置での膜厚であり, $C$ は $\theta=\theta_1$ での圧力で, 周囲圧力や給油条件によって決まる. 式(4・61)の積分は **Sommerfeld 変換**

$$1+\varepsilon\cos\theta=\frac{1-\varepsilon^2}{1-\varepsilon\cos\chi}$$

を用いることによって求めることができる. すなわち,

$$d\theta=\sqrt{1-\varepsilon^2}\,d\chi/(1-\varepsilon\cos\chi)$$

$$\sin\chi=\sqrt{1-\varepsilon^2}\sin\theta/(1+\varepsilon\cos\theta), \quad \cos\chi=(\varepsilon+\cos\theta)/(1+\varepsilon\cos\theta)$$

であるので,

$$J_k(\theta)=\int\frac{d\theta}{(1+\varepsilon\cos\theta)^k}$$

$$J_1(\theta)=\chi/(1-\varepsilon^2)^{1/2}$$

$$J_2(\theta)=(\chi-\varepsilon\sin\chi)/(1-\varepsilon^2)^{3/2}$$

$$J_3(\theta)=\{(1+\varepsilon^2/2)\chi-2\varepsilon\sin\chi+(\varepsilon^2/2)\sin\chi\cos\chi\}/(1-\varepsilon^2)^{5/2}$$

となる.

Gümbel の境界条件を用いれば,

$$S = \frac{(2+\varepsilon^2)(1-\varepsilon^2)}{6\pi\varepsilon\sqrt{4\varepsilon^2+\pi^2(1-\varepsilon^2)}} \tag{4・62}$$

$$\mu\frac{R}{c} = \frac{\pi(2+\varepsilon^2)\sqrt{1-\varepsilon^2}}{6\varepsilon\sqrt{4\varepsilon^2+\pi^2(1-\varepsilon^2)}} \frac{4+5\varepsilon^2}{2+\varepsilon^2} = \frac{\pi^2 S}{\sqrt{1-\varepsilon^2}}\left(2+\frac{3\varepsilon^2}{2+\varepsilon^2}\right) \tag{4・63}$$

$$\phi = \tan^{-1}\frac{\pi\sqrt{1-\varepsilon^2}}{2\varepsilon} \tag{4・64}$$

と求められる．ここに，$\mu$ はジャーナル側の摩擦係数であり，遠くさび部ではせん断流れによるせん断抵抗のみが存在するとして求めたものである．

図4・22～図4・24は，Reynoldsの境界条件を用いて計算された軸受特性の例である．また，図4・25は，軸中心位置を偏心率 $\varepsilon$ と偏心角 $\phi$ で示したものである（図4・26参照）．$S$ が大きくなるにつれて偏心角は増大し，軸心は軸受中心に近づくことが分かる．

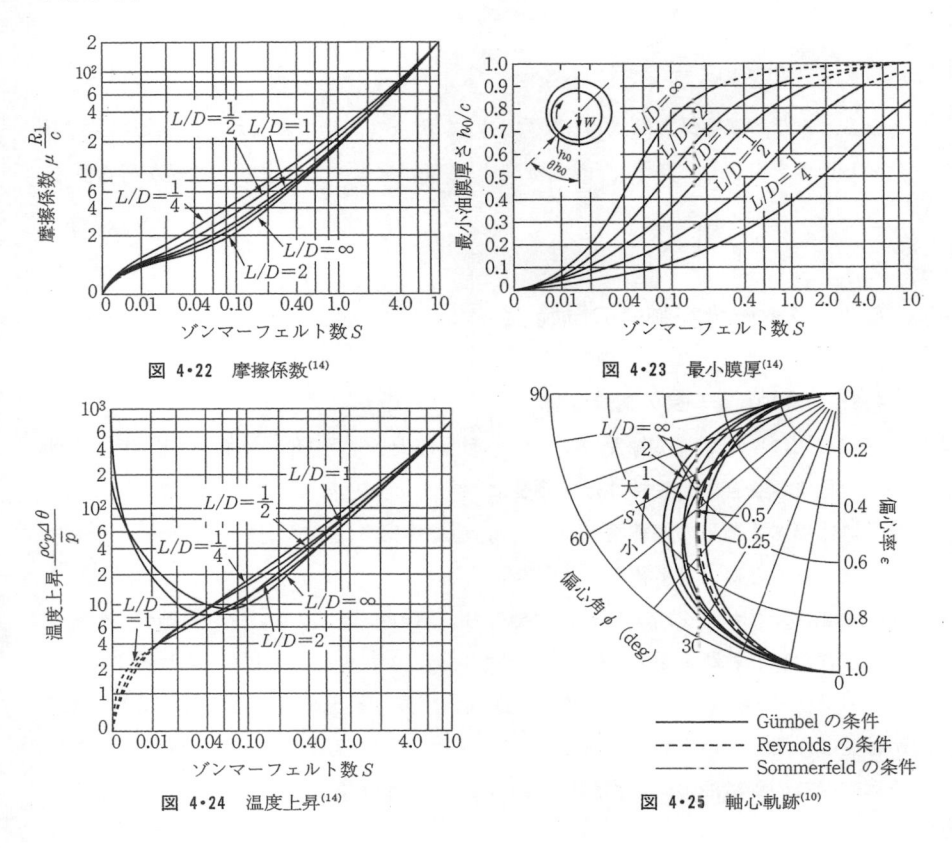

図 4・22 摩擦係数[14]

図 4・23 最小膜厚[14]

図 4・24 温度上昇[14]

図 4・25 軸心軌跡[10]

——— Gümbel の条件
- - - - - Reynolds の条件
—・— Sommerfeld の条件

## 2. 無限小幅軸受 (短軸幅軸受)

幅径比 $L/D$ が 1/4 以下であれば，軸方向流れ（側方漏れ）が支配的となり，式(4·54)の左辺第一項は第二項に比較して無視できるため，

$$\frac{\partial}{\partial y}\left(h^3 \frac{\partial p}{\partial y}\right)=\frac{6\eta U}{R}\frac{\partial h}{\partial \theta} \tag{4·65}$$

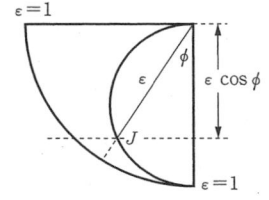

図 4·26 軸受中心 $J$ の表示方法

となる[15]．右辺は $y$ には無関係であるので，境界条件 $y=0$, $y=L$ で $p=0$ より，圧力分布はつぎのように簡単に求められる．

$$p=-\frac{3\eta U}{c^2 R}\frac{\varepsilon \sin\theta}{(1+\varepsilon \cos\theta)^3}y(y-L) \tag{4·66}$$

Gümbel の境界条件を用いて積分すれば，

$$S\left(\frac{L}{D}\right)^2=\frac{(1-\varepsilon^2)^2}{\pi\varepsilon\sqrt{16\varepsilon^2+\pi^2(1-\varepsilon^2)}} \tag{4·67}$$

$$\phi=\tan^{-1}\frac{\pi\sqrt{1-\varepsilon^2}}{4\varepsilon} \tag{4·68}$$

となる．また，摩擦係数は式(4·56)において $\partial p/\partial \theta$ の項，すなわち，右辺の第 2 項 $(\varepsilon/2)\sin\phi$ を無視し，$\theta_1=0$, $\theta_2=2\pi$ として積分することにより，次式が得られる．

$$\mu \frac{R}{c}=\frac{2\pi^2 S}{\sqrt{1-\varepsilon^2}} \tag{6·69}$$

## 4·3 ジャーナル軸受の動特性

### 4·3·1 変動荷重軸受の潤滑理論

内燃機関に使用される軸受のように，荷重の大きさと方向，軸の回転速度が時間的に変化する場合の軸受特性は，軸受に作用する力を各クランク角について求め，軸受に作用する荷重の**極線図**(polar diagram)を描き，この関係と Reynolds 方程式を連立することによって得られる．

図 4·27 に，2 サイクルエンジンの軸受および 4 サイクルエンジンの軸受に対して計算された軸心軌跡を示す．2 サイクルエンジンの軸受の場合には，4 サイクルエンジンの軸受の場合とは違って，吸入，圧縮，爆発，排気の各行程において常に荷重が軸受に作用している状態にある．したがって，形成膜厚が全行程にわたって薄く，荷重支持部の潤滑油の入れ代わりも困難になり，4 サイクルエンジン軸受に比べて，

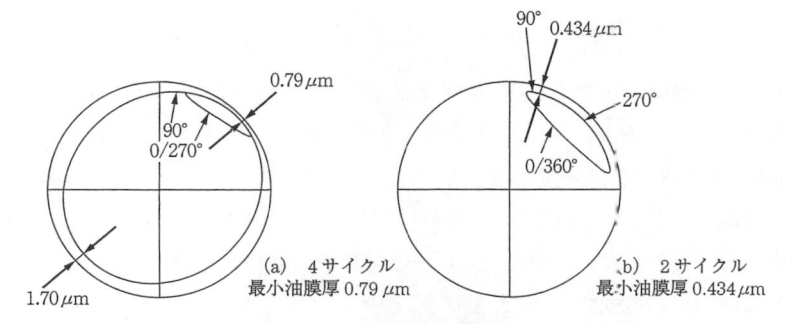

**図 4・27** 大端部軸受の軸心軌跡〔橋爪克幸氏（大豊工業）作成〕
（筒内圧 75 kgf/cm², 回転数 300 rpm, 図中の角度は爆発上死点を 0° としたクランク角度）

潤滑状態が厳しくなる*.

ここでは，図 4・28 に示すような変動回転荷重について考える．軸回転角速度を $\omega$，荷重の回転角速度を $\omega_L = d\varphi/dt$，荷重の大きさの変動角速度を $\omega_P$，また荷重方向と軸受中心 B と軸中心 J を結ぶ直線（中心線）とのなす相対角度を $\phi$ とすれば，軸表面速度の回転方向とそれに直角な方向の速度は

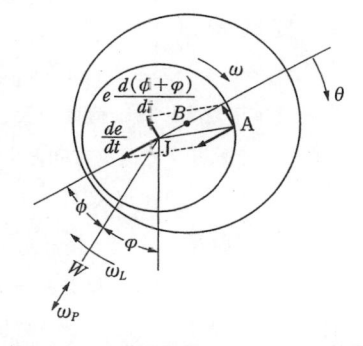

**図 4・28** 動荷重を受けるジャーナル軸受

$$U = R\omega + c\frac{d\varepsilon}{dt}\sin\theta$$
$$- c\varepsilon\frac{d(\phi+\varphi)}{dt}\cos\theta \tag{4・70}$$

$$\frac{\partial h}{\partial t} = c\frac{d\varepsilon}{dt}\cos\theta + c\varepsilon\frac{d(\phi+\varphi)}{dt}\sin\theta \tag{4・71}$$

となる．これを Reynolds 方程式

$$\frac{1}{R^2}\frac{\partial}{\partial\theta}\left(\frac{h^3}{12\eta}\frac{\partial p}{\partial\theta}\right) + \frac{\partial}{\partial y}\left(\frac{h^3}{12\eta}\frac{\partial p}{\partial y}\right) = \frac{U}{2R}\frac{\partial h}{\partial\theta} + \frac{h}{2R}\frac{\partial U}{\partial\theta} + \frac{\partial h}{\partial t} \tag{4・72}$$

に代入し，$c/R \ll 1$ を考慮すれば，$\eta$ が一定の場合には，

$$\frac{\partial}{\partial\theta}\left\{(1+\varepsilon\cos\theta)^3\frac{\partial p}{\partial\theta}\right\} + R^2\frac{\partial}{\partial y}\left\{(1+\varepsilon\cos\theta)^3\frac{\partial p}{\partial y}\right\}$$

---

\* 実際の内燃機関の軸受の油膜圧力，油膜厚さを計算するためには，軸と軸受とのミスアライメント，軸受ハウジングの変形，さらにはクランクケースの変形等の影響を考慮する必要がある．

$$= 6\eta\left(\frac{R}{c}\right)^2\left\{-\varepsilon\left(\omega - 2\omega_L - 2\frac{d\phi}{dt}\right)\sin\theta + 2\frac{d\varepsilon}{dt}\cos\theta\right\} \tag{4・73}$$

が得られる．右辺の $\omega$ を含む項のみが，**くさび項**である式(4・72)の右辺の第1項から得られたものであり，他は第3項の**スクイズ項**から得られたものである．この Reynolds の方程式を解いて圧力 $p$ を求め(この際必要となる境界条件に関しては種々の議論があるが，普通は Reynolds の境界条件を用いることが多い)，これを偏心方向成分とそれに直角方向の成分に分けて軸受面について積分すれば，軸に作用する流体膜力の各方向成分 $F_\varepsilon$ および $F_\theta$ が次のように得られる．

$$F_\varepsilon = -\int_0^L\int_{\theta_1}^{\theta_2} pR\cos\theta\, d\theta dy, \quad F_\theta = \int_0^L\int_{\theta_1}^{\theta_2} pR\sin\theta\, d\theta dy \tag{4・74}$$

### 1. 回転荷重

荷重ベクトルが大きさ一定で，ジャーナルの回転方向に一定角速度 $\omega_L$ で回転しているとする(図4・29)．荷重の大きさが一定であるので偏心量は一定 ($d\varepsilon/dt=0$)，$\omega_L$ が一定であるので荷重方向と中心線との相対角度も一定 ($d\phi/dt=0$) である．したがって，式(4・73)の右辺は

$$6\eta(R/c)^2(\omega-2\omega_L)(-\varepsilon\sin\theta) = 6\eta(R/c)^2(\omega-2\omega_L)\partial h/c\partial\theta \tag{4・75}$$

となる．なお，この関係はジャーナルおよび軸受を全体としてジャーナルの回転方向と逆に $\omega_L$ で回転させることによっても求めることができる．この場合には，軸受表面速度は $U_1 = -R\omega_L$，ジャーナル表面速度は $U_2 = R(\omega-\omega_L)$ となるので，表面速度の和は $R(\omega-2\omega_L)$ となり，式(4・54)の右辺は式(4・75)に一致する．

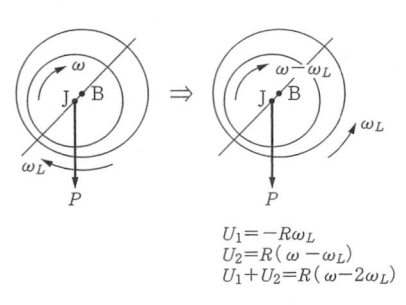

図 4・29 回転荷重

すなわち，回転荷重軸受と静荷重軸受の負荷容量比 $\lambda$ は

$$\lambda = 1 - \frac{2\omega_L}{\omega} \tag{4・76}$$

と与えられる(図4・30)．つまり，$\omega_L = \omega/2$ のときにはくさび作用がなくなり，負荷能力は0となる．

### 2. 一方向の変動荷重

内燃機関のクランク軸の主軸受やクランクピン軸受では，全回転運動のためにく

さび効果が生じやすく，油膜形成は比較的容易である．これに対して，ピストンピンやクロスヘッドピンの場合には，比較的小さい角度で揺動運動するのみである．さらにガス圧による変動荷重が加わる．そこで，くさび効果よりもスクイズ効果の方が油膜形成に大きい働きをする．

簡単化のため，Sommerfeld の境界条件を用いて Reynolds の式を無限幅近似のもとに解けば，圧力分布は次のように表される．

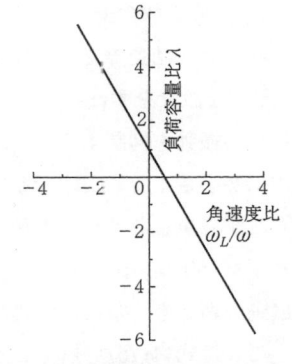

図 4・30 回転荷重における負荷容量比[10]

$$p = 6\eta \left(\frac{R}{c}\right)^2 \left[\left(\omega - 2\omega_L - 2\frac{d\phi}{dt}\right)\left\{J_2(\theta) - \frac{J_2(2\pi)}{J_3(2\pi)}J_3(\theta)\right\} + \frac{d\varepsilon/dt}{\varepsilon}\left\{\frac{1}{(1+\varepsilon\cos\theta)^2} - \frac{1}{(1+\varepsilon)^2}\right\}\right]$$

ピストンピンやクロスヘッドピンの場合を第一近似としてジャーナル回転角速度 $0(\omega=0)$，荷重方向一定の動荷重 ($\phi=0$, $\omega_L=0$) と考え，式 (4・55) で $\theta_1=0$, $\theta_2=2\pi$ とすれば，次式のようになる．

$$W = \frac{12\pi\eta RL}{\psi^2}\frac{1}{(1-\varepsilon^2)^{3/2}}\frac{d\varepsilon}{dt} \tag{4・77}$$

ここで，時間 $\Delta t = t_2 - t_1$ での平均負荷容量を $\overline{W}$ とすれば，式 (4・77) から次式を得る．

$$\int_{t_1}^{t_2} W dt = \overline{W}\Delta t = \frac{12\pi\eta RL}{\psi^2}\left\{\frac{\varepsilon_2}{(1-\varepsilon_2^2)^{1/2}} - \frac{\varepsilon_1}{(1-\varepsilon_1^2)^{1/2}}\right\} \tag{4・78}$$

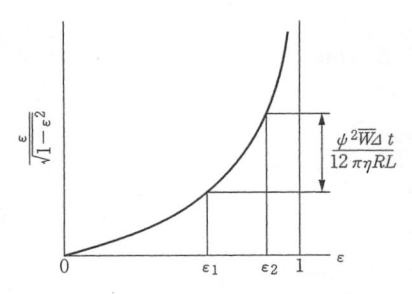

図 4・31 一方向変動荷重の偏心率の変化

図 4・31 に式 (4・78) の関係を示すが，偏心率が $\varepsilon_2$ に増加した後，すなわち油膜厚さが低下した後に荷重が取り除かれ，次のサイクルの負荷時期には，$\varepsilon_1$ の偏心位置まで膜厚が回復していなければ有効な潤滑が行われないことになる．荷重が一方向にしか作用しない 2 サイクルエンジンの軸受では，膜厚回復の余裕が少ないので，逆方向の荷重も加わる 4 サイクルエンジンの軸受より潤滑上不利である．したがって，充分な負荷能力を得るためには，軸受幅 $L$ を大きくして側方漏れを少なくすることが必要である．

### 4・3・2 回転軸の安定性

ジャーナル軸受で支えられた回転軸が高速で回転する際の問題の1つは振動である．適切な設計をすれば，滑り軸受の特徴である油膜による減衰作用の働きにより，これらの振動を抑制することができる．しかし，もし設計を誤ると，軸受油膜の減衰作用が小さくなるだけでなく，油膜が励振源に転ずることもある．各種の振動のうちまず考慮しなければならないのは，軸の不つりあいによる強制振動と，**オイルホイップ**(oil whip)と呼ばれる軸受の油膜に起因する自励振動である．

振動問題を考えるには油膜の力学的特性(ばね定数，減衰係数)を知る必要があるが，これは式(4・75)を解くことによって得られる．

#### 1. 不釣合い振動

機械加工誤差，組立誤差，熱変形，摩耗などいろいろな要因のもとに回転体に不釣合い状態が発生すると，軸がたわみ振動(強制振動)を起こす．そのため，軸の常用運転速度を軸の固有振動数(危険速度)からできるだけ離して使用することが推奨されている．しかし現在では，危険速度だけでなく，軸受油膜の減衰作用を考慮した不釣合い応答感度，とくに共振時の感度の値である $Q$ 値(共振倍率)を管理することによって，軸系を設計することが考えられている[16][17]．

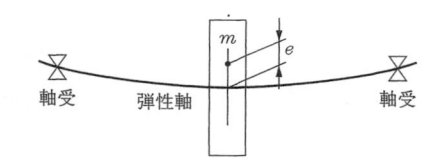

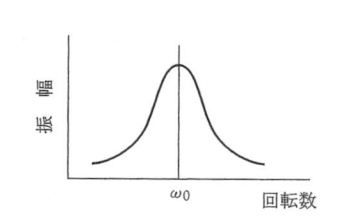

図 4・32 不釣合振動

質量 $m$，ばね定数 $k$，減衰係数 $c$ で構成されるばね系に強制力 $F_0 \sin \omega t$ が作用する場合の定常状態における振動振幅 $A$ は

$$A = \frac{F_0/k}{\sqrt{\left[1-\left(\frac{\omega}{\omega_0}\right)^2\right]^2 + \left[2\zeta\frac{\omega}{\omega_0}\right]^2}} \tag{4・79}$$

である(図4・32)．ここに，$\omega_0 = \sqrt{k/m}$，$\zeta = c/2\sqrt{mk}$ (減衰比)，$Q = 1/2\zeta$ である．したがって，両端を軸受で支えられた質量のない弾性軸(回転角速度 $\omega$)が，その中央に単一の集中質量 $m$ を有し，その質量中心が回転軸中心から $e$ だけずれている場合には，この系の共振時($\omega = \omega_0$)の振幅 $A$ は，強制力 $F_0$ が $me\omega^2$ であるので，式

(4・79)から $A=eQ$ となる．釣合わせ技術によって，$e$ を充分に小さくすることができれば，減衰比の大きい場合，すなわち共振倍率が小さい場合には，危険速度上での運転も可能になる．

不釣合い振動の抑制に限れば，油膜による振動減衰作用の高い真円軸受の採用が最も望ましく，ついで，多円弧軸受，ティルティングパッド軸受となる．

### 2. オイルホイップ

オイルホイップ(oil whip)は滑り軸受の油膜の動的作用によってもたらされる自励振動であり，回転軸に激しい振れ周り(旋回)運動を発生させる．その特徴として次のような事項が挙げられる．

① 軸系の固有振動数の2倍以上の回転速度で発生し，いったん発生すると回転速度を下げない限り振動が持続する(図4・33)．

② 旋回の方向は軸の回転方向と同じで，軸の振れ周り速度は軸の回転速度にはあまり関係なく，ほぼ危険速度に等しく一定である．

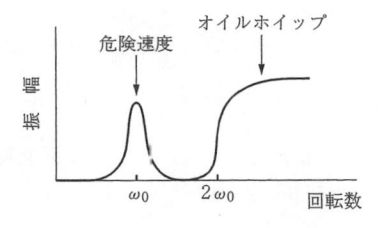

図 4・33 オイルホイップの発生[18]

③ オイルホイップは，ジャーナルが浮き上がりやすいほど(油膜厚さ厚いほど)発生しやすい．

なお，軸のたわむ激しい振動であるオイルホイップとは別に，軸がほとんどたわまずに，静かに軸受すきま内を旋回する現象が回転速度の低いときに発生することがある．この小振幅の不安定振動は，**オイルホワール**(oil whirl)と呼ばれている(図4・34)．オイルホワールは危険速度の2倍以下の回転速度で発生し，その旋回速度は軸回転速度の約1/2である．

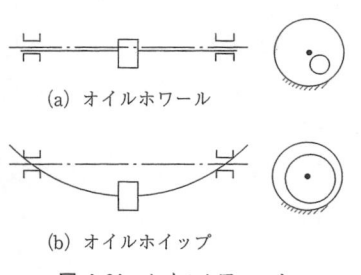

(a) オイルホワール

(b) オイルホイップ

図 4・34 ホイルホワールとオイルホイップ[18]

### 3. 回転軸の安定限界

回転軸の安定限界は，油膜圧力を外力として，回転軸に関する運動方程式の特性方程式の根を吟味することにより判断できる．静的定常状態でのReynolds式を解くことによって得られる式(4・74a)および式(4・74b)の $F_\epsilon$ と $F_\epsilon$ のベクトル和が，

軸に加えられた静荷重 $W$ と釣り合うから，ジャーナル中心はこの釣合いが満足される軸受すきま内の静的平衡点 $(\varepsilon, \phi)$ に落ち着く（このときの荷重方向 $x$ およびそれと垂直方向 $y$ の油膜反力を $F_{x0}$ および $F_{y0}$ とする）．この軸心位置は，Sommerfeld 数 $S$ によって一義的に定まる．

いま，ある $S$ の値に対して定まる平衡点の周りで，ジャーナルが微小振動している場合を考える．油膜外力は微小振動に伴い変動するので，その変動を考慮して式 (4・73) を解くことによって油膜反力が求まる（ただし，$\omega_L=0$，$\omega_p=0$ とする）．振動が微小であれば，油膜反力は平衡点からの微小変位および速度を用いて，次のように表すことができる．

$$\left.\begin{array}{l} F_x = F_{x0} + k_{xx}\Delta x + k_{xy}\Delta y + c_{xx}\Delta \dot{x} + c_{xy}\Delta \dot{y} \\ F_y = F_{y0} + k_{yx}\Delta x + k_{yy}\Delta y + c_{yx}\Delta \dot{x} + c_{yy}\Delta \dot{y} \end{array}\right\} \qquad (4 \cdot 80)$$

ここに，$k_{xx}$, $k_{xy}$, $k_{yx}$, $k_{yy}$ を油膜の線形ばね定数，$c_{xx}$, $c_{xy}$, $c_{yx}$, $c_{yy}$ を油膜の線形減衰係数といい，両者をまとめて油膜定数という．

図 4・35 は無限小幅軸受において，Gümbel の境界条件で得られた油膜力に関する安定判別図である．各曲線の右側が安定域であり，偏心率が 0.8 よりも大きければ常に軸は安定であることが分かる．

さて，ジャーナル軸受の油膜特性の特徴は，油膜定数に連成項 ($xy$, $yx$ の項）が含まれていることである．もしこれがなければ回転軸は不安定にはならない．図 4・36 および図 4・37 に，真円軸受およびティルティングパッド軸受の線形ばね定数と線形減衰係数を示す．ティルティングパッド軸受には連成項がないことに注目すべきである．すなわち，ティルティングパッド軸受は，オイルホイップを原理的に生じない．なお，オイルホイップ防止の観点からは，最も安定性がよくないのは真円軸受，ついで2円弧軸受，3円弧軸受の順となる．

図 4・35　安定判別図 $\left[\dfrac{1}{\omega_0^2}\left(\dfrac{W}{mc}\right)=10\text{ の場合}\right]^{(18)}$

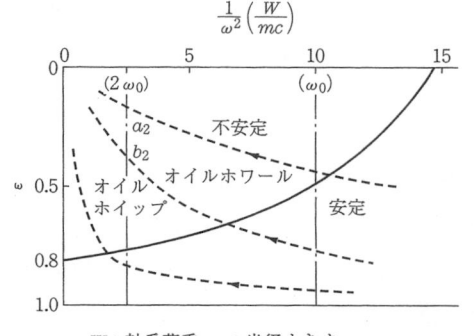

$W$：軸受荷重，$c$：半径すきま
$m$：ロータ質量，$\omega_0$：系固有振動数
$\omega$：ロータの回転角速度

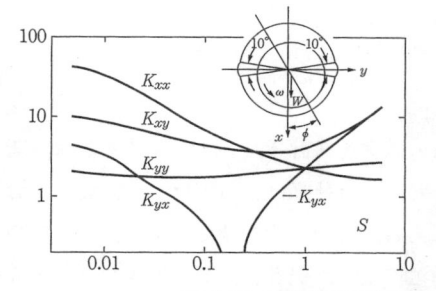

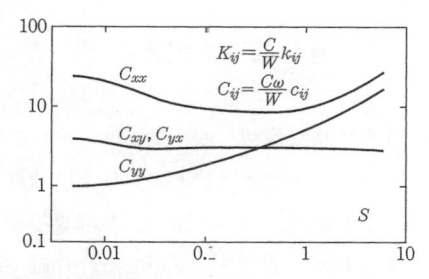

**図 4・36** 真円軸受油膜の弾性係数と減衰係数($L/D=0.5$)[19]

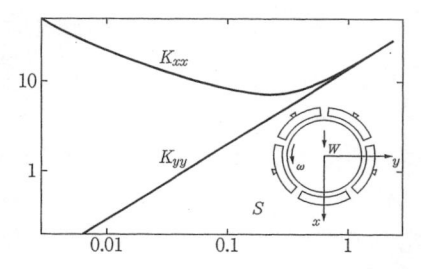

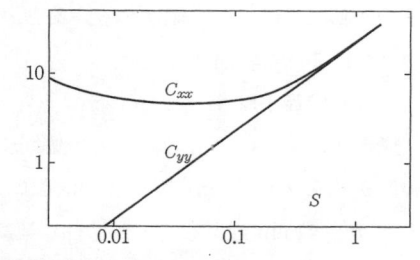

**図 4・37** ティルティングパッド軸受油膜の弾性係数と減衰係数($L/D=0.5$)[19]

オイルホイップの防止策としては次のようなことが考えられる．

① 軸の剛性を高め，危険速度を大きくして安定限界を広げる．

② 真円軸受を使用する場合には偏心率を大きくして安定限界を広げる．このためには，

a． 軸受幅を小さくする（例えば，軸受中央に円周油溝をつける）．

b． 軸受すきまを大きくする．

c． 粘度の低い油を使用する．

ただし，このような手法は，不釣合い振動を生じやすくすることに注意しなければならない．

③ 真円軸受以外の軸受を使用する．

自励振動に対して安定領域の広い楕円軸受，多円弧軸受，本質的に安定であるティルティングパッド軸受を用いる．

## 4・4　流体潤滑の限界

潤滑された機械しゅう動面は，流体潤滑の確保を設計指針とすべきであるが，荷重，速度，接触面形状と表面仕上げ状態などの設計仕様によっては，設計段階においてすでに流体潤滑の確保が無理な場合もある．また，設計時には流体潤滑が実現できるものと推定されていても，作動中の温度上昇，過負荷，異物混入などにより流体膜が破断する場合もある．本節では，流体潤滑状態の限界を中心に，摩擦面の安全作動限界について記述する．なお，潤滑状態の悪化に伴い発生する表面損傷については8章を参照されたい．

### 1.　許容最小膜厚

摩擦面が完全に平滑であれば，理論上は単分子厚さまで連続流体膜が形成される．膜厚が $0.05\,\mu m\,(50\,nm)$ 程度までは流体力学的取扱いができるものと考えられている[20]が，数nm近くなると潤滑油は連続体として取扱うことができなくなる（数分子層以下の油膜の挙動については7・5節を参照）．

しかし，実際の摩擦面には粗さが存在し，形成油膜厚さと表面の突起高さが同じ程度になると，突起間の接触が生じるようになり，混合潤滑状態となる．図4・38は，摩擦特性に及ぼす表面粗さの影響を，**ストライベック曲線**を用いて示したモデル図である．表面粗さが大きいほど，軸受特性数（潤滑油粘度×滑り速度/単位幅当たり荷重，4・1・2を参照）が大きく，したがって膜厚が厚いうちに混合潤滑へ移行する．しかし，境界潤滑域での摩擦係数は粗さの小さいものほど高くなり，焼付き荷重が低くなる傾向が滑り軸受などでは認められる[21]．これは，粗面の方が全面的接触の危険性が少ないこと，粗さ谷部にトラップされた潤滑油の潤滑効果などが原因と考えられる．しかし，図中の破線で示したように，混合潤滑状態になると，急速に潤滑状態が悪化し，そのまま境界潤滑状態を経ることなく焼付きにまで進展する場合もある．

初期表面粗さが大きくても，なじみにより表面粗さが低下する場合には，流体潤滑域が

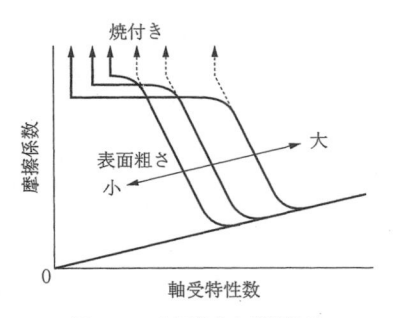

図 4・38　表面粗さと摩擦特性

拡大し，軸受特性数のより小さい作動条件まで，流体潤滑状態が達成されるようになる．

摩擦2面間の最大粗さを $R_{max1}$, $R_{max2}$ とすれば，最小膜厚 $h_{min}$ が

$$h_{min} \fallingdotseq R_{max1} + R_{max2} \tag{4・81}$$

になったとき，流体潤滑から混合潤滑への移行が生じる[22]．しかし，2面間の直接接触を防止するために必要な最小膜厚 $h_{min}$ としては，安全を見越して，

$$h_{min} \fallingdotseq 3(R_{max1} + R_{max2}) \tag{4・82}$$

を設計基準として採用することが多い．例えば，タービンなどに使用される一定荷重の高速滑り軸受では，油膜の局所的破断に伴う直接接触が軸受メタルの融解，粗さの増大に発展しがちであるので，直接接触を極力避けねばならないとの観点から式(4・82)が設計指針とされている．一方，変動荷重を受けるエンジンなどの低速滑り軸受では，局所的油膜破断は直ちに焼付き発生にはつながらず，かえって表面粗さを低下することも多いため，式(4・81)または $R_{max1}$(軸粗さ) $\leq h_{min}$ が設計基準に採用される場合が多い．

歯車や転がり軸受のような弾性流体潤滑(EHL)領域での最小油膜厚 $h_{min}$ は，$h_{min}$ と合成表面粗さ $\sigma$ の比である膜厚比 $\Lambda = h_{min}/\sigma$ が潤滑状態を規定する尺度として採用されており，$\Lambda > 3$ では完全流体潤滑が確保される(5章参照)．

## 2. 温度限界

温度上昇に伴い，潤滑油粘度の低下による形成油膜厚の減少や潤滑油の劣化が促進され(9・1節参照)，転移温度以上では境界潤滑性が喪失する(7章参照)．さらには，摩擦材料の強度低下，熱変形が発生し，最終的には焼付きにまで発展する．

$p$ を接触面圧力，$V$ を滑り速度，$\mu$ を摩擦係数とすれば，**$\mu pV$ 値**は単位面積，単位時間当たりの発熱量であり，温度上昇を直接支配するパラメータとなる．しかし，焼付きが問題となる潤滑状態は主として境界潤滑であり，その場合の摩擦係数は個々の潤滑面に対してはほぼ一定と考えられるので(図4・38)，**$pV$ 値**もまた発熱限界，焼付き限界としての意味をもつことになる．すなわち，焼付きなどの表面損傷の発生を予測するためには，接触面温度を正確に算定することが必要であるが，これは実際上は極めて難しいため，温度限界が許容最大 $pV$ 値や許容最大 $\mu pV$ 値などの作動条件と関連づけられることが多い．

### 3. 許容荷重（許容接触面圧）

転がり軸受や歯車などの転がり接触面では，高い接触応力の繰返しによりフレーキングやピッチングなどの疲労破壊の発生に対応する限界荷重が存在する（8・3節参照）．また，滑り軸受では接触面圧が高いと，軸受メタルの疲労破壊や塑性変形が発生する．とくに軸受温度が高い場合には機械的強度の低下を伴うため，その表面損傷発生が助長される．

上記の3つの許容限界を模式的に表したのが図4・39である．$h_{min}$ は最小油膜厚，$p_{max}$ は許容面圧，$\theta_{max}$ は許容最高温度である．なお，温度上昇は $pV$ に比例すると仮定している．温度上昇に伴って潤滑油粘度の低下が著しくなるため，$h_{min}$ は速度が増加すると低下するようになる．

これらの限界値を超えると表面損傷が発生する危険性が著しく高くなるが，8章で示すように表面損傷の発生条件は多くの因子を総合的に考慮しなければならないので，図4・39はあくまで一つの目安を示すものといえる．極めて単純化すれば，表面温度が $\theta_{max}$ 以上になると焼付き，接触面圧が $p_{max}$ を越えると疲労破壊や静的破壊，膜厚が $h_{min}$ 以下になると低温度では著しい摩耗の増大，高温度では焼付きの危険性が高くなる．

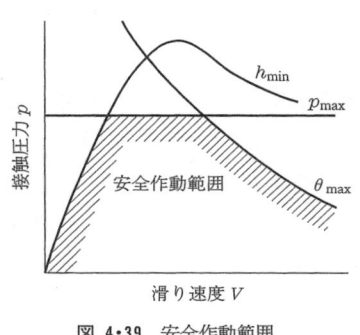

図 4・39 安全作動範囲

## 4・5 熱流体潤滑理論

流体潤滑問題の理論的取扱いに際しては，Reynolds の潤滑基礎式に関する 4・1・3 の仮定 ⑦ のように，粘度は膜厚方向に対しては一定とすることが多い．しかし，実際には潤滑油の粘性抵抗による発熱が生じ，その発熱量自体も潤滑油膜内で異なるために，流動方向，膜厚方向の温度は一定とはならず，潤滑油の粘度や密度も潤滑油膜内で異なることになる．また，発熱量を正確に求めるためには，潤滑油膜内でのこれらの変化を考慮しなければならない．潤滑油膜内の発熱，熱伝導，熱伝達に伴う油膜内の温度分布，粘度分布を考慮した潤滑理論を，**熱流体潤滑**（thermohydrodynamic lubrication）**理論**といい，**THL理論**と略称される．すなわち，厳密

な軸受性能を知るためには，THL理論を採用しなければならない．

THL理論では，油膜内の粘度，密度が場所により三次元的に変化することを考慮した一般化されたReynolds方程式[8]，潤滑面を構成する固体内の温度分布を決定する熱伝導方程式，および，潤滑油膜内の熱バランスを記述するエネルギー方程式を，境界条件を考慮して解を求めるため，数値解法を使用せざるを得ない．

以下，エネルギー方程式について簡単に説明する[23]．

流体中の空間に固定された微小直六面体内のエネルギー保存則を表現するエネルギー方程式は，$x, y, z$ 方向の諸量を，添字 $i, j = 1, 2, 3$ で示せば次のように表される\*．

$$\frac{\partial(\rho E_t)}{\partial t} = \frac{\partial Q}{\partial t} + \frac{\partial(u_i \tau_{ij})}{\partial x_j} - \frac{\partial(E_t \rho u_j)}{\partial x_j} + \frac{\partial}{\partial x_j}\left(K\frac{\partial T}{\partial x_j}\right) \tag{4・83}$$

ここで，左辺は流体のもつエネルギーの単位時間当たりの増加量である．単位質量当たりの流体が持つ全エネルギー $E_t$ は，単位質量当たりの運動エネルギー $u_i u_i/2$，内部エネルギー $E$ および位置エネルギー $P$ の和，すなわち，

$$E_t = \frac{1}{2} u_i u_i + E + P \tag{4・84}$$

として与えられる．また，右辺第1項は単位時間，単位体積当たりに外部から加えられる熱量 $Q$ であり，強制加熱，輻射熱，化学反応熱などを含んでいる．第2項は粘性抵抗により単位時間当たり発生した熱量である．$u_i$ は速度成分，$\tau_{ij}$ は応力成分を示し，例えば $\tau_{11} = \sigma_x$ に，$\tau_{12} = \tau_{xy}$ に対応する．第3項は対流によって単位時間当たり持ち去られる熱量，第4項は熱伝導によって単位時間に持ち去られる熱量で，$K$ は熱伝導率，$T$ は温度である．

連続の式(4・2a) $(\partial\rho/\partial t + \partial\rho u_j/\partial x_j = 0)$ を考慮すれば，

$$\frac{\partial(\rho E_t)}{\partial t} + \frac{\partial(E_t \rho u_j)}{\partial x_j} = E_t\left(\frac{\partial\rho}{\partial t} + \frac{\partial\rho u_j}{\partial x_j}\right) + \rho\left(\frac{\partial E_t}{\partial t} + u_j\frac{\partial E_t}{\partial x_j}\right)$$

$$= \rho\frac{DE_t}{Dt} \tag{4・85}$$

であるので，式(4・83)は次のように書き換えられる．

---

\* 以下，何個かの添字を持った変数を含む項が，同じ添字を含む場合はそれらの和を表すものとする．例えば，

$$u_i u_i = u_1 u_1 + u_2 u_2 + u_3 u_3, \quad \frac{\partial u_i}{\partial x_i} = \frac{\partial u_1}{\partial x_1} + \frac{\partial u_2}{\partial x_2} + \frac{\partial u_3}{\partial x_3} = \frac{\partial u}{\partial x} + \frac{\partial v}{\partial y} + \frac{\partial w}{\partial z}$$

$$\rho \frac{DE_t}{Dt} = \frac{\partial Q}{\partial t} + \frac{\partial (u_i \tau_{ij})}{\partial x_j} + \frac{\partial}{\partial x_j}\left(K\frac{\partial T}{\partial x_j}\right) \tag{4・86}$$

ここで，式(4・84) $\partial P/\partial t=0$ から

$$\rho \frac{DE_t}{Dt} = \rho\left(u_i \frac{Du_i}{Dt} + \frac{DE}{Dt} + u_j \frac{\partial P}{\partial x_j}\right) \tag{4・87}$$

式(4・3)，式(4・4)および $F_i = -\rho \partial P/\partial x_i$ の関係から

$$\frac{\partial (u_i \tau_{ij})}{\partial x_j} = u_i \frac{\partial \tau_{ij}}{\partial x_j} + \tau_{ij}\frac{\partial u_i}{\partial x_j} = u_i \rho\left(\frac{Du_i}{Dt} + \frac{\partial P}{\partial x_i}\right) + \varPhi - p\frac{\partial u_i}{\partial x_i} \tag{4・88}$$

また，式(4・2b)，すなわち，$(\partial u_i/\partial x_i) = -(1/\rho)(D\rho/Dt)$ を考慮すれば，

$$p\frac{\partial u_i}{\partial x_i} = -p\frac{1}{\rho}\frac{D\rho}{Dt} = p\rho\frac{D(1/\rho)}{Dt} \tag{4・89}$$

となる．式(4・87)，式(4・88)，式(4・89)を式(4・86)に代入し，デカルト座標(三次元直交座標)で記述すれば，式(4・86)は次のように書き換えられる．

$$\rho\left[\frac{DE}{Dt} + p\frac{D(1/\rho)}{Dt}\right] = \frac{\partial Q}{\partial t} + \frac{\partial}{\partial x}\left(K\frac{\partial T}{\partial x}\right) + \frac{\partial}{\partial y}\left(K\frac{\partial T}{\partial y}\right) + \frac{\partial}{\partial z}\left(K\frac{\partial T}{\partial z}\right)$$
$$+ \varPhi \tag{4・90}$$

なお，熱膨張係数を $\alpha = \rho(\partial(1/\rho)/\partial T)_p$，定圧比熱を $c_p$ とすれば，

$$dE = c_p dT - \alpha T dp/\rho - pd(1/\rho) \tag{4・91}$$

よって，式(4・90)は

$$\rho c_p \frac{DT}{Dt} - \alpha T \frac{Dp}{Dt} = \frac{\partial Q}{\partial t} + \frac{\partial}{\partial x}\left(K\frac{\partial T}{\partial x}\right) + \frac{\partial}{\partial y}\left(K\frac{\partial T}{\partial y}\right)$$
$$+ \frac{\partial}{\partial z}\left(K\frac{\partial T}{\partial z}\right) + \varPhi \tag{4・92}$$

となる．ここで，$\varPhi$ は粘性抵抗によって失われる散逸エネルギー(散逸関数)であり，

$$\varPhi = 2\eta\left[\left(\frac{\partial u}{\partial x}\right)^2 + \left(\frac{\partial v}{\partial y}\right)^2 + \left(\frac{\partial w}{\partial z}\right)^2 + \frac{1}{2}\left\{\left(\frac{\partial u}{\partial y} + \frac{\partial v}{\partial x}\right)^2\right.\right.$$
$$\left.\left. + \left(\frac{\partial v}{\partial z} + \frac{\partial w}{\partial y}\right)^2 + \left(\frac{\partial w}{\partial x} + \frac{\partial u}{\partial z}\right)^2\right\}\right] + \lambda\left(\frac{\partial u}{\partial x} + \frac{\partial v}{\partial y} + \frac{\partial w}{\partial z}\right)^2 \tag{4・93}$$

のように表される．なお，理想気体では，$(\partial \rho/\partial T)_p = 0$ であるので，式(4・92)の左辺第2項は消失する．その他の場合においても一般的にはこの項は小さいとして無視[24]されがちであるが，後述する弾性流体潤滑理論においては無視できないことに注意せねばならない．なお，非圧縮性流体の場合には，式(4・92)は次のようになる．

$$\rho c_p \frac{DT}{Dt} = \frac{\partial Q}{\partial t} + \left\{\frac{\partial}{\partial x}\left(K\frac{\partial T}{\partial x}\right) + \frac{\partial}{\partial y}\left(K\frac{\partial T}{\partial y}\right) + \frac{\partial}{\partial z}\left(K\frac{\partial T}{\partial z}\right)\right\} + \varPhi \tag{4・94}$$

$$\Phi = 2\eta \left[ \left(\frac{\partial u}{\partial x}\right)^2 + \left(\frac{\partial v}{\partial y}\right)^2 + \left(\frac{\partial w}{\partial z}\right)^2 + \frac{1}{2}\left\{\left(\frac{\partial u}{\partial y}+\frac{\partial v}{\partial x}\right)^2 \right.\right.$$
$$\left.\left. + \left(\frac{\partial v}{\partial z}+\frac{\partial w}{\partial y}\right)^2 + \left(\frac{\partial w}{\partial x}+\frac{\partial u}{\partial z}\right)^2 \right\}\right] \qquad (4\cdot95)^*$$

流体潤滑下における接触面, あるいは接触面内部の温度上昇などの評価は, 式(4・92)あるいは式(4・95)を狭いすきまの流れに書き換えることによって可能になる. その際, 膜厚が潤滑面寸法に比較して小さいことを考慮すれば,

$$\Phi = \eta\left\{\left(\frac{\partial u}{\partial z}\right)^2 + \left(\frac{\partial v}{\partial z}\right)^2\right\} \qquad (4\cdot96)$$

となる.

さて, 式(4・94)の左辺は熱容量項(対流項)であり, 右辺の第2項は熱伝導項, 第3項は散逸エネルギー項(発熱項)である. しゅう動面においては, しゅう動にともなって誘起される粘性抵抗による発熱量は, 潤滑油によってしゅう動面から運び出される"対流"とともに熱伝導によって潤滑面に伝えられる. 膜厚方向の平均温度を$\theta$, 比熱および熱伝導率が一定であるとすれば, **4・1・2**と同様に各項は次のように表される.

$$[発熱項] = \left[\eta\left(\frac{\partial u}{\partial z}\right)^2\right] = \eta\left(\frac{U}{h}\right)^2 \qquad (4\cdot97)$$

$$[対流項] = \left[\rho c_p \frac{DT}{Dt}\right] = \frac{\rho c_p \theta}{L/U} \qquad (4\cdot98)$$

$$[熱伝導項] = \left[\frac{\partial}{\partial z}\left(K\frac{\partial T}{\partial z}\right)\right] = \frac{K\theta}{h^2} \qquad (4\cdot99)$$

したがって,

$$\frac{[対流項]}{[熱伝導項]} = \frac{\rho c_p U h^2}{KL} = \frac{UL}{K/\rho c_p}\left(\frac{h}{L}\right)^2 = \frac{UL}{\kappa}\left(\frac{h}{L}\right)^2 = Pe\left(\frac{h}{L}\right)^2 \quad (4\cdot100)$$

ここに, $\kappa = K/\rho c_p$ は熱拡散率(thermal diffusivity)である.

$$Pe = \frac{UL}{\kappa} = \frac{UL}{\nu}\frac{\nu}{\kappa} = Re \cdot Pr \qquad (4\cdot101)$$

であり, $Pe$ を**ペクレ(Peclet)数**, $Pr$ を**プラントル(Prandtl)数**という.

Peclet数が大きい場合には, 粘性抵抗による発熱量の大半が, 潤滑油によって潤

---

* $\Phi$ の値は粘性抵抗によって失われるエネルギーであるので決して負になることはない. したがって, 非圧縮性流体の場合には式(4・95)から $\eta \geq 0$ でなければならない. また, 互いに滑り合うような速度こう配がなく, 流れが等方性であるとすれば, 式(4・92)において $\partial u/\partial x = \partial v/\partial y = \partial w/\partial z$, 他の速度勾配は0とすれば, $\Phi = 3(2\eta+3\lambda)(\partial u/\partial x)^2$ となる. したがって, $2\eta+3\lambda \geq 0$ でなければならない.

滑面から持ち去られるため，潤滑面は断熱系と考えられる．逆に Peclet 数が小さい条件では，油膜内で発生した熱の大部分は，熱伝導により潤滑面に伝えられることになる．

## 4・6 乱流潤滑理論

ジャーナル軸受のように，内筒(軸)が周速 $U$ で回転する同心二重円筒(軸半径 $R$, 半径すきま $c$)のすきま内を流れる流体は遠心力を受ける．その遠心力は半径の小さい部分の流体の方が流速が速いため大きく，内側の流体部分は外側に向かって移動しようとする．周速が低い場合にはその移動は流体の粘性力により妨げられるため，すきま内の流れは流線が同心円状の層流を維持する．しかし，周速(したがって遠心力)が大きくなると，半径外向きの流れが生じ，それに応じて内向き流れも発生し，層流を維持できなくなる．その結果，まず，図 4・40 に示すような定常渦が発生することになる．Taylor[25] はこの定常渦(**テイラー渦**)が発生するための条件(臨界レイノルズ数)が

$$(R_e)_{\text{crit}} = 41.3\sqrt{R/c} \qquad (R_e = Uc/\nu) \qquad (4\cdot102)$$

であることを示した．臨界レイノルズ数はすき間比 $c/R$ の関数となっているが，これは流れの安定性が遠心力，したがって，相対曲率に影響されるためである．なお，内筒が静止し，外筒が回転する場合には，流れは安定であり，テイラー渦は発生しない．内筒回転，外筒回転のどちらの場合も，さらにレイノルズ数が高くなると流れは不安定になり(内筒回転の場合に発生する定常渦も不安定になる)，本格的な乱流に移行する[26]．

**乱流**(turbulent flow)は，各流体粒子が層状に整然と流れている層流と異なり，流体粒子が不規則に混合しあう大小さまざまな乱れ(渦)を伴う流れである．乱流においては，不規則な運動をする流体粒子によって運動量が運ばれるため，例えば，図 4・41 に示すように，平行平板間を流体が流れる場合には,速度がならされて速度分布(この

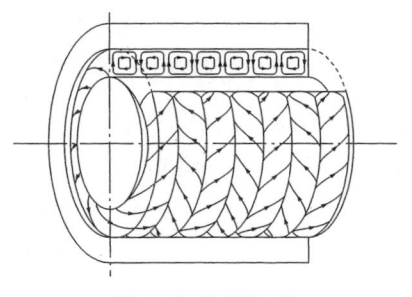

図 4・40 テイラー渦

場合の速度は時間平均速度を示す)は一様分布に近づく．その結果，壁面付近の速度こう配は大きくなり，摩擦抵抗が層流に比較して数倍も大きくなる．そのため，層流から乱流に遷移することにより，負荷容量は大きくなるものの[27]，摩擦抵抗，温度上昇が著しく高くなる．

乱流では流体速度や圧力などがその平均値の回りに変動するため，それらの時間平均値（ ̄ を付して表示）とその回りの変動成分（'を付して表示）との和，例えば $x$ 軸方向の流速は $u=\bar{u}+u'$ で表す．

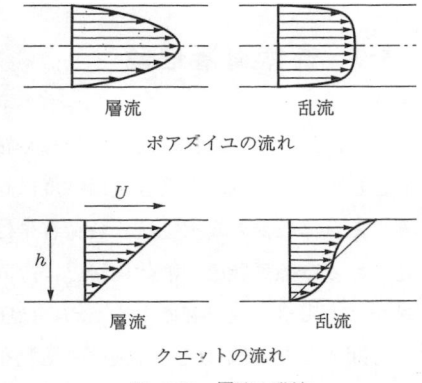

図 4・41 層流と乱流

$x$ 軸に平行にとった単位面積部分（単位平面）を $z$ 方向に通過する単位時間あたり流量の変動成分は $v'$ であるので，この単位平面の一方から他方へ通過する流体の $x$ 軸方向の運動量の変動成分は，平均的に $\overline{\rho v'(\bar{u}+u')}=\overline{\rho u'v'}$ となる．この運動量の変化量がその単位平面に作用する力に等しい．すなわち，この単位平面には乱流の変動成分により $-\overline{\rho u'v'}$ のせん断力が作用することになる．つまり，この単位平面に作用する $x$ 方向のせん断応力は

$$\tau_{zx}=\eta\frac{\partial\bar{u}}{\partial z}-\overline{\rho u'v'} \tag{4·104}$$

となり，乱流でのせん断応力は，平均速度による成分（**粘性応力**）の他に，変動速度による成分（**Reynolds 応力**）が付加される．

したがって，膜厚が極めて薄いとした場合の Navier-Stokes の方程式の運動方向（$x$ 方向）成分は

$$\rho\frac{D\bar{u}}{Dt}=-\frac{\partial p}{\partial x}+\eta\frac{\partial^2\bar{u}}{\partial z^2}+\frac{\partial}{\partial z}(-\overline{\rho u'v'}) \tag{4·105}$$

と表される．すなわち，油膜内での潤滑油の挙動は，レイノルズ数が小さい場合は慣性力を無視できるので，式(4·105)の右辺第1項と第2項から決定され，式(4·23)と同じになる．しかし，レイノルズ数が大きくなると，この2項に加えて左辺の慣性項を考慮することが必要になる．さらにレイノルズ数が大きくなって乱流に遷移すると，右辺第3項のレイノルズ応力をも考慮することが必要になる[25]．

## 4・7 気体潤滑理論

一般に気体は，液体に比べて著しく粘度が低い．流体潤滑においては，第一次近似として摩擦抵抗，負荷容量は粘度に比例すると考えられるので，空気等を潤滑剤とする気体軸受の摩擦抵抗，負荷容量はともに極めて小さくなる．しかし，両者の比である摩擦係数は，液体潤滑とほぼ同程度の大きさである．また，液体の場合と異なり，潤滑特性を評価するためには圧縮性の考慮が必要となる．しかし，潤滑油等で問題となる低温度での粘度の極端な増加や固化，高温での著しい粘度の低下や沸騰の危険性がないため，その使用可能温度範囲は極めて広い．

まず，気体の流動時の挙動について考える．通常の条件下では，個々の気体分子はお互いに激しく衝突を繰り返している．一度衝突した気体分子が再び他の気体分子と衝突するまでに平均的に進む距離を**平均自由行程**(mean free path) $\lambda$ という．潤滑においては，この平均自由行程と形成される膜厚(すきま) $h$ との関係が問題となる． $\lambda$ と $h$ の比

$$K_n = \lambda / h \tag{4.106}$$

を**クヌッセン**(Knudsen)**数**と呼ぶ． $K_n$ はある与えられた距離内での気体平均分子間の衝突数の尺度と考えられ，潤滑膜内の流れはこの $K_n$ によって次のように分類される[28]．

$\qquad\qquad K_n < 0.01$ ：**連続体流れ**(continuum flow)

$\quad 0.01 < K_n < 15 \quad$ ：**滑り流れ**(slip flow)

$\qquad\qquad K_n > 15$ ：**自由分子流れ**(free-molecule flow)

連続体流れとは，気体が連続体とみなすことができ，Reynolds 方程式が適用可能な状態での流れである．この状態では，壁面に接する気体の相対速度が 0，すなわち，壁面での気体の速度は壁面の速度に等しいと考えることができる．したがって，今までの液体潤滑の場合と同じ取扱いが可能である．

$K_n > 0.01$ の場合には，個々の気体の粒子性の考慮が必要になり，壁面での気体の滑りの考慮が必要となる．しかし，この条件でも個々の気体分子同士は頻繁に衝突を繰り返しており，気体全体としては連続体とみなしうる流れであり，これをすべり流れという．さらに $K_n$ が大きくなると，壁面での気体の衝突に比較して分子間の

衝突が重要でなくなる．この場合を自由分子流れという．なお，すべり流れと自由分子流れの中間領域で，気体分子と壁面，および気体分子同士の衝突のいずれもが流れに影響を与える領域を**遷移流れ**と呼ぶ[29]．

$\lambda$ の値は，圧力が低下するにしたがって増加するので，圧力が低くなるほど，すきまが狭くなるほど $K_n$ は増大することになる．例えば，大気圧下における空気では，$\lambda \approx 0.064 \mu m$ であるが，コンピュータの磁気ディスク装置に用いられる浮動ヘッドスライダのすきまは $0.05 \mu m$ 程度以下なので，$K_n > 1$ となり，もはや空気は連続体としては取扱えないことになる．

### 1. 連続体流れの場合

気体の状態は，密度 $\rho$，絶対圧力 $p$，温度 $T$ によって定まる状態方程式により規定される．この状態方程式，3・1・5 で述べたエネルギー式，および Reynodls 方程式を連立して解くことは一般には困難である．そこで，通常は気体の状態変化は**ポリトロープ変化**

$$p/\rho^n = 一定 \quad (n=1: 等温変化,\ n=c_p/c_v: 断熱変化)$$

であると仮定する．なお，流体の速度と流体中を伝わる音速との比であるマッハ(Mach)数は，流体の圧縮性の程度を表す尺度であるが，そのマッハ数が小さい場合には，膜厚方向の温度は一定であると仮定してよい．

一般に，気体潤滑の場合には摩擦力が小さいために温度上昇が小さく，等温変化を仮定する場合が多い．以後の議論も等温変化の場合について行う．いま，壁面は $x$ 方向のみに運動し，伸縮作用はないと仮定すれば，Reynolds の方程式は

$$\frac{\partial}{\partial x}\left(\frac{ph^3}{12\eta}\frac{\partial p}{\partial x}\right) + \frac{\partial}{\partial y}\left(\frac{ph^3}{12\eta}\frac{\partial p}{\partial y}\right) = \frac{u_1+u_2}{2}\frac{\partial (ph)}{\partial x} + \frac{\partial}{\partial t}(ph) \quad (4 \cdot 107)$$

となる．式 (4・107) を次の無次元数

$X = x/L, \quad Y = y/L, \quad L: 潤滑面の代表長さ$

$H = h/h_o, \quad h_o: 代表膜厚 \quad (最小すきま)$

$P = p/p_a, \quad p_a: 周囲圧力$

$\tau = \omega t, \quad \omega = (u_1+u_2)/L$

を用いて書き直すと次のようになる．

$$\frac{\partial}{\partial X}\left(PH^3\frac{\partial P}{\partial X}\right) + \frac{\partial}{\partial Y}\left(PH^3\frac{\partial P}{\partial Y}\right) = \Lambda\frac{\partial}{\partial X}(PH) + \sigma\frac{\partial}{\partial \tau}(PH) \quad (4 \cdot 108)$$

ここで，無次元パラメータ $\Lambda$, $\sigma$ は

$$\Lambda = \frac{6\eta(u_1+u_2)L}{p_a h_0^2} \quad \text{(bearing 数または compressibility 数)}$$

$$\sigma = \frac{12\eta\omega L^2}{p_a h_0^2} \quad \text{(squeeze 数)}$$

であり，$\Lambda$ は，せん断流れと圧力流れの大きさの比を表すパラメータ，$\sigma$ はスクイズ速度を示すパラメータである．

いま，$\Lambda$ あるいは $\sigma$ が無限大になった場合を考える．$\partial P/\partial X$, $\partial P/\partial Y$ が有限である限り，式(4·108)の右辺が有限値を持つためには，$PH \to$ 一定値になることが必要である．すなわち，$\lim_{\Lambda,\sigma\to\infty} ph = $一定，入口部での条件を考慮すれば $ph \to p_a h_i$ ($h_i$: 入口すきま)となる．したがって，圧力分布および負荷容量が粘度と速度で規定され，理論的には，負荷容量はいくらでも大きくすることが可能な非圧縮性流体の場合とは異なり，気体潤滑においては，滑り速度あるいはスクイズ速度をいくら増加させても，発生圧力，したがって負荷容量には限界値が存在し，その限界値は周囲圧力によって支配されることになる．なお，この結果は $\Lambda$ が充分に高い場合にはせん断流れの影響が強く，有限幅軸受でも側方漏れを無視できることを示している．

次に，$\Lambda \to 0$ あるいは $\sigma \to 0$ の場合を考える．この場合には，$P$ および $H$ が有限の値をとるかぎり，式(4·108)の左辺 $\to 0$, すなわち $\partial P/\partial X \to 0$, $\partial P/\partial Y \to 0$ でなければならない．そこで，式(4·108)を次のように書き換える．

$$\frac{\partial}{\partial X}\left(H^3 \frac{\partial P}{\partial X}\right) + \frac{\partial}{\partial Y}\left(H^3 \frac{\partial P}{\partial Y}\right) - \Lambda \frac{\partial H}{\partial X} - \sigma \frac{\partial H}{\partial \tau}$$
$$= \Lambda \frac{\partial P}{\partial X} + \sigma \frac{\partial P}{\partial \tau} - H^3 \frac{\partial}{\partial X}\left(\frac{\partial P}{\partial X}\right)^2 - H^3 \frac{\partial}{\partial Y}\left(\frac{\partial P}{\partial Y}\right)^2$$

$\Lambda, \sigma, \partial P/\partial X, \partial P/\partial Y \to 0$ なので，上式の右辺は，全項 $\Lambda$ および $\sigma$ に関する二次の微小量になる．よって，$\Lambda \to 0$ および $\sigma \to 0$ の場合には，式(4·108)は

$$\frac{\partial}{\partial X}\left(H^3 \frac{\partial P}{\partial X}\right) + \frac{\partial}{\partial Y}\left(H^3 \frac{\partial P}{\partial Y}\right) = \Lambda \frac{\partial H}{\partial X} + \sigma \frac{\partial H}{\partial \tau} \quad (4\cdot 109)$$

となる．この式(4·109)は，非圧縮性流体に対するレイノルズ方程式と同じものである．一般に，気体潤滑においても，$\Lambda < 15$ の場合には，その負荷能力等の潤滑特性評価に関しては，非圧縮性流体の場合と同様に扱うことができる．

ここで，傾斜平面軸受の気体潤滑特性について見てみよう．図 4·42 にその圧力分布を示す．圧縮性流体の場合には，最大圧力は非圧縮性流体の場合に比べて膜厚が

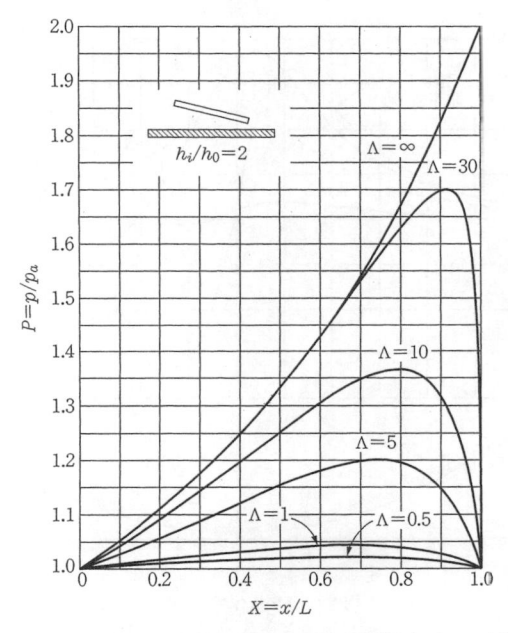

図 4・42　圧力分布に及ぼす bearing 数の影響 $(h_i/h_0=2)$[5]

小さい位置(出口側)に生じており，それに応じて圧力中心の位置も出口側に存在することになる．また，その最大圧力の位置は $\Lambda$ の増加とともに出口側に移行し，$\Lambda \to \infty$ では出口で圧力が最大となる．その場合の最大圧力 $p_{max}$ は

$$p_{max}/p_a = h_i/h_0 \quad \text{または} \quad p_{max}h_0 = p_a h_i$$

となる．いま，傾斜平面軸受がピボットで支えられている場合を考える．非圧縮性流体では，その圧力分布は入口膜厚と出口膜厚の比(すきま比)が一定ならば圧力分布形状は条件によらず相似であり〔式(4・38)参照〕．圧力中心位置もすきま比すなわち傾斜角のみの関数となる．よって，負荷が変動してもすきま比は自動的に一定値を保持し，圧力中心とピボット位置は一致するように調整される．

　一方，圧縮性流体の場合には，図 4・42 に示したように，$\Lambda$ の増加とともに圧力分布のピークが流体の出口側に移行するため，傾き角を減少させる方向のモーメントが発生し，その大きさも増大する．その結果，負荷が増加していくと，膜厚が薄くなるとともに傾斜角が低下し，膜厚がある値まで低下すると，傾斜角が 0，すなわち負荷容量が 0 となり，流体膜が突然崩壊することになる．この現象は軸受形状を傾斜

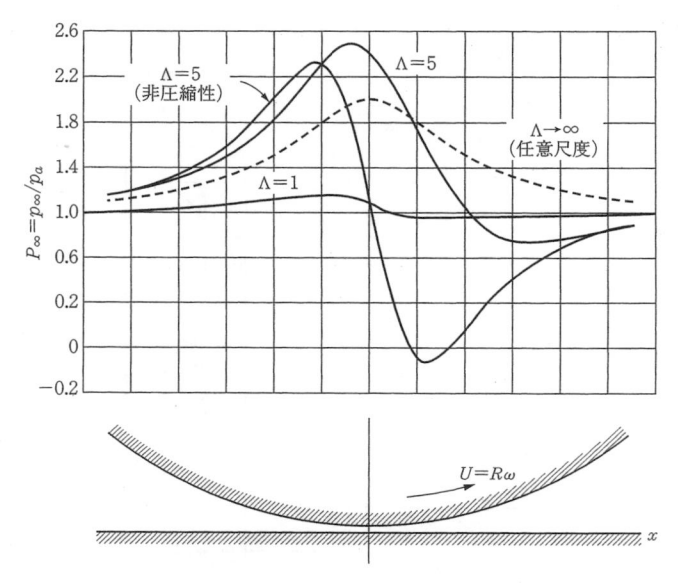

**図 4・43** 円筒面形状気体軸受の圧力分布[5]

平面軸受から円筒面にすることによって避けることができる[5]．また，円筒面のような先狭まり/末広がり形状をもつ軸受の場合には，末広がり部分の負圧が圧縮性の影響によって小さくなり，全体として負荷容量が増大する（図 4・43）[30]．

なお，気体潤滑ジャーナル軸受の場合にはキャビテーションが発生しないので，非圧縮性流体を用いた場合とは異なり，負圧による流体膜の崩壊現象は発生しない．図 4・44 は気体潤滑ジャーナル軸受の圧力分布を示したものである．大気圧以下の部分は軸の上部を引き上げるように働くので負荷容量は増加することになる．

### 2. 壁面滑りが存在する場合

すきま $h$ が小さくなり壁面での滑りが無視できなくなる場合には，図 4・45 に示すように，実際の壁面から両方向に $\zeta$ だけ拡がった仮想壁面を考え，その仮想壁面での流速が実際の壁面速度に等しいと仮定する．このとき，実際の壁面での気体速度は

$$u_{z=0} = U_1 + a\lambda \left.\frac{\partial u}{\partial z}\right|_{z=0} \tag{4・110}$$

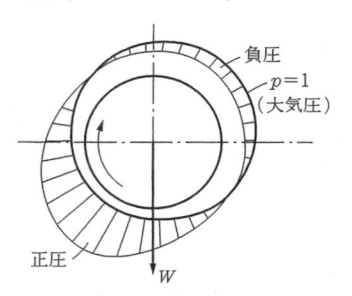

**図 4・44** 気体潤滑ジャーナル軸受の圧力分布

と表示できる．ここで，$a$ は壁面修正係数であり，気体の種類，壁面材質や機械的性質により変化する（空気とガラス面では $a=1.24$）．この壁面での境界条件を考慮した Reynolds 方程式は次のように与えられる[31]．

$$\frac{\partial}{\partial X}\left[PH^3\frac{\partial P}{\partial X}\left(1+\frac{6M}{pH}\right)\right]+\frac{\partial}{\partial Y}\left[PH^3\frac{\partial P}{\partial Y}\left(1+\frac{6M}{PH}\right)\right]$$
$$=\Lambda\frac{\partial}{\partial X}(PH)+\sigma\frac{\partial}{\partial \tau}(PH)$$

ここで，$\lambda=\lambda_a p_a/p$ （$\lambda_a$：周囲圧力に対する $\lambda$），$M=\lambda_a/h_0$ である．この修正 Reynolds 方程式に基づく計算結果は，式(4・110)が $K_n \ll 1$ の場合に対してのみ成立すると考えられるにもかかわらず，$K_n$ が 1 よりも大きい場合にも実際の潤滑現象を比較的精度よく説明することができる[32]．

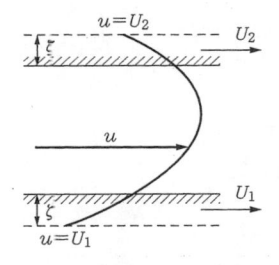

なお，任意の Knudsen 数に対する潤滑特性を評価するためには，気体分子の運動を記述する Boltzmann 方程式に基づいた気体潤滑方程式を導出せねばならないが，そのような試みも実施されており[33]，その解析結果の妥当性も実験的に確認されている[34]．

図 4・45　すべり流れ

## 4・8　静　圧　軸　受

外部から加圧流体を圧送することによって負荷容量を得る形式の軸受を静圧軸受という．静圧スラスト軸受の代表的な構成を図 4・46 に示す．軸受面はランド(land)とリセス(resess)(ポケット)によって構成されている．負荷容量は高い圧力によってリセス部に供給され，ランド部から流出する流体によって得られる．流体の圧送方法には，**定流量方式**と**定圧方式**とがある．定圧方式では軸受の剛性を高めるために**絞り**(restrictor)が必要になり，**毛細管絞り**，**オリフィス絞り**，**多孔質絞り**などが利用されている．

ここでは，図 4・47 に示すような毛細管絞りを持つスラスト軸受を例にして，その特徴を説明する．圧力 $p_s$ で供給された流体は，絞りを通過して軸受リセス内に圧力 $p_0$ で導入され，軸受すきまを通って外部(圧力 $p_a$)に流出する．リセスは流体の静圧

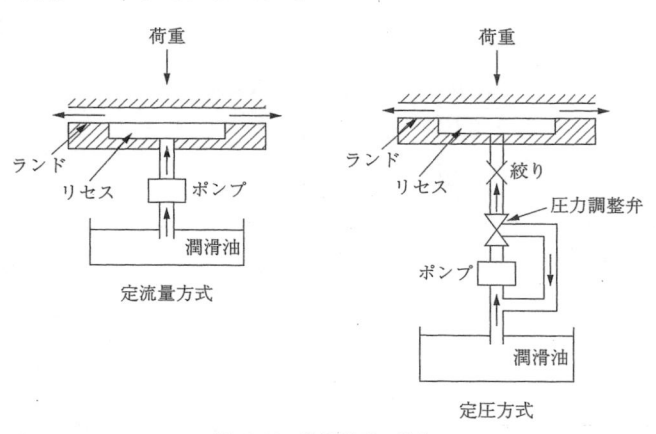

を有効に利用して，大きい負荷容量を得るために設けられている．絞りは流体の通過抵抗を大きくする役目を持ち，静圧軸受の剛性を高める働きをしている．

絞り部流量 $Q_c$ は，毛細管半径を $r_c$，長さを $l$ とすれば，

$$Q_c = \int_0^{r_c} 2\pi r v dr = \int_0^{r_c} 2\pi r \frac{1}{4\eta} \frac{dp}{dz}(r^2 - r_c^2) dr = -\frac{\pi r_c^4}{8\eta} \frac{dp}{dz} \quad (4\cdot111)$$

となる．$-\dfrac{dp}{dz} = \dfrac{p_s - p_0}{l}$ であるので，

$$Q_c = \frac{\pi r_c^4}{8\eta l}(p_s - p_0) = K_c(p_s - p_0)/\eta \quad (4\cdot112)$$

また，軸受すきまを流れる流量 $Q$ は，Reynolds方程式を導いた場合と同様にして求めることが出来る．すなわち $dp/dr = d\tau/dz$ であるので，流体がニュートン則に従うとすれば，流速分布は

$$u = (dp/dr)(z^2 - hz)/(2\eta) \quad (4\cdot113)$$

となる．そこで，流量 $Q$ は

$$Q = 2\pi r \int_0^h u dz = -\frac{\pi r^3}{6\eta} \frac{dp}{dr} \quad (4\cdot114)$$

によって計算される．

$r = r_i$ で $p = p_0$，
$r = r_0$ で $p = p_a = 0$

なる境界条件を考慮して，上式を積分すれば圧力分布が次のように求められる．

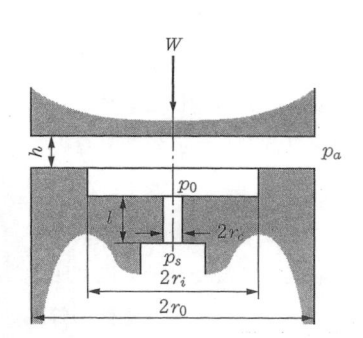

$$p = -\frac{6\eta Q}{\pi h^3}\log\left(\frac{r_0}{r}\right) \tag{4.115}$$

したがって，流量 $Q$ は

$$Q = \frac{\pi h^3 p_0}{6\eta \log(r_0/r_i)} = K_B h^3 p_0 / \eta \tag{4.116}$$

負荷容量 $W$ は，次式によって与えられる．

$$W = \int_{r_i}^{r_2} 2\pi r p dr + \pi r_i^2 p_0 = \frac{\pi(r_0^2 - r_i^2)}{2\log(r_0/r_i)} p_0 = A_e p_0 \tag{4.117}$$

また，流れの連続性より，$Q = Q_c$ であるので，$W$ は次のように書き換えられる．

$$W = \frac{A_e p_s}{1 + K_B h^3 / K_c} \tag{4.118}$$

上式は，$p_s$ が一定の場合に荷重の増加に伴い膜厚 $h$ が低下すれば，負荷容量が増加して膜厚を回復させようとし，逆に荷重が低下すれば $h$ が増加し $W$ の低下を引き起こし，膜厚を元に戻そうとする作用があることを示している．すなわち，荷重の変動に対し，$h$ を一定に保つ作用が存在することが分かる．膜厚の変化に対する負荷容量の変化の割合 $k = -\partial W/\partial h$ を**軸受剛性**という．一般に，静圧軸受の設計においては，軸受剛性を最大になるようにその仕様を決める．軸受剛性は絞りの程度と膜厚に関係しており，剛性最大の条件は，$\partial^2 W/\partial h^2 = 0$ から

$$h^3 = 0.5 K_c/K_B, \quad p_0/p_s = 2/3 \tag{4.119}$$

となる．

なお，気体を作動流体として使用する静圧気体軸受では，潤滑剤の圧縮性に依存する自励振動(ニューマチックハンマ)の発生を避けるため，大きい容積のポケットを設けることは避けなければならない．通常は，多数の給気孔から直接軸受すきまに給気する構成がとられる．

〔参考文献〕
(1) Tower, B., *Proc. I. Mech. E.* (1883) 632.
(2) Reynolds, O., *Phi. Trans.*, 177 (1886) 157.
(3) Schlichting, H., *Boundary Layer Theory*, McGraw-Hill (1960)
(4) Goldstein, S., *Modern Developments in Fluid Dynamics*, Vol. 1, Dover (1965).
(5) Gross, W. A., *Fluid Film Lubrication*, Wiley & Sons (1980) 32.
(6) Reiner, M., *Twelve Lectures on Theoretical Rheology*, North-Holland (1949).

( 7 )　Elrod, H. G., *Quart. Appl. Math.*, 17（1960）344.
( 8 )　Dowson, D., *Int. J. Mech. Sci.*, 4（1962）159-170.
( 9 )　Goldstein, S., *Modern. Devolopments in Fluid Dynamics*, Vol. 2, Dover（1965）676.
(10)　日本機械学会編，機械工学便覧応用編 B 1,（1985）
(11)　日本潤滑学会，潤滑ハンドブック，養賢堂(1987).
(12)　Load Rayleigh, *Phil. Mag.*, 35, 205（1918）1.
(13)　中原綱光，潤滑，26，3(1981)146.
(14)　Black, P. H. and Adams, O. E., *Machine Design*, McGraw-Hill（1968）449.
(15)　DuBois, G. H. and Ocvirk, F. W., *NACA Report* 1157（1953）.
(16)　白木万博，神吉博，機械の研究，29，7(1977)81.
(17)　白木万博，神吉博，稲垣泰一，川崎久生，三菱重工技報，16，2(1979)1.
(18)　Hori, Y., *Trans.* ASME., E, 26, 2（1959）189.
(19)　日本機械学会編，すべり軸受の静特性および動特性資料集，日本工業出版(1984)32, 176.
(20)　文献(11)の p. 198.
(21)　曽田範宗，青木朗，潤滑，23，9(1977)654.
(22)　小路博，朝鍋定生，機械設計，15，10(1971)45.
(23)　Shihi- I Pai, Viscous Flow Theory, 1-Laminar Flow,（1956）Van Nostrand.
(24)　西川兼康，藤田恭伸，伝熱学，理工学社(1984)98.
(25)　Tayler, G.I., *Trans. R. Soc. London*, A 223（1923）289.
(26)　青木弘，潤滑，21，7(1976)427.
(27)　Wilcock, D. F., *Trans ASME*, 72, 8（1950）825.
(28)　Gross, W. A., *Fluid Film Lubrication*, Wiley & Sons（1980）58.
(29)　甲藤好郎，伝熱概論，養賢堂(1964)201.
(30)　金子礼三，日本機械学会誌，73, 613,（1970），241.
(31)　Burgdorfer, A., *J. Basic Engg., Trans. ASME*, 81, 1（1959）94.
(32)　大久保俊文，三矢保永，日本機械学会論文集，C，51，462(1985)304.
(33)　福井茂寿，金子礼三，日本機械学会論文集，C，53，487(1987)829；492(1987)1807.
(34)　Kato, T., Ohkubo, T. and Kishigami J., *IEEE, Trans. Magn.*, Mag-25-6(1990)2205.

# 5章 弾性流体潤滑
## elastohydrodynamic lubrication

　滑り軸受を始めとする接触面積が広い多くの潤滑面においては，接触圧力が低いために，潤滑面の弾性変形は小さい．その結果，潤滑面の変形は流体膜厚と比較して無視でき，潤滑面を剛体面と考えることが可能である．これに対し，歯車，転がり軸受，カム-タペット，トラクションドライブなどのような外接的接触状態にある潤滑面では，きわめて狭い接触面積に高い荷重が集中する集中接触の状態であるために，接触圧力が高く接触面の弾性変形が無視できなくなる．このように，潤滑面の弾性変形の影響が現われるような流体潤滑領域を，**弾性流体潤滑**(Elastohydrodynamic Lubrication, 略して**EHL**あるいは**EHD潤滑**)という[1][2][3]．接触圧力が低くても弾性変形量の大きいゴム，その他の高分子(エラストマ)や関節の潤滑もEHLの範疇に入る．また，内接的接触状態にある滑り軸受でも，圧力が高くなると弾性変形の影響が無視できなくなり，EHLとしての取り扱いが必要になる．

## 5・1 外接2円筒に対する流体潤滑理論

　図5・1に示すように，半径 $R_1$ および $R_2$，長さ $L$ の円筒が荷重 $W$ を支持して，それぞれ周速 $u_1$，$u_2$ で流体膜を介して回転しているとする．両面が剛体の場合の油膜形状は，最小膜厚を $h_0$ とすれば，

$$h = h_0 + R_1(1-\cos\phi_1) + R_2(1-\cos\phi_2)$$

となる．ここで，流体圧力の発生に関与する領

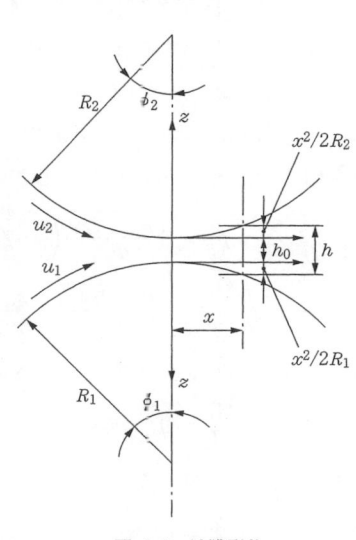

図 5・1　油膜形状

域は接触線のごく近傍であるので，$\phi_1$ および $\phi_2$ の値はきわめて小さく，

$$h \cong h_0 + \frac{1}{2}(R_1\phi_1^2 + R_2\phi_2^2) = h_0 + \frac{x^2}{2}\left(\frac{1}{R_1} + \frac{1}{R_2}\right) = h_0 + \frac{x^2}{2R} \tag{5・1}$$

と近似できる．ここに，$R = (1/R_1 + 1/R_2)^{-1}$ であり，等価半径と呼ばれる（図5・2）．

さて，円筒同士の接触の場合には，有効接触幅に対して，軸方向長さの方がはるかに大きく，側方漏れ(side leakage)は無視できるので，Reynolds の式は次のようになる．

$$\frac{d}{dx}\left(\frac{h^3}{12\eta}\frac{dp}{dx}\right) = \bar{u}\frac{dh}{dx} \tag{5・2}$$

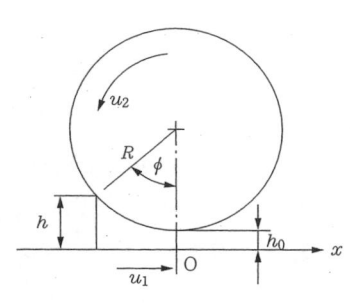

図 5・2 等価油膜形状

ここに，$\bar{u} = \frac{1}{2}(u_1 + u_2)$ であり，これを転がり速度という．いま，$x = \sqrt{2Rh_0}\tan\varphi$ と変数変換すれば，$h = h_0(1 + \tan^2\varphi) = h_0\sec^2\varphi$ となる．これらの関係を式(5・2)に代入して積分すれば，積分定数 $\varphi_m$ と $C$ を持つ次式が得られる[4]．

$$p = \frac{12\eta\bar{u}\sqrt{2Rh_0}}{h_0^2}\left\{\frac{\varphi}{2} + \frac{\sin 2\varphi}{4}\right.$$
$$\left. - \sec^2\varphi_m\left(\frac{3\varphi}{8} + \frac{\sin 2\varphi}{4} + \frac{\sin 4\varphi}{32}\right) + C\right\} \tag{5・3}$$

Sommerfeld の境界条件(**4・2・2** 参照)

$$x = -\infty \quad (\varphi = -\pi/2) \quad \text{で} \quad p = 0$$
$$x = \infty \quad (\varphi = \pi/2) \quad \text{で} \quad p = 0$$

を用いれば，$x = 0$ に関してつぎのような点対称の圧力分布が得られる．

$$p = -\frac{\eta\bar{u}\sqrt{2Rh_0}}{h_0^2}\left(\sin 2\varphi + \frac{\sin 4\varphi}{2}\right)$$
$$= -\frac{\eta\bar{u}\sqrt{2Rh_0}}{h_0^2} \cdot \frac{4xh_0^2}{h^2\sqrt{2Rh_0}} = -\frac{4\eta\bar{u}x}{h^2} \tag{5・4}$$

ここで，Gümbel の境界条件($x > 0$ で $p = 0$)を使用して，負荷容量 $W$ を求めれば

$$\frac{W}{L} = \int_{-\infty}^{0} p\,dx = -4\eta\bar{u}\int_{-\infty}^{0}\frac{x\,dx}{h^2} = -4\eta\bar{u}R\int_{\infty}^{h_0}\frac{dh}{h^2} = \frac{4\eta\bar{u}R}{h_0}$$

となる．したがって，

$$\frac{h_0}{R} = 4\frac{\eta\bar{u}}{W/L} \tag{5・5}$$

また，Reynoldsの境界条件 $x=-\infty$ $(\varphi=-\pi/2)$ で $p=0$, $x=+x_m$ で $p=0$, $dp/dx=0$ を採用すれば，

$$x_m = 0.475\sqrt{2Rh_0} \tag{5・6}$$

$$p_{\max} = 0.127\frac{12\eta\bar{u}\sqrt{2Rh_0}}{h_0^2} \tag{5・7}$$

$$\frac{h_0}{R} = 4.89\frac{\eta\bar{u}}{W/L} \tag{5・8}$$

なる関係式が得られる（図5・3）．式(5・8)を **Martinの式**(1916)[5] という．

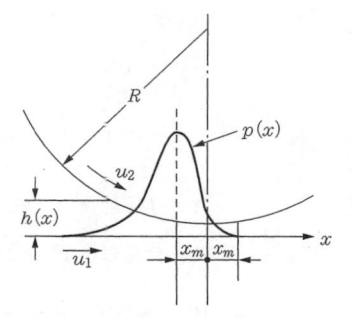

図 5・3　油膜圧力(Martin)

## 5・2　球体に対する流体潤滑理論

半径 $R_1$ および $R_2$ の球が周速 $u_1$, $u_2$ で回転し，最小膜厚 $h_0$ で荷重 $W$ を支持しているとする．この転がり/滑り運動は，静止楕円体と転がり速度 $\bar{u}=(u_1+u_2)/2$ で滑っている平板の運動と等価であるので，以下この系について取り扱う．前節と同様に負荷容量 $W$ は，Reynoldsの式

$$\frac{\partial}{\partial x}\left(\frac{h^3}{12\eta}\frac{\partial p}{\partial x}\right)+\frac{\partial}{\partial y}\left(\frac{h^3}{12\eta}\frac{\partial p}{\partial y}\right)=\bar{u}\frac{\partial h}{\partial x} \tag{5・9}$$

に流体膜形状

$$h = h_0 + \frac{x^2}{2R_x} + \frac{y^2}{2R_y} \tag{5・10}$$

を代入して圧力分布を求め，それを積分することによって求めることができる．ここに，$R_x$ および $R_y$ は $x$ および $y$ 方向の等価半径である．

Sommerfeldの境界条件を採用して解かれた円筒の場合の圧力分布が式(5・4)で与えられることを考慮し，$p=kx/h^2$ ($k$：定数)を式(5・9)に代入すれば，

$$-k\left[\frac{\partial h}{\partial x}+2x\left(\frac{\partial^2 h}{\partial x^2}+\frac{\partial^2 h}{\partial y^2}\right)\right]=12\eta\bar{u}\frac{\partial h}{\partial x}$$

となる．この式の $h$ に式(5・10)を代入し，$R_*=R_x/R_y$ とすれば，

$$k = \frac{12\eta\bar{u}}{1+\dfrac{2x}{x/R_x}\left(\dfrac{1}{R_x}+\dfrac{1}{R_y}\right)} = -\frac{12\eta\bar{u}}{3+2R_*} \tag{5・11}$$

となり，圧力分布はつぎのように求められる．

$$p = -\frac{12\eta\bar{u}}{3+2R_*}\frac{x}{h^2} \tag{5・12}$$

したがって，負荷容量は Gümbel の境界条件を採用すれば，

$$W = \int_{-\infty}^{\infty}\int_{-\infty}^{0} p\,dxdy = \frac{12\pi\eta\bar{u}}{3+2R_*}\sqrt{\frac{2R_x^2 R_y}{h_0}} \tag{5・13}$$

となる．球の場合には，$R_* = 1(R_x = R_y = R)$ であるので，

$$W = \frac{12\pi\eta\bar{u}}{5}\sqrt{\frac{2R^3}{h_0}} = 10.66\eta\bar{u}\sqrt{\frac{R^3}{h_0}} \tag{5・14}$$

すなわち

$$\frac{h_0}{R} = 113.7\left(\frac{\eta\bar{u}}{W/R}\right)^2 \tag{5・15}$$

となる．これを **Kapitsa の式** (1955)[4] と呼ぶ．

## 5・3　弾性流体潤滑理論

　Martin の式あるいは Kapitsa の式によって計算された実際の平歯車や転がり軸受の油膜厚さは，たかだか $0.01\,\mu$m 程度であり，表面粗さに比較して2桁も薄い．もし，歯車の実際の潤滑状態がこのような状況であるならば，歯車歯面には容易に摩耗や焼付きなどが発生することになるが，実際の歯車は長時間運転後も加工目を保持している場合が多い．この事実は，実際の歯面間には，表面粗さよりも厚い潤滑膜が形成され，直接接触が防止されていることを示唆する．この理論と実際との矛盾の解明に対して多方面から検討が加えられた結果，接触面の弾性変形に起因する接触面積の増大による接触圧力の低下（図 5・4）と，潤滑油粘度の増大による油膜形成能力の増加が，決定的要因であることが判明した．

　この場合の油膜形状や油膜圧力分布の算出には，接触面の弾性方程式と Reynolds の方程式，および潤滑剤の状態式を連立して解くことが必要になる．この領域での潤滑を**弾性流体潤滑**（Elastohydrodynamic Lubrication, **EHL**）という[6]．当然その取

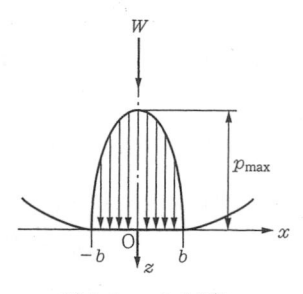

図 5・4　ヘルツ接触

り扱いは数値計算に頼らざるを得ず，この理論の進展にはコンピュータおよび数値解析技術の開発，発展が貢献をなしている．

### 5・3・1　Ertel-Grubin の EHL 近似理論

半径 $R_1$ および $R_2$，長さ $L$ の円筒が荷重 $W$ を支持してそれぞれ周速 $u_1$，$u_2$ で流体膜を介して回転しているとする．円筒の弾性係数はそれぞれ $E_1$，$E_2$，ポアソン比を $\nu_1$，$\nu_2$ とする．

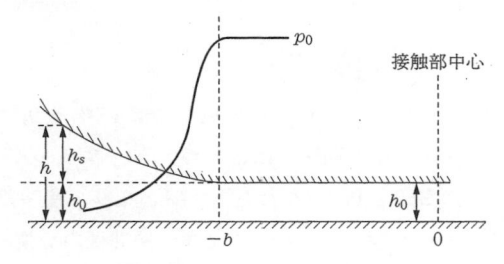

無潤滑下における接触面入口側の形状は，Hertz の理論[7]から次のように与えられる．

図 5・5　Ertel-Grubin のモデル

$$h_s = \frac{2}{E} b p_{\max} \left\{ \frac{x}{b} \sqrt{\frac{x^2}{b^2} - 1} - \ln\left(\frac{x}{b} + \sqrt{\frac{x^2}{b^2} - 1}\right) \right\} \tag{5・16}$$

$b$ はヘルツの接触半幅，$p_{\max}$ はヘルツの最大接触圧力，$E$ は等価弾性係数，$R$ は等価半径であり，それぞれ次のように表示される．

$$b = \sqrt{\frac{8WR}{\pi EL}}, \qquad p_{\max} = \frac{2W}{\pi bL},$$
$$\frac{2}{E} = \frac{1-\nu_1^2}{E_1} + \frac{1-\nu_2^2}{E_2}, \qquad \frac{1}{R} = \frac{1}{R_1} + \frac{1}{R_2}$$

ここで，図 5・5 に示すように，油膜が形成された場合も，弾性変形は無潤滑状態の Hertz 接触と同一であり，接触域内での油膜厚さは一定と仮定する．その一定膜厚の値を $h_0$ とすれば，接触域入口側の膜形状 $h$ は

$$h = h_0 + h_s \tag{5・17}$$

と表わされる．

いま，粘度の圧力による変化が **Barus の式**[8]（**9 章参照**）

$$\eta = \eta_0 \exp(\alpha p) \tag{5・18}$$

で表示されると仮定すれば，式(5・2)は次のように書き換えられる．

$$e^{-\alpha p} \frac{dp}{dx} = 12\eta_0 \bar{u} \frac{h - h_0}{h^3} \tag{5・19}$$

ここで，

$$\frac{dq}{dx} = e^{-\alpha p} \frac{dp}{dx} \tag{5・20}$$

とおけば，

$$q = \frac{1-e^{-\alpha p}}{\alpha} \tag{5・21}$$

となる．$q$ を**等価圧力**(reduced pressure)と呼ぶ．等価圧力を用いるとレイノルズの式は次のように書くことができる．

$$\frac{dq}{dx} = 12\eta_0 \bar{u} \frac{h-h_0}{h^3} \tag{5・22}$$

式(5・21)より，$p \to \infty$ の場合には $e^{-\alpha p} \to 0$，$q \to 1/\alpha$ となる．すなわち，Hertz 接触領域では油膜圧力はきわめて高いので，式(5・19)の左辺は 0 とみなせる．したがって，右辺も 0，すなわち $h=h_0$ となり，接触領域の大部分で膜厚はほぼ一定の値 $h_0$ をとると考えられる．つまり，接触域内で膜厚が一定であるとした最初の仮定は容認できることになる．これは，接触領域では油膜圧力がきわめて高いために粘度の増加が著しく，接触域内では式(5・2)の左辺が無視できることを意味する．すなわち，接触域内の流体の流れは，せん断流れが支配的であり，圧力流れはほとんど無視できることになる．

そこで，Hertz 接触領域入口側の狭まりすき間部分で十分高い圧力が発生し，入口部で等価圧力が $1/\alpha$ に達したと仮定する．入り口側での油膜形状は $h=h_s+h_0$ であるので，式(5・16)，式(5・22)より

$$\begin{aligned} q_{x=-b} = \frac{1}{\alpha} &= 12\eta_0 \bar{u} \int_{-\infty}^{-b} \frac{h-h_0}{h^3} dx \\ &= 12\eta_0 \bar{u} \frac{b}{R^2} \left(\frac{\pi ERL}{2W}\right)^2 \times 0.0986 \left(\frac{\pi ERL}{2W} \frac{h_0}{R}\right)^{-11/8} \end{aligned} \tag{5・23}$$

となる[4]．この式は

$$\frac{h_0}{R} = 1.95 \left(\frac{\alpha \eta_0 \bar{u}}{R}\right)^{8/11} \left(\frac{W}{ERL}\right)^{-1/11} \tag{5・24}$$

と表示され，**Ertel-Grubin の式** (1949)[9] と呼ばれる．

この式で計算される油膜厚さは，Martin の式で求められる値よりも 2 桁ほど厚く，歯車歯面などが流体膜によって分離されているという予測を裏付けることができた．すなわち，粘度の圧力による増加ならびに接触面の弾性変形を考慮することによって，表面粗さと同等以上の膜厚さが確保されることが判明した．

接触域入口側の油膜形状，ならびに，潤滑油特性のみを考慮することによって得られた式(5・24)は，とくに高負荷条件の下では，厳密解と大差ないことが知られて

いる．この事実は，主として入口側条件によって形成油膜厚さが規定されることを示している．ただし，厳密解の最小膜厚 $h_{min}$ と一様膜厚 $h_0$ の間には，$h_{min} \cong 0.75 h_0$ の関係が成立する[1]．

### 5・3・2 線接触の場合の膜厚計算式

同筒同士が接触する線接触の場合の弾性流体潤滑状態における流体膜厚の数値解は，まず，Dowson-Higginson によって求められた．かれらは，Reynolds の境界条件を使用して，Reynolds の式(式(5・2))，粘度-圧力の関係式(式(5・18))，密度-圧力の関係式[1]

$$\frac{\rho}{\rho_a} = \frac{0.59 \times 10^9 + 1.34 p}{0.59 \times 10^9 + p} \tag{5・25}$$

$\rho_a$：大気圧力下での密度，$p$ の単位は $Pa$．
および両面の弾性変形量 $\delta^{(10)}$

$$\delta = -\frac{4}{\pi E} \int_{s_1}^{s_2} p(s) \ln|x-s| \, ds + \text{const.} \tag{5・26}$$

を考慮した膜形状の式

$$h = h_0 + \frac{x^2}{2R} + \delta \tag{5・27}$$

を，荷重 $W$ が

$$W = \int p \, dx \tag{5・28}$$

を満足するように連立して解くことによって数値解を求め[11]，最小膜厚は次式で表わされることを示した．

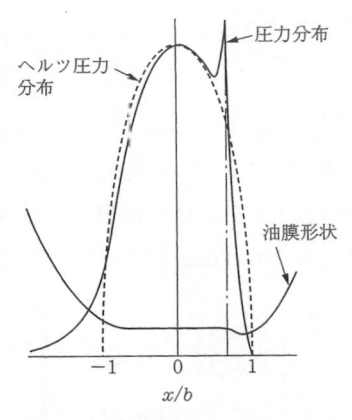

図 5・6 線接触 EHL における圧力分布と油膜形状

$$\frac{h_{min}}{R} = 2.65 \left(\frac{\eta_0 \bar{u}}{ER}\right)^{0.7} (\alpha E)^{0.54} \left(\frac{W}{ERL}\right)^{-0.13} \tag{5・29}$$

図 5・6 に，油膜形状と圧力分布の模式図を，図 5・7 に，Barus の式よりも，実際の高圧力下における粘度の圧力特性を的確に表示する **Roelands の式**[12]（**9・2** 節参照）を用いて計算された結果の一例を示す．油膜形状は，接触域のほぼ全域で大略一様

である．しかし，流体の出口側では，圧力の急降下（$dp/dx<0$）に対応して，式（5·19）から分かるように $h<h_0$ となり，また，出口では $dp/dx=0$ が成立するので $h=h_0$ になる．したがって，出口側で膜厚は一様膜厚 $h_0$ よりも薄くなって膜厚分布にくびれを生じ，最小膜厚はこの部分に発生する．

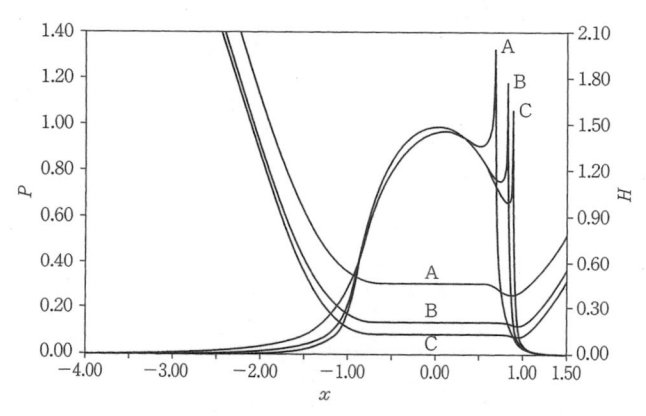

図 5·7 圧力分布の例（$L=12$）[13]，$A : M=5$，$B : M=10$，$C : M=15$
（$L$，$M$ は表 5·1 を参照）

このような油膜形状は，光干渉法を用いて実験的にも確認されている（図 5·12 参照）．すなわち，油膜圧力分布は，図 5·6 に示すように，図中の破線で示すヘルツの接触圧力分布にほぼ等しいが，接触域入口側では，くさび効果による圧力発生域（boosting zone）がみられ，出口側では，膜厚のくびれに対応してそのくびれの直前に圧力のピーク（**圧力スパイク**，pressure spike）が存在することになる．この圧力スパイクが，ヘルツの最大圧力よりも大きくなるのは，軽い接触荷重条件下であり，荷重が高くなると，スパイクの大きさはヘルツの最大圧力よりもかなり低下する[14]．したがって，圧力スパイクから誘起される応力が，転がり疲れ損傷などの表面損傷に影響を与える可能性は実用上は低いと考えられる．なお，この圧力スパイクの存在も，

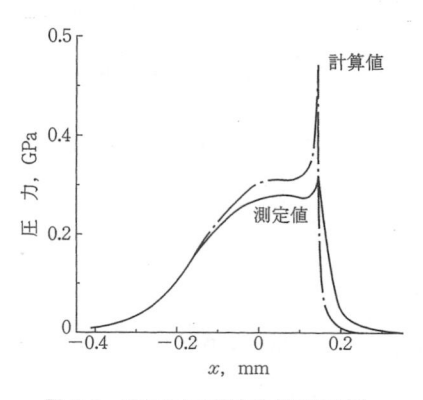

図 5·8 圧力分布の測定例（線接触）[15]

実験的に確認されている（図5・8）．

なお，式(5・29)から，油膜厚さは転がり速度，粘度の圧力係数などに比較して荷重にはあまり影響されないことが分かる．これは，荷重の増加が接触面積の増加をもたらし，荷重増加による油膜厚さの減少を相殺するためである．

### 5・3・3　点および楕円接触の場合の膜厚計算式

集中接触の状態として線接触よりも一般的である点接触，あるいは楕円接触における場合の油膜形状は，線接触の場合と同様に，Reynolds の式

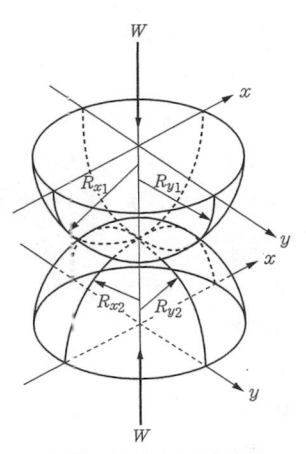

図 5・9　楕円接触座標系

$$\frac{\partial}{\partial x}\left(\frac{\rho h^3}{12\eta}\frac{\partial p}{\partial x}\right)+\frac{\partial}{\partial y}\left(\frac{\rho h^3}{12\eta}\frac{\partial p}{\partial y}\right)=\bar{u}\frac{\partial(\rho h)}{\partial x} \tag{5・30}$$

弾性変形を考慮した膜厚式

$$h(x,y)=h_c+\frac{x^2}{2R_x}+\frac{y^2}{2R_y}+\frac{2}{\pi E}\iint\frac{p(\xi,\zeta)}{\sqrt{(x-\xi)^2+(y-\zeta)^2}}d\xi d\zeta \tag{5・31}$$

および粘度-圧力の関係式，密度-圧力の関係式を荷重 $W$ が

$$W=\iint p dx dy \tag{5・32}$$

を満足するように連立して数値計算することによって求めることができる．

次式は Roelands の粘度-圧力の関係式を用いて，楕円接触の場合に対して得られた Chittenden ら(1985)の膜厚計算式[16]であり，$h_c$, $h_{\min}$ はそれぞれ接触中心部での膜厚と最小膜厚を示す．なお，両表面の移動方向は図5・9の $x$ 軸方向である．

$$\frac{h_{\min}}{R_x}=3.68\left(\frac{\eta_0\bar{u}}{ER_x}\right)^{0.68}(\alpha E)^{0.49}\left(\frac{W}{ER_x^2}\right)^{-0.073}[1-\exp\{-0.67(R_y/R_x)^{2/3}\}] \tag{5・33}$$

$$\frac{h_c}{R_x}=4.31\left(\frac{\eta_0\bar{u}}{ER_x}\right)^{0.68}(\alpha E)^{0.49}\left(\frac{W}{ER_x^2}\right)^{-0.073}[1-\exp\{-1.23(R_y/R_x)^{2/3}\}] \tag{5・34}$$

ここで，$R_x$, $R_y$ は，それぞれ $y=0$, $x=0$ の断面における等価半径である．

点接触の場合の理論解析は，その困難さのために，線接触の場合よりも遅れたが，

実験的には，逆に線接触の場合よりも早く，その油膜分布形状は光干渉法を用いて1963年には直接観察されている[17]．図5・10および図5・11は，点接触の場合の数値解析結果[18][19]，および，光干渉法を用いて得られた実験結果を示したものである．接触域内の膜厚はほぼ一様であるが，流体の流出部に膜厚低下部が存在するため，馬蹄形状の薄膜部をもつ油膜分布となる．図5・11に示すように，最小膜厚は，平均膜厚が薄い場合には，この馬蹄形状の両翼内に存在するが，速度が速く

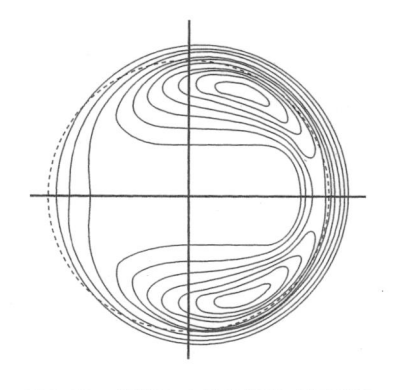

図 5・10　点接触における EHL 膜厚等高線（点線はヘルツ接触円）[19]

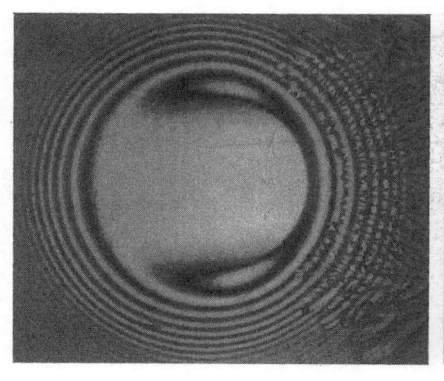

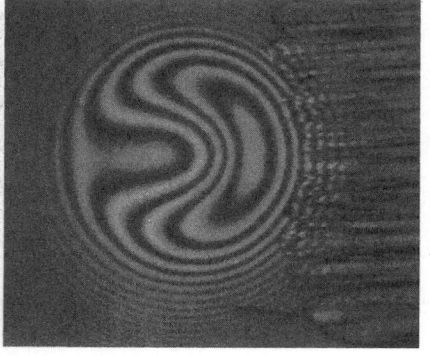

(a)　　　　　　　　　　　　　(b)
$U=2.89\times10^{-11}$, $W=2.08\times10^{-6}$, $G=2630$　　　$U=4.33\times10^{-10}$, $W=2.08\times10^{-6}$, $G=2630$
図 5・11　点接触における EHL 膜厚分布

なり平均膜厚が厚くなると，馬蹄形薄膜部の中央出口側に移行する．

図5・12は，線接触（円筒/平板）での実験結果である[20]．この場合の干渉像は，線接触の場合の数値解析結果からも予測されるように，流体の出口部分を除く接触域の長手方向のほぼ全域にわたって一様膜厚を示している．しかし，円筒端部を直角に仕上げた場合〔図5・12(a)〕には，端部付近で圧力の大気圧への解放（$dp/dy<0$）のために膜厚が減少することに加えて，応力集中によって接触幅が増大していることに注意しなければならない．直接接触は，この膜厚低下部から起こり，その結果，表面損傷を発生するために，実用に際しては，円筒端面を丸め〔図5・12(b)〕，応力

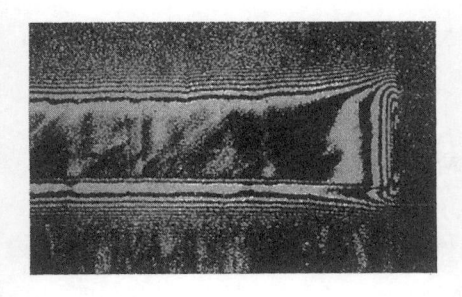

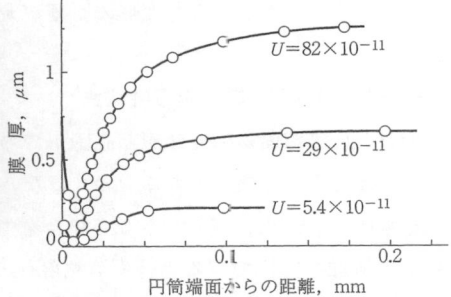

(a) 円筒端部を直角に仕上げた場合

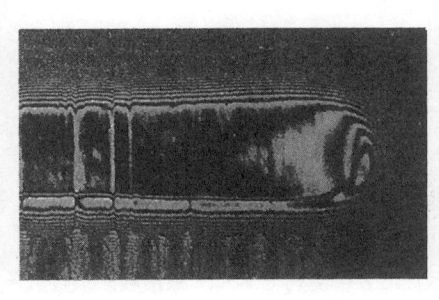

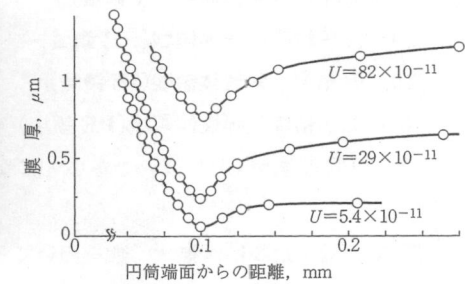

(b) 円筒端部を丸めた場合

図 5・12 線接触における膜厚形状(荷重：1550 N)
(写真は接触部右半分を示しており，流体は上から下に流れる)

集中の緩和を図るとともに，油膜厚さの低下をできるだけ防ぐことが必要になる．

## 5・3・4 EHL の特徴

前節までに得られた数値計算例や実験事実より，弾性流体潤滑の特徴は，次のようにまとめられる．

① 膜厚一様部分が接触域の大部分を占める．
② 接触域の出口付近に膜厚のくびれが発生する．
③ 圧力分布はヘルツの分布にほぼ等しいが，膜厚のくびれに対応して出口側に圧力のピーク(pressure spike)が発生する．
④ 膜厚に及ぼす荷重の影響が極めて少ない．
⑤ 膜厚は圧力による粘度の増大に著しく影響される．
⑥ 膜厚は，接触域入口側における温度に対する粘度を用いて計算できる．

⑦ 膜厚に比較して弾性変形の影響が大きい．

### 5・3・5 潤滑領域図と膜厚計算式

EHLは，摩擦面の弾性変形と高圧下での粘度の増加を考慮したものであるので，全ての作動条件に適用できるものではない．そこで，摩擦面の変形が無視できる場合を剛体面(rigid)，無視できない場合を弾性体面(elastic)，また，圧力増加に伴う粘度の増加を無視できる場合を等粘度(isoviscous)，できない場合を高圧粘度(piezovisicous)と呼ぶことにすれば，潤滑領域は次の4領域に大別される．

（1） 等粘度—剛体領域(IR領域)
（2） 高圧粘度—剛体領域(PR領域)
（3） 等粘度—弾性体領域(IE領域)
（4） 高圧粘度—弾性体領域(PE領域)

上記のPE領域がEHL領域であり，IE領域は**ソフトEHL領域**(5・12参照)と呼ばれる．

各領域の最小油膜は，無次元数を用いて示した方が便利であり，線接触，点接触

表 5・1 線接触EHLにおける無次元表示

| 無次元表示量 | Dowson-Higginson | Blok-Moes | Greenwood-Johnson |
|---|---|---|---|
| 膜　　厚 | $H=\dfrac{h}{R}$ | $\bar{h}=\dfrac{H}{U^{1/2}}$<br>$\bar{H}=\dfrac{hR}{b^2}=\dfrac{\pi H}{8W}$ | $\hat{h}=\dfrac{HW}{U}=\bar{h}M=\dfrac{hw}{\eta_0 uR}$ |
| 荷　　重 | 荷重パラメータ<br>$W=\dfrac{w}{ER}$ | 荷重パラメータ<br>$M=\dfrac{W}{U^{1/2}}$ | 弾性パラメータ<br>$g_3=M=\dfrac{g_1}{\sqrt{2\pi}g_2}=\left(\dfrac{w^2}{\eta_0 uER}\right)^{1/2}$ |
| 圧力による<br>粘度増加 | 材料パラメータ<br>$G=\alpha E$ | 材料パラメータ<br>$L=GU^{1/4}$ | 粘度パラメータ<br>$g_1=\dfrac{GW^{3/2}}{U^{1/2}}=M^{3/2}L=\left(\dfrac{\alpha^2 w^3}{\eta_0 uR^2}\right)^{1/2}$<br>$g_2=\alpha p_{\max}=\alpha\dfrac{2w}{\pi b}=\alpha\left(\dfrac{wE}{2\pi R}\right)^{1/2}$<br>$=G\left(\dfrac{W}{2\pi}\right)^{1/2}=L\left(\dfrac{M}{2\pi}\right)^{1/2}$<br>$g_4=L$ |
| 速　　度 | 速度パラメータ<br>$U=\dfrac{\eta_0 u}{ER}$ | — | — |

$R$：等価半径，$u=(u_1+u_2)/2$，$\eta_0$：大気圧下での粘度，$\alpha$：粘度の圧力係数，$w$：単位幅当たりの荷重，$E$：等価弾性係数，$b$：ヘルツの接触半幅

## 5・3 弾性流体潤滑理論

表 5・2 点接触 EHL における無次元表示

| 無次元表示量 | | Hamrock-Dowson | Blok-Moes | Greenwood-Johnson |
|---|---|---|---|---|
| 膜　　　厚 | | $H=\dfrac{h}{R_x}$ | $\bar{h}=\dfrac{H}{U^{1/2}}$ <br> $\bar{H}=\dfrac{hR_x}{a^2}=H\left(\dfrac{2}{3W}\right)^{2/3}$ | $\hat{H}=H\left(\dfrac{W}{U}\right)^2=\bar{h}M^2$ |
| 荷　　　重 | 荷重パラメータ <br> $W=\dfrac{w}{ER_x^2}$ | | 荷重パラメータ <br> $M=\dfrac{W}{U^{3/4}}$ | 弾性パラメータ <br> $g_E=\dfrac{W^{8/3}}{U^2}=M^{8/3}$ |
| 圧力による<br>粘度増加 | 材料パラメータ <br> $G=\alpha E$ | | 材料パラメータ <br> $L=GU^{1/4}$ | 粘度パラメータ <br> $g_V=\dfrac{GW^3}{U^2}=M^3L$ |
| 速　　　度 | 速度パラメータ <br> $U=\dfrac{\eta_0 u}{ER_x}$ | | — | — |

$R_x$：$x$ 軸（運動方向座標）を含む面内での等価半径, $u=(u_1+u_2)/2$, $\eta_0$：大気圧下での粘度, $\alpha$：粘度の圧力係数, $w$：荷重, $E$：等価弾性係数, $a=(3wR_x/2E)^{1/3}$：ヘルツの接触円半径

に関して，表 5・1，表 5・2 に示す無次元数群が提案されている[2]．Dowson-Higginson の無次元数は，他より一つ多くなっているが，次元解析により独立した無次元数は 3 個であることが分かっている[22]．そのため，以下に示す無次元膜厚の表示式中の Dowson が関係した表示式のみは，各無次元数の指数が独立ではないことに注意する必要がある．

表 5・3 線接触潤滑面の最小膜厚計算式

| 著　者 | 潤滑領域<br>区　分 | Dowson-Higginson 表示 | Blok-Moes 表示 | Greenwood-Johnson 表示 |
|---|---|---|---|---|
| Martin | IR | $H_{\min}=4.9UW^{-1}$ | $\bar{h}_{\min}=4.9M^{-1}$ | $\hat{h}_{\min}=4.9$ |
| Blok | PR | $H_{\min}=1.66(GU)^{2/3}$ | $\bar{h}_{\min}=1.66L^{2/3}$ | $\hat{h}_{\min}=1.66g_1^{2/3}$ |
| Herrebrugh | IE | $H_{\min}=3.10U^{0.6}W^{-0.2}$ | $\bar{h}_{\min}=3.10M^{-0.2}$ | $\hat{h}_{\min}=3.10g_3^{0.8}$ |
| Dowson<br>Higginson | PE | $H_{\min}=2.65G^{0.54}U^{0.7}W^{-0.13}$ | $\bar{h}_{\min}=2.65L^{0.54}M^{-0.13}$ | $\hat{h}_{\min}=2.65g_1^{0.54}g_2^{0.06}$ |

線接触に対する最小膜厚計算式を表 5・3 に示す[21]．なお，Moes は全潤滑領域に対して，最小膜厚を精度良く計算できる式として次式を提案している[13]．

$$\bar{h}_{\min}=[\{(0.99M^{-1/8}L^{3/4}t)^r+(2.05M^{-1/5})^r\}^{s/r}+(2.54M^{-1})^s]^{1/s} \quad (5\cdot35)$$

$$r=\exp\{1-3/(L+4)\},$$

$$s=3-\exp\{-1/(2M)\},$$

表 5·4　点接触潤滑面の膜厚計算式

| 潤滑領域区分 | 最小膜厚 | 中央膜厚 |
|---|---|---|
| IR | $H_{min}=H_c=128(R_y/R_x)\left[\{1+2R_x/(3R_y)\}^{-1}(U/W)\{0.131\tan^{-1}(R_y/(2R_x))+1.683\}\right]^2$<br>$\hat{H}_{min}=\hat{H}_c=128(R_y/R_x)\left[\{1+2R_x/(3R_y)\}^{-1}\{0.131\tan^{-1}(R_y/(2R_x))+1.683\}\right]^2$ | |
| PR | $H_{min}=H_c=1.66(GU)^{2/3}\{1-\exp(-0.68k)\}$<br>$\hat{H}_{min}=\hat{H}_c=1.66g_v^{2/3}\{1-\exp(-0.68k)\}$ | |
| IE | $H_{min}=7.43U^{0.65}W^{-0.21}\{1-0.85\exp(-0.31k)\}$<br>$\hat{H}_{min}=8.70g_E^{0.67}\{1-0.85\exp(-0.31k)\}$ | $H_c=7.32U^{0.64}W^{-0.22}\{1-0.72\exp(-0.28k)\}$<br>$\hat{H}_c=11.15g_E^{0.67}\{1-0.72\exp(-0.28k)\}$ |
| PE | $H_{min}=3.63U^{0.68}G^{0.49}W^{-0.073}\{1-\exp(-0.68k)\}$<br>$\hat{H}_{min}=3.42g_v^{0.49}g_E^{0.17}\{1-\exp(-0.68k)\}$ | $H_c=2.69U^{0.67}G^{0.53}W^{-0.067}\{1-0.61\exp(-0.73k)\}$<br>$\hat{H}_c=3.61g_v^{0.53}g_E^{0.13}\{1-0.61\exp(-0.73k)\}$ |

$k=a/b\cong1.03(R_y/R_x)^{0.64}$,　　$a,b$：運動方向 $x$，それと直角方向 $y$ に対応する接触楕円の半径

$$t=1-\exp\left\{-3.5\frac{M^{1/8}}{L^{1/4}}\right\}$$

表 5·4 は，点接触の場合の各領域での膜厚計算式を示したものである．IR 領域の式としては，Gümbel の境界条件で得られた Kapitza の式〔式(5·13)〕が存在するが，表には Reynolds の境界条件で得られた式(23) をのせている．式(5·13)を無次元量を使用して記述すれば次のようになる．

$$H_{min}=H_c=128(R_y/R_x)[\{1+2R_x/(3R_y)\}^{-1}(U/W)(\pi/2)]^2 \quad (5\cdot13\,\mathrm{b})$$

なお，PE 領域に対応する式としては式(5·33)，式(5·34)があるが，表には Hamrock-Dowson の式(2) を載せている．式(5·33)，式(5·34)を無次元量を用いて書き換えれば次のようになる．

$$H_{min}=3.68U^{0.68}G^{0.49}W^{-0.073}[1-\exp\{-0.67(R_y/R_x)^{2/3}\}] \quad (5\cdot33\,\mathrm{b})$$

$$H_c=4.31U^{0.68}G^{0.49}W^{-0.073}[1-\exp\{-1.23((R_y/R_x)^{2/3}\}] \quad (5\cdot34\,\mathrm{b})$$

また，Moes は全潤滑領域に対して，点接触中央膜厚を精度良く計算できる式として次式を提案している(13)．

$$\bar{h}_c=[\{(1.70M^{-1/9}L^{3/4}t)^r+(1.96M^{-1/9})^r\}^{s/r}+(47.3M^{-2})^s]^{1/s} \quad (5\cdot36)$$

$$r=\exp\{1-6/(L+8)\},$$

$$s=12-10\exp(M^{-2}),$$

$$t=1-\exp\left\{-0.9\frac{M^{1/6}}{L^{1/6}}\right\}$$

図 5·13 および図 5·14 は，線接触および点接触の場合の**潤滑領域図**を示したもの

5・3 弾性流体潤滑理論 **127**

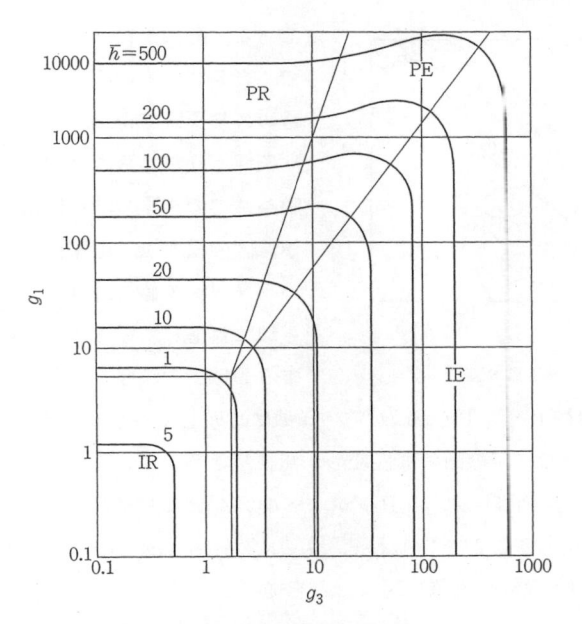

図 5・13 潤滑領域図(線接触)[24]

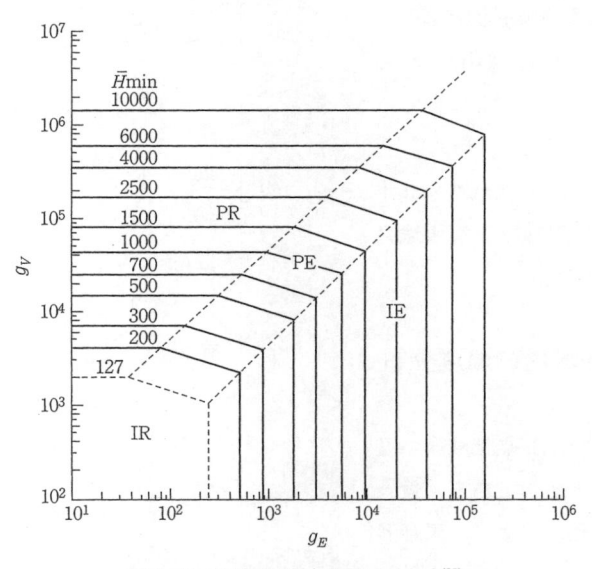

図 5・14 潤滑領域図(点接触 $k=1$)[25]

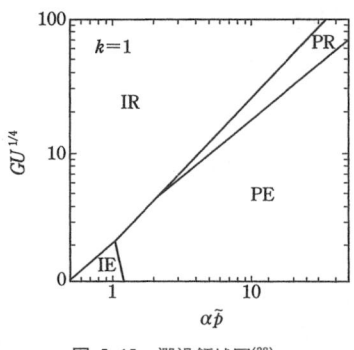

図 5・15　潤滑領域図[28]

である．各潤滑領域の境界線は，境界線上で，表5・3あるいは表5・4に示す両潤滑領域の各膜厚式で得られる値が等しい，という条件より求めることができる．実際の作動条件での膜厚の計算に当たっては，まず領域図の横座標，縦座標に使用されているパラメータの値を計算し，作動条件がどの領域に対応しているかを求め，それに対応する領域での膜厚式を用いればよい．

これらの領域図では，PE領域が他の領域に比較してかなり狭く表示される．しかし，Houpert[26] は，摩擦面の弾性変形が無視できると考えられていたPR領域において発生する最大油膜圧力 $(p_{max})_{PR}$ が，ヘルツの最大接触圧力 $(p_{max})_{HERTZ}$ よりも大きくなる領域があることを指摘し，$(p_{max})_{PR} \geq (p_{max})_{HERTZ}$ の領域を **physical EHL** 領域としてEHL領域の拡張を図ることを提唱した．

平野らは[27]，physical EHL領域においては摩擦面の変形が顕著であること，形成される油膜形状は従来のEHL領域で形成される油膜形状と類似していることを実証し，Houpertの指摘が正しいことを確認している．これらを勘案し，大野ら[28,28'] は，潤滑油分子の充塡状態を表す $\alpha \tilde{p}$ を横軸に採用した潤滑領域図（図5・15）を提案した．

## 5・4　接触域内の温度分布

図5・16は，EHL点接触域の温度分布を示したものである．最大ヘルツ圧力近傍，および，馬蹄形薄膜領域近傍において温度上昇が

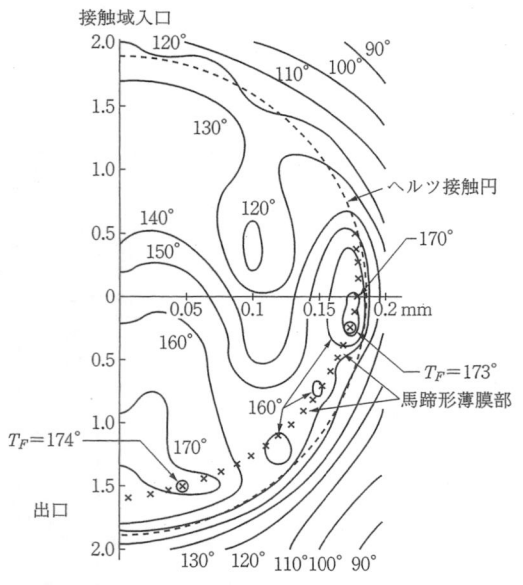

図 5・16　油膜内の温度分布（温度 °C，点接触）[29]
荷重：67N（$p_{max}$=1GPa），滑り速度：1.4m/s

著しいことが分かる．

　潤滑油粘度は，圧力と温度に対して指数関数的に変化するため，温度評価の僅かの誤差が接触域内の有効粘度に著しい影響を与える．つまり，EHL 接触域内では高圧粘度が極めて高く，温度によってその値が鋭敏に変化するため，潤滑油の粘度を正確に評価することはきわめて難しい．

## 5・5　トラクション(接線力)特性

　物体が転がり運動をするときの抵抗を転がり摩擦といい，転がり運動方向とは逆方向に摩擦力 $F$ が作用する．しかし，周速の異なる2円筒が転がり/滑り接触をする場合には，図5・17に示すように，転がり摩擦に加えて，接触面において高速側では運転方向と逆方向，低速側では運転方向の接線力 $T$ が作用する．この接線力を**トラクション**(traction)といい，$\phi = T/W$ ($W$：法線荷重)を**トラクション係数**(traction coefficient)あるいは**接線力係数**という．一般的には，摩擦力 $F$ は，トラクション力 $T$ に比べて無視できるほど小さい．

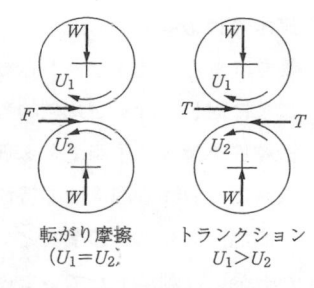

図 5・17　転がり摩擦とトラクション
$F$：転がり摩擦
$T$：トラクション

　図5・18はEHL下における接線力係数と滑り率〔slide-to-roll ratio $\Sigma = \Delta u / \bar{u}$，$\Delta u = u_1 - u_2$：滑り速度，$\bar{u} = (u_1 + u_2)/2$：転がり速度〕との関係を示したものである．高接触圧力下で転がり速度 $U$ が比較的小さい場合には，接線力係数はすべり率の増大により急速に上昇し，ピークに達した後なだらかに減少する．すなわち，すべり率が小さい領域では，$\phi \propto \Sigma$ なる線

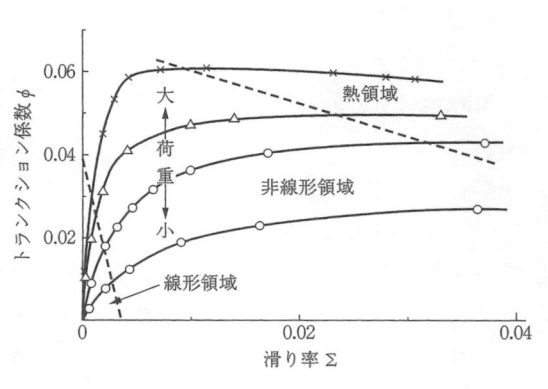

図 5・18　トラクション特性[30]

形関係が成立する(**線形領域**, linear region)が，これよりすべり率が増加すると $\phi$ の増加率が減少する**非線形領域**(non-linear region)に入る．さらにすべり率が増加すると，$T/W$ は最大値を経て減少する．これは，すべりの増加による温度上昇が粘度の低下をもたらすためであり，この領域を**熱領域**(thermal region)という．一方，接触圧力が低く，$U$ が大きい場合には，接線力係数は徐々に増加した後に一定値に落ち着く．温度が高い場合にもこのような傾向をとる．

さて，計測が難しい EHL 膜厚は，理論的にはかなり精度良く推定することが可能である．これは，EHL 膜厚が，転がり速度や荷重などの作動条件と接触域入口部での流体の状態によって主として決まり，接触域内部での高い圧力や温度上昇などの影響をほとんど受けないからである．

これに対し，計測が比較的容易なトラクション，あるいはトラクション係数を高い信頼性を持って予測できる理論式は確立されていない．これは，トラクションが，接触域内における潤滑油の特性とその挙動に支配されるためである．すなわち，高圧，高温，高せん断速度などで特徴づけられる接触域内での潤滑油特性と挙動は，まだ充分には理解されていない．

## 5・6 潤滑油のせん断特性

潤滑油を粘性流体と考えると，前節で述べた EHL 下におけるトラクション特性を合理的に説明することはできない．そこで，通常，EHL 膜のせん断挙動は，EHL 膜が粘弾性体として挙動すると仮定して，ばねとダッシュポットを直列結合した**マクスウェルモデル**(Maxwell Model)(図5・19)を用いて説明されることが多い．

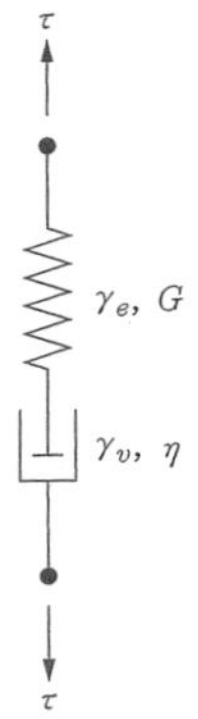

マクスウェルモデルの応力 $\tau$ とひずみ $\gamma$ の関係は，ばねの横弾性係数を $G$，ひずみを $\gamma_e$，ダッシュポットではニュートンの粘性法則が成立するとして，粘性係数を $\eta$，ひずみを $\gamma_v$ とすれば，

$$\tau = G\gamma_e = \eta\dot{\gamma}_v, \quad \dot{\gamma} = \dot{\gamma}_e + \dot{\gamma}_v = \dot{\tau}/G + \tau/\eta \quad (5\cdot 37)$$

図 5・19 粘弾性液体(マクスウェルモデル)

と表される．いま，時間 $t=0$ で，$\gamma=\gamma_0$，$\tau=\tau^*$ の状態にあるマクスウェルモデルに

おいて，$t>0$ でひずみを $\gamma_0$ に保持した場合の応力は

$$\tau = \tau^* \exp\{-t/(\eta/G)\} \tag{5·38}$$

のように低下していく（図5·20）．この現象を**緩和現象**（**緩和過程**）と呼び，緩和現象の時定数，すなわち初期応力の値が $1/e$ に減少するに要する時間，$\eta/G$ を**緩和時間**という．

潤滑油のせん断特性は，せん断応力が大きくなると，ニュートン流体からはずれ非線形性を示すようになる．この場合には，反応速度論に基づいて導出された次に示す **Eyring の粘性モデル**[30][31][32]がよく採用されている．

$$\dot{\gamma} = \frac{\tau_0}{\eta} \sinh\left(\frac{\tau}{\tau_0}\right) \quad (5·39)$$

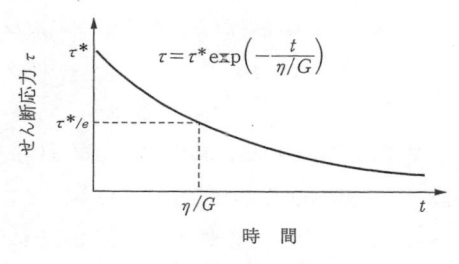

図 5·20 緩和現象（緩和過程）

ここに，定数 $\tau_0$ は基準応力であり，**Eyring 応力**とよばれ，圧力と温度の関数である．$\tau \leq \tau_0$ の場合には，誤差15%以下で $\sinh(\tau/\tau_0) = \tau/\tau_0$ の関係が成立するので，式(5·39)は $\eta = \tau/\dot{\gamma}$ となる．すなわち，$\tau \leq \tau_0$ では，流体はニュートン流体として挙動すると考えてよい．したがって，$\tau_0$ は，流体がニュートン流体として挙動する限界の応力となる．換言すれば，$\tau_0$ が小さいほど，せん断応力が小さくても非ニュートン的挙動を示すようになる．

この Eyring の粘性モデルをマクスウェルモデルに適用すれば，次式がえられる．

$$\dot{\gamma} = \frac{\dot{\tau}}{G} + \frac{\tau_0}{\eta} \sinh\left(\frac{\tau}{\tau_0}\right) \tag{5·40}$$

いま，転がり方向の接触域の幅を $L$，転がり速度を $\bar{u}$ とすれば，接触域に滞留する時間は $L/\bar{u}$ となる．滞留時間に対する潤滑油の緩和時間 $\eta/G$ の比

$$D = \frac{\eta/G}{L/\bar{u}} = \frac{\eta\bar{u}}{GL} \tag{5·41}$$

を**デボラ数**（Deborah number）と呼ぶ*．式(5·40)は $D$ を用いると，

$$\eta\dot{\gamma} = D\frac{d\tau}{d(x/L)} + \tau_0 \sinh\left(\frac{\tau}{\tau_0}\right) \tag{5·42}$$

と書き直すことができる．したがって，$D$ が大きい場合には，弾性成分の影響が無

---

\* 脚注は次ページへ．

視できなくなる．$\eta$ は圧力 $p$ が増加すると指数関数的に大きくなるが，$G$ は $p$ に比例的にしか大きくならないので，$p$ が大きくなるとともに緩和時間は急速に増大し，$D$ も大きくなる．EHL 下では，$G \fallingdotseq 10^9\,\mathrm{Pa}$, $L/\bar{u} < 10^{-3}\,\mathrm{s}$ が一般的であるので，$\eta > 10^6\,\mathrm{Pa \cdot s}$ の時には $D > 1$ となるが，この条件は EHL では通常満たされている．すなわち，EHL 条件下では，潤滑油は粘弾性体として挙動する場合が多いといえる．

なお，上記の議論から分かるように，$D \ll 1$, $\tau \ll \tau_0$ であれば，式(5・42)は

$$\dot{\gamma} = \tau/\eta \tag{5・43}$$

となり，ニュートン流体の式になる．

さて，式(5・40)は，粘度が一定ならば，せん断応力がせん断速度の増大とともに限りなく増大することを示している．しかし，実際にはせん断応力は無制限には増大せず，分子構造と作動条件とくに圧力により規定される限界せん断強さ $\tau_c$ が存在する．$\tau_c$ は圧力とともに増加し，

$$\tau_c = ap + b \tag{5・44}$$

と表示できる．ここで，$a$ および $b$ は定数であるが，Eyring モデルを仮定すれば，

$$a = \tau_p/\tau_v \tag{5・45}$$

となる[32]．$\tau_p$ は粘性流れに対する活性化過程での容積変化，すなわち流動するのに必要な空孔の体積であり，$\tau_v$ はせん断に対する活性化体積，すなわち潤滑油分子の流動体積の尺度と考えられる．いま，$ap$ に比べて $b$ が無視できるとすれば，限界(最大)トラクション係数 $\phi_{\max} = \tau_c/p$ は $a = \tau_p/\tau_v$ に等しくなる．一般の潤滑油においては，$\phi_{\max} = \tau_p/\tau_v \fallingdotseq$

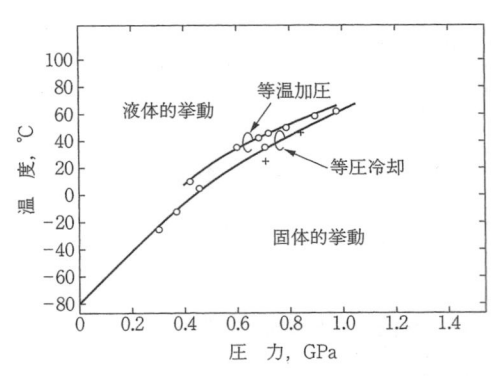

図 5・21 パラフィン系滑潤油におけるガラス転移[36]

---

\* 粘弾性体が弾性体的挙動をするか，液体的挙動をするかは，系の緩和時間と観測時間との比によって規定される．マクスウェルモデルに付与した荷重を瞬時に取り除くと，ダッシュポットは流動する時間的余裕がないので，系は弾性的な挙動をするが，長時間負荷状態を維持すると，ダッシュポットが流動してばねにかかる張力が減少するため，系はニュートン的挙動をする．すなわち，小さい荷重でも充分長い時間負荷すれば，物体は流動する訳であり，緩和時間と観測時間の関係は非常に重要といえる．緩和時間と観測時間の比は，イスラエルの女性予言者デボラ(Deborah)の言葉「*Before God, whose time of observation is infinite, the mountains flow*」にちなみ，デボラ数と名付けられている[33]．

0.1である[32]．また，高いトラクションを伝達する用途のために開発されたトラクションオイルに対しては，$G \fallingdotseq 3p$ [34] および $G=(1/30)\tau_c$ [35] の関係が成立するので，上記のEyringモデルの場合と同様に，最大トラクション係数 $\phi_{max} \fallingdotseq 0.1$ が得られる．いずれにせよトラクション係数の最大値は，0.1程度になるものと考えられる．

一方，潤滑油は，静的条件でも高圧または低温においては固化，すなわち結晶化あるいは**ガラス転移**(glass transition)を生じ，弾塑性固体として挙動する(図5・21)．ガラス転移は温度低下(または圧力増加)に伴い，ある温度(圧力)範囲で急激に液体の粘度が増加し，ほとんど流動性のない非晶質固体になることをいう．この転移は熱平衡としての相転移ではなく，準安定な非平衡状態である．潤滑油は過冷却液体の状態を経てガラス状態に変化するが，図5・22に示すように，ガラス転移点付近では，比体積，膨張係数，比熱などが温度変化に対して顕著な折れ曲がりを示す．また，ガラス転移温度あるいはガラス転移圧力は，冷却速度または昇圧速度により変化する．静的状態では，ガラス転移時の潤滑油の物性値は，粘度 $\eta = 10^{12}$ Pa·s，横弾性係数 $G = 10^9$ Pa，緩和時間 $\eta/G = 10^3$ s $\fallingdotseq$ 10 min 程度である．しかし，高せん断速度下にある EHL 条件では，$\eta = 10^6$ Pa·s 程度の粘度においてガラス転移を生じ，弾塑性固体的挙動をするようである[34]．

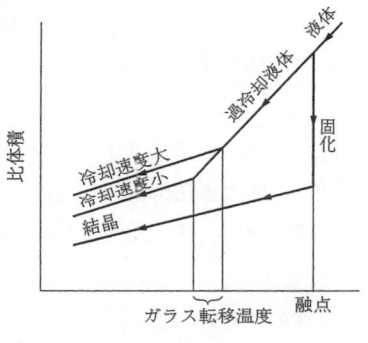

図 5・22 ガラス転移

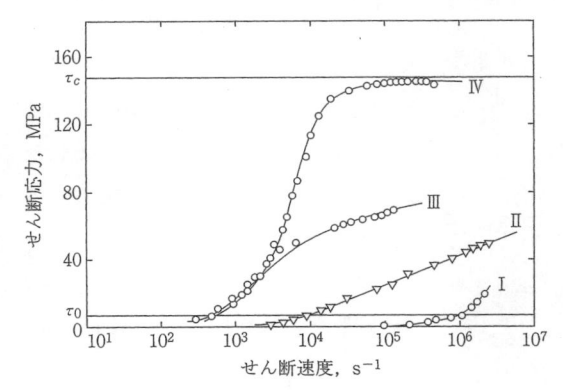

図 5・23 潤滑油のせん断挙動[30]
(円筒試験，潤滑油 Santotrac 50)
$\bar{p}$：平均接触圧力，$\theta$：潤滑油温度
$\bar{u}$：転がり速度
(Ⅰ) $\bar{p}=0.31$GPa $\theta=80$℃ $\bar{u}=2$m/s
(Ⅱ) $\bar{p}=0.63$GPa $\theta=100$℃ $\bar{u}=1$m/s
(Ⅲ) $\bar{p}=0.63$GPa $\theta=40$℃ $\bar{u}=2$m/s
(Ⅳ) $\bar{p}=1.41$GPa $\theta=60$℃ $\bar{u}=1$m/s

以上の議論から，潤滑油のせん断挙動はその作動条件に

応じて4種類に分類されることになる(図5・23参照).
(1) **線形粘性流体**(ニュートン流体)
$$(D<1,\ \tau<\tau_0):\tau=\eta\dot{\gamma}$$
(2) **非線形粘性流体** $(D<1,\ \tau>\tau_0):\dot{\gamma}=(\tau_0/\eta)\sinh(\tau/\tau_0)$
(3) **非線形粘弾性体** $(D>1):\dot{\gamma}=\dot{\tau}/G+(\tau_0/\eta)\sinh(\tau/\tau_0)$
(4) **弾塑性体** $(D>1),\ 高圧:\tau=G\gamma\quad (\gamma\leqq\tau_c/G\fallingdotseq 0.03)$
$$\tau=\tau_c\quad (\gamma>\tau_c/G)$$

流体の挙動に関して,流体分子の集合状態,すなわちそのパッキング状態からの検討もされている[36][37].すなわち,準静的条件下での潤滑油分子のパッキング状態は,粘度の圧力係数を $\alpha$,圧力を $p$ とすると,その積 $\alpha p$ で評価でき,

$\alpha p<13$:**粘性流体**

$13<\alpha p<25$:**粘弾性体**

$\alpha p>25$:**弾塑性体**

として挙動することが明らかにされている.

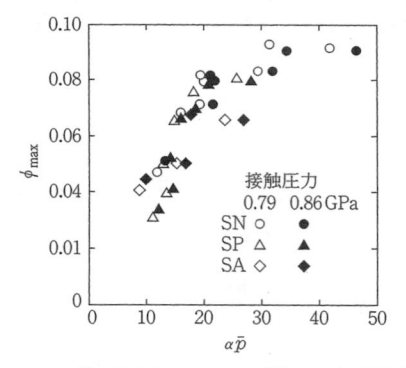

図5・24 $\alpha\bar{p}$ と最大トラクション係数 $\phi_{max}$ の関係[38]
(2円筒試験,転がり速度:3.56m/s,潤滑油:パラフィン系SP,ナフテン系SN,芳香族系SA)

図5・24は2円筒トラクション試験における,最大トラクション係数 $\phi_{max}$ と $\alpha\bar{p}$ ($\bar{p}$:平均接触圧力)との関係を示したものである.$\alpha\bar{p}<25$ の領域では,$\phi_{max}$ は潤滑油の種類に関係なくほぼ同一曲線上に分布しており,$\alpha\bar{p}$ したがって分子のパッキング状態のみで $\phi_{max}$ が決定されることが分かる.一方,$\alpha\bar{p}>25$ の弾塑性体領域では,$\phi_{max}$ は一定値を示しており,潤滑油分子のパッキングがこれ以上は本質的に変化しないことを示唆している.ただし,$\phi_{max}$ 自体の値は,潤滑油によって異なっており,この領域のトラクションには,潤滑油分子構造の影響が大きいことがわかる[39].歯車や転がり軸受などの機械要素は,通常の使用条件下では $\alpha\bar{p}>13$ が普通であるので,前述したように,トラクションを正確に評価するためには,潤滑油を粘弾性体あるいは弾塑性体として取り扱う必要がある.

ところで，液体中の任意の分子に着目するとき，その分子が周囲の分子から強い力を受けずに比較的自由に熱運動できる領域の体積を**自由体積**といい，この概念に基づいて液体の状態方程式を近似的に導出することができる[40]が，潤滑油のパッキング状態もこの概念によって評価できると考えられ，この観点からの研究も展開されつつある[41]．

## 5・7 油量不足の影響

接触部が油量不足の状態で運転される場合の油膜厚さを評価しておくことは重要である．もし入口側において流体が不足すれば，充分な圧力が入口側で発生せず，必然的に膜厚は薄くなり，荷重を支持することができずに崩壊してしまう恐れがある．このような状態における潤滑を**油量不足潤滑**(oil starvation, starved lubrication)という．

### 5・7・1 線接触の場合[42]

無潤滑下で負荷を受けた場合の入口側の接触面の形状は，式(5・27)で記述されるが，この式は非常によい近似で次のように表される．

$$h = h_m \left[ 1 + \frac{4\sqrt{2}}{3} \varPhi^{3/2} \right] \tag{5・46}$$

$h_m$ は $dp/dx=0$ での膜厚であり，$\varPhi = B^{1/3}X$，$B = b/\sqrt{2Rh_m}$，$X = x/\sqrt{2Rh_m}$ である．

いま，図5・25のように座標軸($x$軸の方向が回転方向とは逆に取ってあることに注意)を取れば，Reynolds方程式

$$\frac{dp}{dx} = -12\eta\bar{u}\frac{h-h_m}{h^3} \tag{5・47}$$

$$\bar{u} = (u_1+u_2)/2,$$
$$\eta = \eta_0 \exp(\alpha p)$$

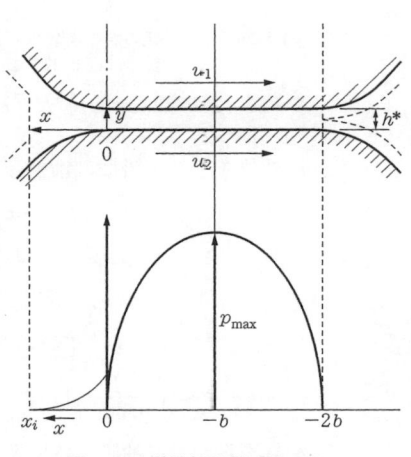

図 5・25 線接触油量不足モデル

は，等価圧力 $q=(1-e^{-\alpha p})/\alpha$ を用いると次のように書き換えられる．

$$\frac{dq}{d\Phi} = -\frac{12\eta_0\bar{u}}{h_m{}^{3/2}}\frac{\sqrt{2R}}{B^{1/3}}\left\{\frac{4\sqrt{2}}{3}\frac{\Phi^{3/2}}{\left(1+\frac{4\sqrt{2}}{3}\Phi^{3/2}\right)^3}\right\} \tag{5・48}$$

$x=0$ での $q$ の値を $\bar{q}$ とすれば，式(5・48)を $\Phi=0$ より $\Phi_i$ まで積分することにより

$$\bar{q} = \frac{12\eta_0\bar{u}}{h_m{}^{3/2}}\frac{\sqrt{2R}}{B^{1/3}a}[I]_0^{a\Phi_i} \tag{5・49}$$

が得られる．ここで，

$$a = [4\sqrt{2}/3]^{2/3}$$
$$I = \frac{(2z^{3/2}-1)z}{9(1+z^{3/2})^2} - \frac{2}{27}\left\{\frac{1}{2}\ln\frac{(1+z^{1/2})^2}{z-z^{1/2}+1} + \sqrt{3}\tan^{-1}\frac{2-z^{1/2}}{\sqrt{3z}}\right\}$$
$$z = a\Phi, \quad [I]_0^\infty \cong 0.26871$$

である．5・2・1 で採用された仮定，すなわち入口側の狭まりすき間部で充分に高い圧力が発生する条件が成立するとすれば，$\bar{q}=1/\alpha$ となる．したがって，入口側に油量が充分ある場合の接触部の一様油膜厚さ $h_{m\infty}$ は，式(5・49)で $\Phi_i=\infty$ の場合に対応するので，

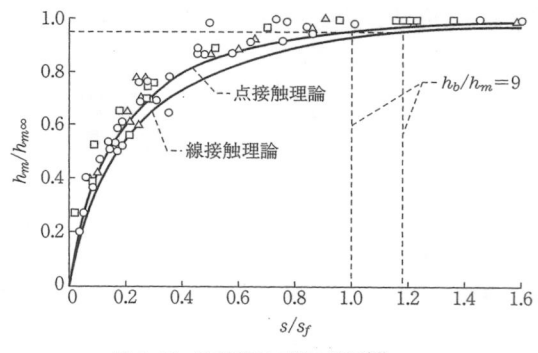

図 5・26 油量不足の際の膜厚[43]
図中の記号は図 5・27 参照．

$$h_{m\infty} = 2.0742(\alpha\eta_0\bar{u})^{2/3}R^{1/3}B^{-2/9} \tag{5・50}$$

となる．$x_i$ の位置より上流には油がない場合の油膜厚さは，式(5・49)で $x=x_i$ と置いて，

$$h_m = 4.9812(\alpha\eta_0\bar{u})^{2/3}R^{1/3}B^{-2/9}([I]_0^{a\Phi_i})^{2/3}$$
$$= 2.072\rho(\alpha\eta_0\bar{u})^{2/3}R^{1/3}B^{-2/9} \tag{5・51}$$

で与えられる．ただし，$\rho$ は接触域中央での膜厚の比で，

$$\rho = \frac{h_m}{h_{m\infty}} = \left(\frac{1}{0.2687}[I]_0^{a\Phi_i}\right)^{2/3} \tag{5・52}$$

である．油量不足が形成油膜厚さに及ぼす影響を図 5・26 に示す．

## 5・7・2 点接触の場合[43]

図5・27に示すように，ヘルツ接触球(半径 $a$)端部から上流側 $S$ の位置まで潤滑油が存在すると仮定し，そこでの油膜厚さを $h_b$，ヘルツ接触域中央での油膜厚さを $h_m$ とする．なお，

$$\frac{h_b}{h_m} = \frac{h_m + h_s}{h_m},$$

$$S = x_b - a \quad (5 \cdot 53)$$

と定義する．ここで，$h_s$ は乾燥下における点接触域外の隙間であり，近似的に次式で表示される．

$$h_s = \frac{a p_{H\max}}{E}\left[3.81\left(\frac{x_b}{a} - 1\right)^{3/2}\right] \quad (5 \cdot 54)$$

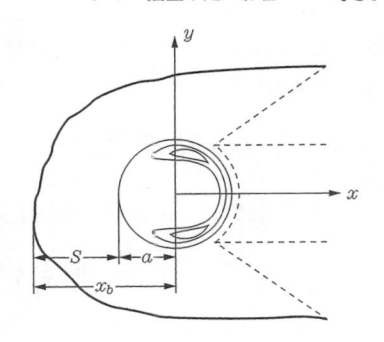

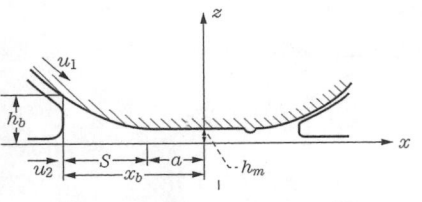

図 5・27 点接触油量不足モデル[43]

ここに，$p_{H\max}$ はヘルツの最大圧力であり，

$$\frac{p_{H\max}}{E} = \frac{a}{\pi R}, \quad \frac{x_b}{a} - 1 = \frac{S}{a}$$

と表示される．したがって，$S$ は次のように書き直される．

$$S = \left(\frac{h_b/h_m - 1}{1.21}\right)^{2/3} \frac{(Rh_m)^{2/3}}{a^{1/3}} \quad (5 \cdot 55)$$

実験によって $h_b/h_m = 9$ 以上の $S$ の位置まで潤滑油が存在すれば，**油量不足**(oil starvation)が発生しないので(図5・26)，この値を式(5・55)に代入すれば，油量不足を発生しないための最小距離 $S_f$ が次のように求まる．

$$S_f = \frac{3.52(Rh_m)^{2/3}}{a^{1/3}} \quad (5 \cdot 56)$$

なお，式(5・56)はおおよそ $S_f = 500 h_m$ で近似することができる．すなわち，$h_m$ は多く見積っても数 $\mu$m 程度であるので，完全なEHL膜を形成するために必要な油量は，きわめて少量でよいことが以上の議論から理解できる．

Hamrock-Dowson[44] は oil starvation を引き起こす限界の無次元入口距離 $m^*$

を算出し、これよりも小さい $m$ に対する無次元油膜厚さ $H=h/R_x$ は次式で計算できると述べている。

$$H_{c,S} = H_{c,F}\left(\frac{m-1}{m^*-1}\right)^{0.29},$$

$$m^* = 1 + 3.06\left[\left(\frac{R_x}{b}\right)^2 H_{c,F}\right]^{0.58} \tag{5・57}$$

$$H_{\min,S} = H_{\min,F}\left(\frac{m-1}{m^*-1}\right)^{0.25},$$

$$m^* = 1 + 3.34\left[\left(\frac{R_x}{b}\right)^2 H_{\min,F}\right]^{0.58} \tag{5・58}$$

ここに、添字 $c$ は中央膜厚、min は最小膜厚、$F$ は油量不足の無い場合の膜厚を示す。

### 5・7・3 逆流発生限界

図5・28に示すように、EHL 領域の入口側では、圧力流れの影響で一般的には逆流が発生している。その結果、たとえ純転がり状態にあっても、この逆流の影響で、入口側で潤滑油はせん断を受けることになる。以下、2円筒が転がり/滑り運動をする場合の逆流発生限界位置〔図5・28(b)の状態〕での膜厚 $h_i$ を求める。

潤滑面の速度をそれぞれ $u_1$, $u_2$ とすれば、流体の速度分布は式(4・17)から

$$u = \frac{1}{2\eta}\frac{\partial p}{\partial x}(z^2 - zh) + u_1 + \frac{z}{h}(u_2 - u_1)$$

である。したがって、

$$\frac{\partial u}{\partial z} = \frac{2z-h}{2\eta}\frac{\partial p}{\partial x} + \frac{u_2-u_1}{h}$$

また、Reynolds の式より

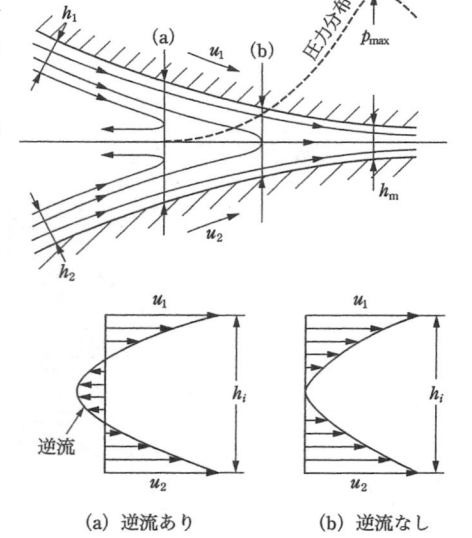

図 5・28 圧力発生位置と油の流れ[45]

$$\frac{\partial p}{\partial x} = 6\eta(u_2+u_1)\frac{h-h_m}{h^3}$$

である．逆流なしの条件は，$\partial u/\partial z=0$, $u=0$ であるので，上式から

$$\left[\frac{z}{h_i}\right]_{\partial u/\partial z=0} = \frac{1}{2}\left[1-\frac{\Sigma}{6(1-h_m/h_i)}\right] \tag{5・59}$$

$$\left[\frac{z}{h_i}\right]_{u=0}^2 - \left[\frac{z}{h_i}\right]_{u=0}\left[1-\frac{\Sigma}{6(1-h_m/h_i)}\right] + \frac{u_1}{3(u_2+u_1)(1-h_m/h_i)} = 0 \tag{5・60}$$

ここに，$\Sigma = 2(u_2-u_1)/(u_2+u_1)$ である．したがって，逆流発生限界位置（入口側圧力発生位置）の膜厚 $h_i$ は，式(5・59)，(5・60)から

$$\frac{h_i}{h_m} = \frac{3}{2\pm\sqrt{1-(\Sigma/2)^2}} \tag{5・61}$$

となる[46]．すなわち滑り率 $\Sigma$ が分かれば，式(5・61)から $h_i/h_m$ が決定される．また，油量不足の場合の接触中央膜厚 $h_m$ に関しては式(5・46)が成立するので，式(5・46)で $h=h_i$ とおくことにより，逆流発生限界位置 $\Phi_i$ が求まる．よって，$[I]_0^{a\Phi_i}$ が計算

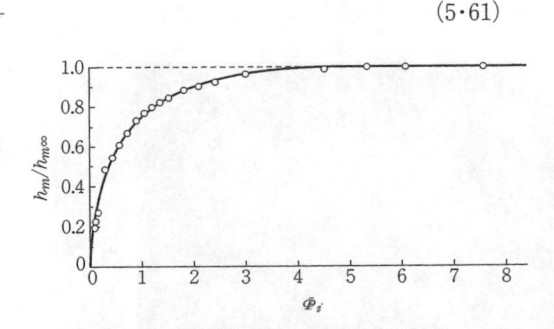

図 5・29 中央膜厚に及ぼす逆流発生限界位置 $\Phi_i$ の影響[42]

され，式(5・52)から $h_m$ を原理的には知ることができる．しかしながら，油量不足が発生すれば，$h_m$ も変化するので式(5・52)は使用し難い．そこで，

$$\frac{h_m}{h_{m\infty}} = \beta^* = f(\phi_i), \qquad \psi_i = b^{1/3}x_i(2Rh_{m\infty})^{2/3} \tag{5・62}$$

を新たに定義し，$B=b/\sqrt{2Rh_m}$ を考慮すれば，

$$\beta^* = \rho^{9/8}, \qquad \phi_i = \rho^{3/4}\phi_i \tag{5・63}$$

となる．したがって，次式が成立し，容易に $\beta^*$ を計算することができる．

$$\beta^* = \frac{h_m}{h_{m\infty}} = \left(\frac{1}{0.2687}[I]_0^{a\Phi_i}\right)^{3/4} \tag{5・64}$$

例えば，純転がりでは，$\Sigma=0$, $h_i/h_m=3$, $\Phi_i=1.04$, $[I]_0^{a\Phi_i}=0.168$, $\beta^*=0.703$, 純滑りでは，$\Sigma=2$, $h_i/h_m=3/2$, $\Phi_i=0.4128$, $[I]_0^{a\Phi_i}=0.059$, $\beta^*=0.32$ となる（図5・29）．

## 5・8 垂直運動下の EHL

潤滑油を介して外接する 2 物体を垂直方向に衝撃的に押しつけると，発生する圧力によって潤滑油粘度が著しく高くなる．その結果，接触域から潤滑油が容易に排除されなくなり，接触面間に潤滑油が閉じ込められ，それに対応して接触物体自体が大きく変形する[47][48]．すなわち，**6・3・1** で示されるように，EHL 膜の剛性は，接触物体の剛性よりも高くなることが理解できる．図 5・30 は，サファイヤ(縦弾性係数 366 GPa)平面に対して鋼球を衝撃的に押しつけた場合の接触域の干渉縞写真と，接触両面の変形状態を示したものである．

(a) 干渉縞写真　　(b) 接触両面の変形状態

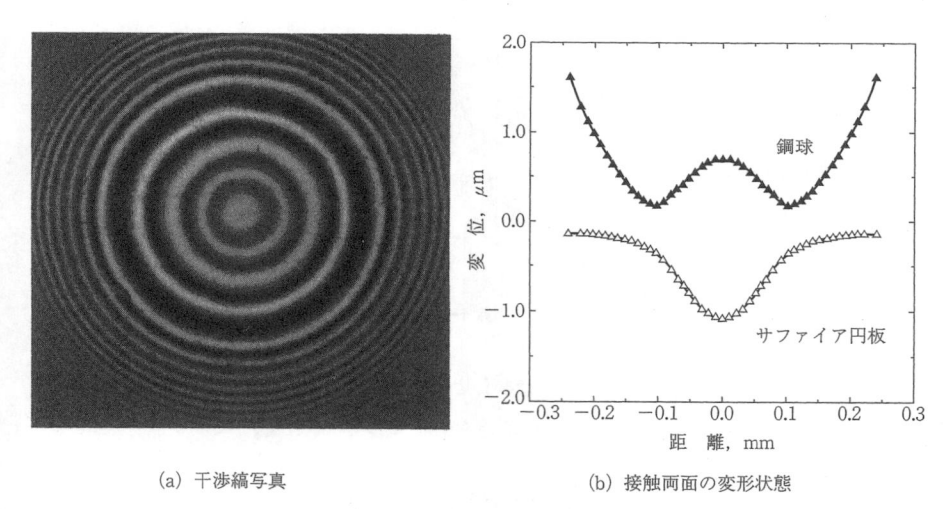

図 5・30　衝撃接触時の油膜形状[49]

図 5・31 は，垂直方向荷重を周期的変化させた周期的スクイズ運動下での油膜形状の時間変化を示したものである．図中の時間は，負荷終了時を基準値 0 とし，振動周期で除した無次元時間であり，負の時間は負荷行程，正の時間は除荷行程に対応する．負荷開始とともに潤滑剤の閉じ込めが発生し，閉じ込め領域はしだいに増大している．しかし，負荷行程での閉じ込め膜中心部の膜厚は一定値を保持しており，閉じ込め膜形状は，負荷終了時の膜形状で決定される包絡面に沿って変化している．除荷行程における閉じ込め領域は負荷行程よりもやや狭く，最小油膜厚さは，負荷

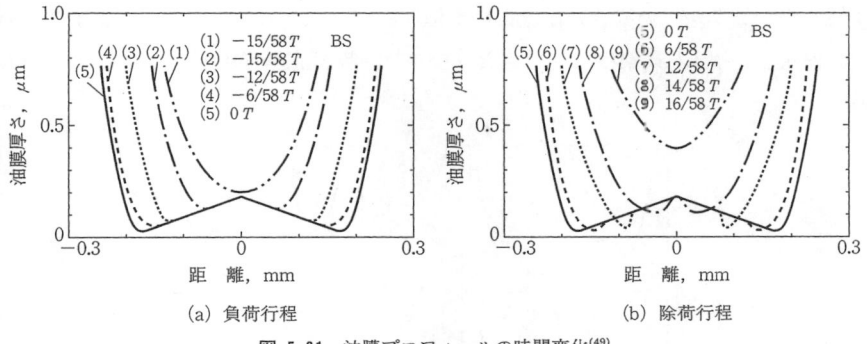

図 5・31 油膜プロフィールの時間変化[49]

行程で形成された包絡面のやや内側に位置しているが，閉じ込め中心膜厚は，負荷行程と同じ膜厚を維持している[50]．すなわち，周期スクイズ運動下の油膜形状の時間変化は，負荷行程終了時の油膜形状によってほぼ推測することができる．ただし，振動・振幅が小さく，振動数が大きくなると，除荷行程で発生した気泡が残留し，負荷行程での油膜圧力の発生を阻害するため，閉じ込め油膜の形成は阻害される[51]．

## 5・9 往復運動下の EHL

往復運動では，速度の大きい行程中央付近ではくさび作用が支配的であるが，速度が0になる行程端ではスクイズ作用のみとなる．図5・32は，点接触往復滑り運動下における，1/2周期間（行程端から行程端まで）の運動方向中央断面の油膜形状を示したものである．行程端で主としてスクイズ運動によって形成された閉じ込め膜は，下面が右に移動を開始するとともに，移動速度の半分の速度（両接触面の平均移動速度）で右方に移動して接触域から排出される（**6・3・3**参照）．また，接触入口側（左方）にはくさび作用によって厚膜が形成される．しかし，行程中央（$T/4$）を過ぎるとくさび作用が低下するため，膜厚は全体的に徐々に薄くなる．その際，馬蹄形くびれを持つ出口側膜厚よりも入口側でのスクイズ流量が大きくなるため，膜厚の減少の程度は入口端の方が高くなる．その結果，行程端では入口側が薄く，出口側が厚い傾斜した閉じ込め膜が形成される[51][52]．

各行程の接触域下流側で，とくに行程中央時において気泡が発生するが，行程長

が短くかつ周期が短い場合には，この気泡が次行程でのくさび作用を阻害するために，安定な往復EHL膜は維持できなくなり，油膜の完全崩壊が発生する場合がある[52]．

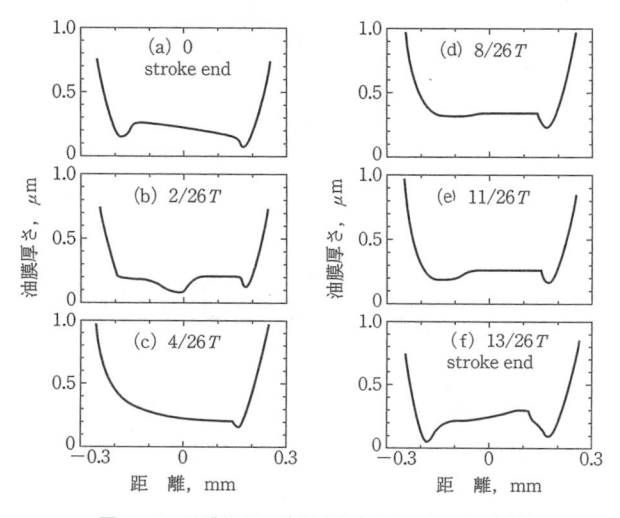

**図 5・32** 油膜形状の時間変化（下面が右に移動）[52]

## 5・10 ポリマ EHL

添加剤として使用されるポリマは，主として粘度指数向上の目的で添加され，マルチグレード油として広く使用されるほか，流動点降下剤としても利用されている．

図5・33は，平均分子量が大きく相違する2種類の高分子ポリマ（ポリメタアクリレート，PMA）の運動方向中央断面のEHL膜形状を示したものである．平均分子量の小さいPMA 1では，滑り速度の増加とともに膜厚も増加している．これに対し，平均分子量の大きいPMA 2では，滑り速度が増加しても，最

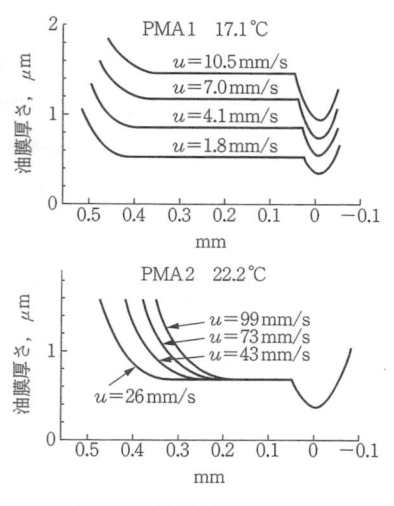

**図 5・33** EHL膜プロフィル（運動方向中央）[53]

小膜厚 $h_{min}$ は変化せずに EHL 領域が狭められている．この事実は，ポリマ添加油では，分子量の低いポリマは EHL 面内に導入されるが，高分子量ポリマは，接触域内に導入されにくいため，EHL 面外での荷重支持にはある程度を寄与するものの，期待されるほどの効果を発揮し得ないことを示唆している．すなわち，高分子ポリマを潤滑油に添加しても，高分子ポリマが EHL 領域内に導入されず，ポリマ添加の意味がなくなる場合があることに注意しなければならない．

## 5・11　グリース EHL

　基油と増ちょう剤より構成されているグリース（**9・4** 節参照）の潤滑機構は複雑であり，EHL 膜の形成機構についてもまだ充分に理解されていない．転がり接触において，相原らは初期グリース膜厚は基油のみで形成される膜厚よりも厚いが，時間経過とともに薄くなり，最終的には基油膜よりも薄くなること，またその膜厚低下の程度は転がり速度の増加とともに大きくなると述べている（図 5・34）．形成膜厚の低下の原因としては次のようなことが考えられる．

① せん断速度の増加によって見かけ粘度の低下が発生する．
② 接触部入口側でせん断発熱の影響を受けやすい．
③ 接触の繰り返しによるグリース構造（増ちょう剤の網目構造）の破断．
④ 接触の繰り返しによって軌道面から排除されたグリースはその低い流動性のために循環しにくく油量不足をもたらす．

相原ら[45]はこれらの原因の中で④が最も顕著であることを指摘して，**5・6・2** の結果と実験結果を検討することにより，グリース潤滑の膜厚としての基油のみの EHL 膜厚の 7 割程度で評価できるとしている．

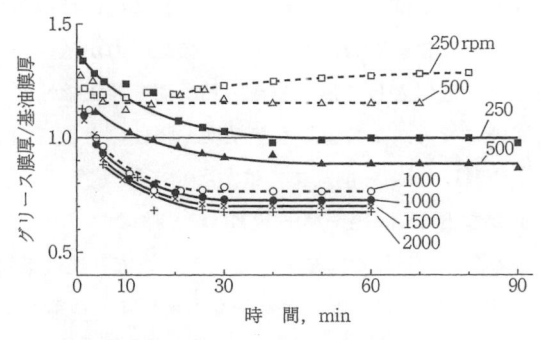

図 5・34　グリース膜厚の時間変化[45]
（破線は再補給時の変化を示す）

なお，油量不足が起こらない場合には，グリース膜厚は基油膜厚よりも大きいことは多くの実験によって確認されている．ただし，グリースを構成する増ちょう剤の種類や構造が，油膜形成能力を始めとする潤滑特性に大きく影響することに注意しなければならない[54][55]．

## 5・12 ソフト EHL と流体潤滑の逆問題

### 5・12・1 ソフト EHL

接触圧力は物体の形状および接触荷重が同じであっても，弾性係数によって変化する．例えば，弾性係数が減少すれば物体は変形しやすくなり，接触面積が増加するために接触圧力は低下する．接触圧力が低い場合には圧力による粘度などの変化は第一近似として無視でき，潤滑油を非圧縮性ニュートン流体として取扱うことが可能になる．このような等粘度・弾性体としての取扱いが可能な EHL 問題を**ソフト EHL** と称し，前節までに主として取り扱った高圧粘度・弾性体としての取扱いが必要な EHL 問題を**ハード EHL** と呼ぶ．

ソフト EHL では粘度や密度の圧力依存性は無視できるものの，接触面が大変形するためハード EHL とは異なる解析または計算手法が必要となる．ソフト EHL はゴムなどの高分子材料を用いる機械要素の問題解明には必要不可欠な潤滑領域であるが，未だ，ソフト EHL を取り扱う一般的理論式および解析手法は確立されていない．したがって，個々の機械要素の特性に応じて，種々の取扱手法が採用されているのが実情である．

Herrebrugh[56] は，ソフト EHL 問題をハード EHL と同様の方法で取り扱い，取り扱った領域では，EHL に特徴的な圧力スパイクの発生が無いこと，最小膜厚と接触中央膜厚の比が 0.78 を超えないことなどを指摘している．また，Gaman ら[57] は，スクイズ運動下における油膜厚さの減少割合は，弾性係数の低下とともに接触面積が増大する結果として低下することを見いだしている．

### 5・12・2 流体潤滑の逆問題

非圧縮性流体に対する Reynolds の潤滑基礎式は，側方漏れが存在しない場合には，次のように記述される．

$$\frac{\partial}{\partial x}\left(\frac{h^3}{12\eta}\frac{\partial p}{\partial x}\right) = \frac{u}{2}\frac{\partial h}{\partial x} + \frac{\partial h}{\partial t} \tag{5・65}$$

剛体面を対象とする場合には，空間内の1点の膜厚を規定すれば膜形状が確定する．したがって，潤滑特性は，既知の膜形状 $h$ に対して圧力分布 $p$ に関する偏微分方程式(5・65)を解くことによって求めることができる．このような流体潤滑問題(4章参照)を古典的流体潤滑問題と呼ぶ．

接触両物体の少なくとも一方が極めて高い変形性を持ち，弾性変形量が流体膜厚に比較して非常に大きい場合には，流体膜形状が変動しても接触圧力分布は大きい影響を受けないと考えられる．すなわち，圧力分布 $p$ は先天的に与えられていると見なすことができる．この場合の潤滑特性は，古典的流体潤滑問題とは全く逆に，既知の圧力分布を満足する膜形状を $h$ に関する偏微分方程式(5・65)を解くことによって求める問題になるので，「**流体潤滑の逆問題**」と呼ばれる[58]．

つまり，古典的流体潤滑問題と流体潤滑の逆問題は，EHL理論の両極端に位置するといえる．逆問題のうち，$\partial h/\partial t$ を無視した場合を静的逆問題，考慮した場合を動的逆問題と称し，リップシールやOリングのような変形の大きい接触面を取り扱う場合の基礎理論となる[59]．

さて，$b$ を基準接触幅，$u_o$ を最大すべり速度，$|dp/dx|$ の最大値を $|dp/dx|_{max}$ とし，

$$X = x/b, \quad T = u_o t/2b, \quad U = u/u_o,$$
$$H = h\sqrt{|dp/dx|_{max}/6\eta u_o}$$
$$S = (dp/dx)/|dp/dx|_{max}$$

なる無次元量を導入すれば，式(5・65)は

$$\frac{\partial(SH^3)}{\partial X} = U\frac{\partial H}{\partial X} + \frac{\partial H}{\partial T} \tag{5・66}$$

と書き換えられ，速度一定の場合には，$\partial H/\partial T = 0$，$U = 1$ であるから，

$$H - SH^3 = Q = \text{一定} \tag{5・67}$$

となる．つまり，静的逆問題の解は $H$ に関する3次方程式の解として与えられる．

流量 $q$ は，$h_m$ を最大圧力($dp/dx=0$)に対応する膜厚とすれば，

$$q = \frac{uh_m}{2} = \frac{uh}{2} - \frac{h^3}{12\eta}\frac{\partial p}{\partial x} \tag{5・68}$$

と表されるので，

$$Q' = UH_m = \frac{2q}{u_o}\sqrt{\frac{|dp/dx|_{\max}}{6\eta u_o}} = UH - SH^3 \tag{5・69}$$

すなわち，式(5・67)の $Q$ は，$U=1(u=u_o)$ の場合の無次元流量に相当する．式(5・67)を

$$\frac{H}{Q} - SQ^2\left(\frac{H}{Q}\right)^3 = 1 \tag{5・70}$$

と変形して図示すれば図5・35のようになる．図5・35のC点は，$SQ^2$ の $H/Q$ に対する解析的最大値であるから，C点では

$$\frac{d(SQ^2)}{d(H/Q)} = 0, \quad \frac{d^2(SQ^2)}{d(H/Q)^2} < 0 \tag{5・71}$$

が成立する．したがって，C点での値に添字 $c$ を付して表現すれば，

$$(SQ^2)_c = \frac{h_m^2}{6\eta u_o}\left(\frac{dp}{dx}\right)_c = \frac{4}{27},$$

$$\left(\frac{H}{Q}\right)_c = \frac{h_c}{h_m} = \frac{3}{2} \tag{5・72}$$

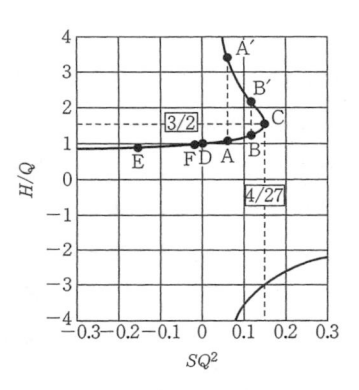

図 5・35 静的逆問題の解

となる．$SQ^2 \leq 0$，すなわち，$S \leq 0$ では，$H/Q$ は正の1実根を持つ．$0 < SQ^2 < 4/27$ では，3実根を持つが，その内2根が正で1根が負である．負根($H/Q<0$)の存在は，$S>0$ で $Q<0$ なることを意味するが，この様な現象は高い外圧が流体の出口側に存在しない限り出現しない．

以下，図5・36に示すような非対称圧力分布

$$p = \int S dX = -\int X \exp\{(1-aX^2)/2\} dX \tag{5・73}$$

$X \leq 0$ のとき　$a = 1$

$X > 0$ のとき　$a = \{|dp/dX|_{\max,M}/|dp/dX|_{\max,P}\}^2 > 1$

を例として静的逆問題の解について説明する．ここで，添字の $M$ および $P$ は，図5・36(b)の $B$ および $E$，すなわち，圧力こう配の極値であることを示す．

圧力こう配 $S$ の値が $X$ の負側(流体の入口側)から正の側(流体の出口側)へ向かってA→B→D→E→Fのように変化するとする．流量 $Q$ が小さく，$SQ^2$ が図5・35のC点に到達しない場合には，膜形状を規定する $H/Q$ は，A→B→D→E→

Fのように変化し，$Q$ が定まれば一義的に膜形状が確定する．$Q$ は任意の値を取り得るので，確定膜形状を得るためには，$Q$ を常に一定にするように入口側で流量を制御しなければならないが，このような制御は実際上不可能であるため，上記流体膜は不安定で，ついには崩壊することになる．平野[60]は，動的逆問題を解き，安定な膜形状確保のためには，B 点が C 点に到達するとともに流体膜が入口側でくさび形状を持つことが必要であることを証明して，そのときの膜形状は，A′→B′→C→D→E→F で与えられることを示した．なお，C 点で成立する式(5・71)は，次のように書き換えられる．

$$Q^3 \frac{dS/dX}{dH/dX} = 0,$$

$$Q^4 \frac{d^2S/dX^2}{(dH/dX)^2} < 0 \quad (5\cdot74)$$

安定膜が形成されるためには C 点において $dH/dX < 0$ が満足されねばならないので，式(5・74)から

$$dS/dX = 0,$$
$$d^2S/dX^2 < 0 \quad (5\cdot75)$$

が導かれる．すなわち，安定な確定膜形状存在の必要条件は，圧力こう配の分布が解析的最大値 $S = S_{asc}$ を持つこと，つまり，圧力分布が上昇変曲点を持つことである．この条件のもとで形成される一様速度下での確定(安定な)膜形状は，

$$q = \frac{1}{2} u_o h_m, \quad h_c = \frac{3}{2} h_m, \quad h_m = \sqrt{\frac{8}{9} \frac{\eta u_o}{(dp/dx)_{csc}}} \quad (5\cdot76)$$

で規定される流量 $q$ と膜厚 $h_c$ を特有量として持ち，

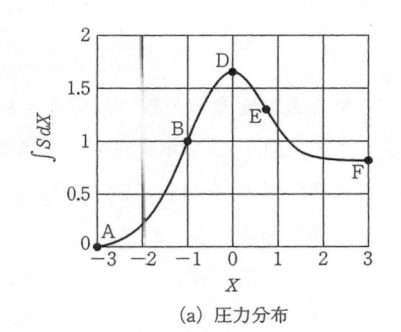

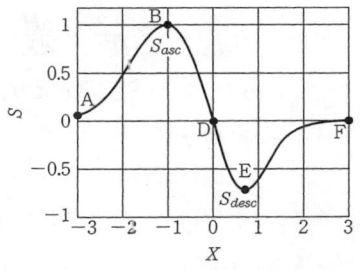

(a) 圧力分布

(b) 圧力こう配分布

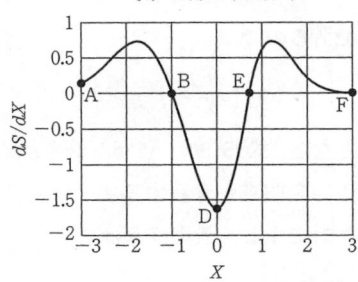

(c) 圧力こう配の導関数分布

図 5・33　圧力分布の例

$$H - SH^3 = \frac{2}{3\sqrt{3}\, S_{asc}} \tag{5・77}$$

の解の $h > h_c$ なる分枝に対応するものとなる．

さて，図5・36で示す圧力分布は下降変曲点を持っている．以下，下降変曲点での値に添字 $desc$ を付して表す．下降変曲点での圧力こう配 $S_{desc}$ は負であり，解析的最小値である．すなわち，

$$S_{desc} < 0, \quad (dS/dX)_{desc} = 0, \quad (d^2S/dX^2)_{desc} > 0 \tag{5・78}$$

式(5・67)から

$$\frac{dS}{dX} = \frac{3Q - 2H}{H^4} \frac{dH}{dX} \tag{5・79}$$

が導かれるが，条件 $S_{desc} < 0$ より，$0 < (H/Q)_{desc} < 1$ である．したがって，式(5・78)および式(5・79)から

$$(dH/dX)_{desc} = 0 \tag{5・80}$$

となる．式(5・79)を $X$ に関して微分し，式(5・80)および式(5・78)を考慮すれば，

$$\left(\frac{d^2S}{dX^2}\right)_{desc} = \left(\frac{3Q - 2H}{H^4}\right)_{desc} \left(\frac{d^2H}{dX^2}\right)_{desc} > 0 \tag{5・81}$$

であるので

$$\left(\frac{d^2H}{dX^2}\right)_{desc} > 0 \tag{5・82}$$

となる．式(5・80)，(5・82)から，$H_{desc}$ は解析的最小値であることが分かる．つまり，下降変曲点が存在する場合には，そこでの膜厚 $h_{desc}$ が確定膜形状の最小膜厚 $h_{\min}$ に対応する．最小膜厚は

$$SQ^2 = \frac{4}{27} \frac{S_{desc}}{S_{asc}} \tag{5・83}$$

なる既知の値に対して式(5・70)を解くことによって求められる．対称圧力分布の場合には，$SQ^2 = -4/27$ であるから，

$$(H/Q)_{desc} = 0.894 \quad すなわち \quad h_{\min} = 0.894 h_m = 0.596 h_c$$

となる．


〔参　考　文　献〕

（1） Dowson, D. and Higginson, G.R., *Elastohydrodynamic Lubrication*, Pergamon (1977).
（2） Hamrock, B.J. and Dowson, D.: *Ball Bearing Lubrication*, John Wiley & Sons

(1981).
( 3 ) Gohar, R., *Elastohydrodynamics*, Ellis Horwood (1988).
( 4 ) Cameron, A., *Principles of Lubrication*, Longmans (1966).
( 5 ) Martin, H.M., *Engineering*, London, 102 (1916) 119.
( 6 ) Dowson, D. and Higginson, G. R., *J. Mech. Eng. Sci.*, 1, 1 (1959) 6.
( 7 ) Hertz, H., *Journal for die reine und angewandte Mathematik*, 92 (1881) 156.
( 8 ) Barus, C., *American J. Sci.*, 3, 45 (1893) 87.
( 9 ) Grubin, A.N. and Vinogradova, I.E., *Central Scientific Research Institute for Technology and Mechanical Engineering*, Book No. 30, Moscow (1949), (D.S.I.R. Translation No. 337).
(10) Timoshenko, S. and Goodier, J.N., *Theory of Elasticity*, McGraw-Hill (1934).
(11) Dowson, D., *Proc. Inst. Mech. Eng.*, 182, Pt. 3 A, (1968) 151.
(12) Roelands, G.J.A. and Vlugter, J. C. and Waterman, H.I., *J. Basic Eng.*, Trans. ASME, 85 (1963) 601.
(13) Venner, C.H., *Multilevel Solution of the Line and Point Contact Problems*, PhD. Thesis, Enschede (1991).
(14) Venner, C.H., ten Napel, W.E., and Bosma, R., *J. Tribology. Trans ASME*, 112 (1990) 426.
(15) Hamilton, G.M. & Moore, S.L.: *Roc. Roy. Soc. London*, A 322 (1971) 313.
(16) Chittenden, R.J., Dowson, D., Dunn, J.F. and Taylor, C.M., *Proc. Roy. Soc. London*, A 397 (1985) 271.
(17) Gohar, R. and Cameron, A., *Nature*, 200 (1963) 458.
(18) Venner, C.H., ten Napel, W.E., and Bosma, R., *J. Tribology, trans. ASME*, 109 (1987) 437.
(19) Evans, H.P. and Snidle, R.W., *Proc. Roy. Soc. London*, A 382 (1982) 183.
(20) Wymer, D.G. and Cameron, A., *Proc. Inst. Mech. Eng.*, 188 (1974) 221.
(21) 日本潤滑学会編，潤滑ハンドブック，養賢堂(1987)110.
(22) Johnson, K.L.: *J. Mech. Eng. Sci.*, 12, 1 (1970) 9.
(23) Brewe, D.E., Hamrock, J.J. and Taylor, C.M., *J. Lubric. Tec., Trans. ASME*, 101, 2 (1979) 231.
(24) Hooke, C.J., *J. Mech. Eng. Sci.*, 19, 4 (1977) 149.
(25) Hamrock, B.J., and Dowson, D., *Ball Bearing Lubrication*, John Wily & Sons, (1981).
(26) Houpert, L., *J. Tribology, Trans. ASME*, 106, 3 (1984) 375.
(27) Hirano, F., Kuwano, N. and Ohno, N., *Proc. Jpn Int. Tribology Conf*. Nagoya,

(1990) 1629.
(28) Ohno, N., Kuwano, N. and Hirano, F., *Proc. 20 th Leads-Lyon Sumpo. Tribology* Elsevier（1994）507.
(28′) 大野信義，トライボロジスト，43，6（1998）462.
(29) Ausherman, V.K. et al., *J. Lubric. Tech., Trans, ASME*, 98, 2（1976）236.
(30) Johnson, K.L. & Tevaarwerk, J.L., *Proc. Roy. Soc. London*, A 356（1977）215.
(31) S. Glasstone, J.J. Laidler and H. Eyring, *The Theroy of Rate Processes*, McGraw-Hill（1941）.
(32) Evans, C.R. and Johnson, K.L., *Proc. Inst. Mech. Eng*, 200, C 5（1986）303 ; 313.
(33) Reiner, M., *Deformation on Strain and Flow*, Lewis（1969）158.
(34) Johnson, K.L., *Proc. 5th Leeds-Lyon Symp. on Tribology*,（1978）155.
(35) Tabor, D., *Microscopic aspects of adhesion and lubrication*, Edited by J.M. Georges, Elsevier Scientific Publish. Co.,（1982）651.
(36) Bair, S. and Winer, W.D., *J. Lub. Trans. ASME*, 101（1979）251.
(37) 大野信義，桑野則行，平野冨士夫，潤滑，33，12（1988）922 ; 929.
(38) 大野信義，桑野則行，平野冨士夫，トライボロジスト，38，10（1993）927.
(39) 坪内俊之，阿部和明，畑一志，トライボロジスト，39，3（1994）242.
(40) 理化学辞典第4版，岩波書店(1987) 585.
(41) 平野冨士夫，桑野則行，大野信義，日本トライボロジー学会，トライボロジー会議予稿集，東京 1993-5(1993) 287.
(42) Wolveridge, P.E., Baglin, K.P. and Archard J.F., *Proc. I. Mech. E.*, 185（1970/71）1159.
(43) Wedeven, L.D., Evans, D. & Cameron, A. : *J. Lub. Tech. Trans. ASME.*, 93（1971）349.
(44) Hamrock, B.J. & Dowson, D. : *J. Lub. Tech., Trans. ASME.*, 99（1977）15.
(45) 相原了，Dowson, D.，潤滑，25，4，(1980) 254 ; 25, 6(1980) 379.
(46) Dowson, D., Saman, W.Y. and Toyoda, *Proc. 5th Leeds-Lyon Symp.*（1978）92.
(47) Christensen, H., *Proc. Roy. Soc. London*, A 291（1966）520.
(48) Lee, K.M. and Cheng, H.S., *J. Lub. Tech., Trans. ASME*, 95（1973）308.
(49) 西川宏志，半田孝太郎，手嶋邦治，松田健次，兼田楨宏，日本機械学会論文集，C，561，(1993) 1496.
(50) Dowson, D. and Wang, D., *Proc. 21st Leeds-Lyon Symp.*（1995）565.
(51) Petrouseviych, A.I., et. al., *Wear*, 19（1972）369.
(52) 西川宏志，半田孝太郎，兼田楨宏，日本機械学会論文集，C，550，(1992) 1911.
(53) 大野信義，桑野則行，平野冨士夫，潤滑，32，7，(1987) 497.

(54) Cann, P.M.E., *Proc. 22nd Leeds-Lyon Symp.*, (1995) 573.
(55) Astrom, H. et al., *J. Tribology, Trans. ASME*, 115 (1993) 501.
(56) Herrebrugh, K., *J. Lub. Tech., Trans. ASME*, 90 (1968) 262.
(57) Gaman, I.D.C., Higginson, G.R. and Norman, R., *Wear*, 28 (1974) 345.
(58) Blok, H., *Proc. Int. Symp. on Lubrication & Wear*, Houston. Texas (1963).
(59) 兼田楨宏, トライボロジスト, 38, 10 (1993) 890.
(60) Hirano, F., *Proc. 3rd Int. Conf. Fluid Sealing* (1967) F 1.

# 6章　流体潤滑下における表面粗さの影響
## effect of surface roughness on hydrodynamic lubrication films

　最小油膜厚さと粗さの最大高さとが同程度になると，突起同志の直接接触，すなわち**突起間干渉**(asperity interaction)の頻度が高くなるために，種々の表面損傷が発生する危険性が著しく増大する．一方，突起間干渉は，突起部での微視的尺度でのくさび作用による油膜圧力の発生をもたらし，突起干渉部での吸着膜・化学反応膜の破断は，この微視的に形成された油膜によって阻止されることも考えられる．

　そこで，表面粗さが流体膜に及ぼす影響を把握・究明することは，機械要素の信頼性の向上や表面損傷の防止を図るためには必要不可欠になる．しかし，このような領域での表面粗さの影響を論ずるには，2章，3章で示した粗さの分布状態と接触問題，接線力の効果，突起干渉に起因する熱的不安定現象，さらには流体の粘弾性的挙動，界面物理化学的作用など多くの問題を総合して取り扱うことが必要となる．本章では，巨視的な流体潤滑効果の存在する状態下での，表面粗さと流体潤滑膜形成の関係を中心に説明する．

## 6・1　表面粗さの取扱い方法

### 6・1・1　Reynolds 粗さと Stokes 粗さ

　油膜厚さ $h$ が粗さの平均波長 $\lambda$ に比べて比較的大きく ($h/\lambda > 0.2$)[1]，すき間内の流れが運動方向に平行に近い場合には，流体の運動は Reynolds の方程式によって記述できる．このような粗さを **Reynolds 粗さ**という．一方，$h/\lambda$ が小さくなると，粗さ間の油膜内に再循環流が発生し，低 Reynolds 数の流れに対する低粘性流としての Stokes の式を適用しなければならない．このような粗さを **Stokes 粗さ**[2]という．粗さの最大高さ $R_z(R_{max})$ が平均膜厚と同程度の場合も，Stokes 粗さの取扱いを必要とする．

### 6・1・2 確率論的取扱いと決定論的取扱い

現実の表面粗さは確率過程的(stochastic)あるいはランダムな性格を持つので，その理論的取扱いは確率論的あるいは統計的手法を用いざるを得ない．このアプローチを**確率論的取扱い**という．しかし，この手法では，粗さが油膜あるいは圧力に与える平均的影響を知ることができるものの，圧力および油膜の局所的変動に関する情報を得ることはできない．同様なことは，特別な工夫をしない限り，現実の粗さをもつ摩擦面を用いた実験においてもいえることである．

逆に，表面粗さが油膜あるいは圧力分布に与える局所的影響を明らかにしようとすれば，突起形状を正確に知る必要があり，表面粗さを決定論的に取扱わざるを得ない．しかし，実際の表面粗さを決定論的に取扱うことは，粗さの数学的モデルの作製のみならず，微視的尺度でのキャビテーションの発生を考慮した境界条件の設定など数々の問題を考慮しなければならないため，きわめて困難な課題となる．この問題の本質を究明する一過程として，粗さが油膜あるいは圧力分布に与える局所的影響を，仮想的なモデル粗さまたは実際の粗さ曲線を用いて，解析的にあるいは実験的に明らかにしようとするアプローチを**決定論的取扱い**という．

## 6・2 流体潤滑と表面粗さ

確率論的取扱いにおいては，膜形状 $H$ を

$$H(x, y, t) = h(x, y, t) + \delta_1(x - u_1 t, y) + \delta_2(x - u_2 t, y) \tag{6・1}$$

のように，平均成分 $h$ とランダム成分 $\delta_1$, $\delta_2$ に分け，これを Reynolds の式

$$\frac{\partial}{\partial x}\left(\frac{H^3}{12\eta}\frac{\partial p}{\partial x}\right) + \frac{\partial}{\partial y}\left(\frac{H^3}{12\eta}\frac{\partial p}{\partial y}\right) = \frac{u_1 + u_2}{2}\frac{\partial H}{\partial x} + \frac{\partial H}{\partial t} \tag{6・2}$$

に代入して潤滑特性を議論する．

いま，$\bar{u} = (u_1 + u_2)/2$ として式(6・2)の期待値〔$E(\ )$で表示〕をとれば，

$$\frac{\partial}{\partial x}E\left(H^3\frac{\partial p}{\partial x}\right) + \frac{\partial}{\partial y}E\left(H^3\frac{\partial p}{\partial y}\right)$$
$$= 12\eta\bar{u}\frac{\partial}{\partial x}E(H) + 12\eta\frac{\partial}{\partial t}E(H) \tag{6・3}$$

となる．この際，式(6・3)の $E(H^3 \partial p/\partial x)$ などの項から，$E(H^3)$，$E(\partial p/\partial x)$ のように油膜形状と圧力を分離する方法として，Christensen の仮定[3]による方法と平均

流モデルによる方法[4]などがある．

## 6・2・1　Christensenの方法

Christensen[3]は一次元粗さが潤滑特性に及ぼす影響を取り扱うに際し，粗さ方向$s$においては$\frac{\partial p}{\partial s}$が，粗さに直角方向$n$においては単位幅当りの流れ$q_n = \hat{u}_n H - \frac{H^3}{12\eta}\frac{\partial p}{\partial n}$が，ランダムでない確率変数（分散が0または無視できる）であると仮定した．この場合には，近似的に，$\partial p/\partial s$と$H^3$および$q_n$と$H^3$はそれぞれ統計的に独立であるとして取扱うことができる．ここで，$E(p) = \bar{p}$とすれば，

$$E(q_s) = \hat{u}_s E(H) - \frac{E(H^3)}{12\eta}\frac{\partial \bar{p}}{\partial s} \tag{6・4}$$

$$E(q_n H^{-3}) = E(q_n)E(H^{-3}) = \hat{u}_n E(H^{-2}) - \frac{1}{12\eta}\frac{\partial \bar{p}}{\partial n} \tag{6・5}$$

となる．

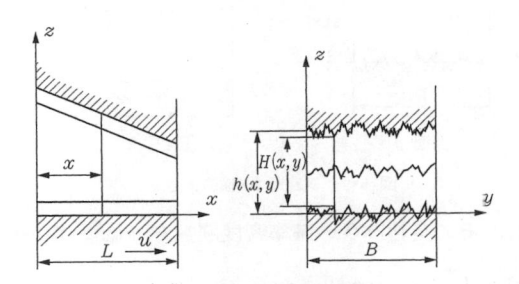

図 6・1　平行粗さ（縦方向粗さ）

したがって，粗さが流体の流れ方向に平行である**平行粗さ**(longitudinal roughness)の場合（図6・1）のレイノルズ方程式は

$$\frac{\partial}{\partial x}\left[E(H^3)\frac{\partial \bar{p}}{\partial x}\right] + \frac{\partial}{\partial y}\left[\frac{1}{E(H^{-3})}\frac{\partial \bar{p}}{\partial y}\right]$$

$$= 12\eta\hat{u}\frac{\partial}{\partial x}E(H) + 12\eta\frac{\partial}{\partial t}E(H) \tag{6・6}$$

流量は

$$E(q_x) = \hat{u}E(H) - \frac{E(H^3)}{12\eta}\frac{\partial \bar{p}}{\partial x},$$

$$E(q_y) = -\frac{1}{12\eta}\frac{\partial \bar{p}}{\partial y}\frac{1}{E(H^{-3})} \tag{6・7}$$

となる．

また，粗さの方向が，流体の運動方向に直交する**直交粗さ**（transverse roughness）（図6・2）の場合には，

$$\frac{\partial}{\partial y}\left[E(H^3)\frac{\partial \bar{p}}{\partial y}\right]+\frac{\partial}{\partial x}\left[\frac{\partial \bar{p}}{\partial x}\frac{1}{E(H^{-3})}\right]$$
$$=12\eta\hat{u}\frac{\partial}{\partial x}\frac{E(H^{-2})}{E(H^{-3})}+12\eta\frac{\partial}{\partial t}E(H) \tag{6・8}$$

$$E(q_x)=\hat{u}\frac{E(H^{-2})}{E(H^{-3})}-\frac{1}{12\eta E(H^{-3})}\frac{\partial \bar{p}}{\partial x},\quad E(q_y)=-\frac{E(H^3)}{12\eta}\frac{\partial \bar{p}}{\partial y} \tag{6・9}$$

のようになる．

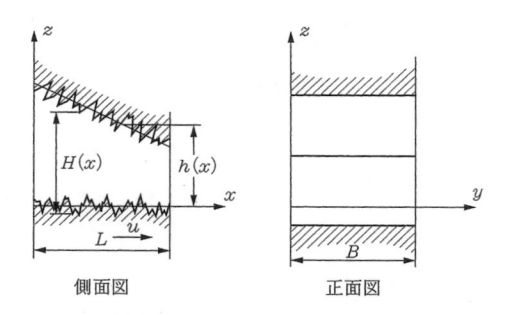

図 6・2 直交粗さ（横方向粗さ）

なお，$\delta=z$ とし，その突起高さの確率密度関数を $\phi(z)$，標準偏差を $\sigma$ とすれば

$$E(H^m)=\int_{-\infty}^{\infty}(h+z)^m\phi(z)\,dz$$
$$=h^m\int_{-\infty}^{\infty}\phi(z)\,dz+mh^{m-1}\int_{-\infty}^{\infty}z\phi(z)\,dz+\frac{m(m-1)}{2}h^{m-2}\int_{-\infty}^{\infty}z^2\phi(z)\,dz$$
$$+\cdots+{}_mC_r h^{m-r}\int_{-\infty}^{\infty}z^r\phi(z)\,dz$$

$$\int_{-\infty}^{\infty}\phi(z)\,dz=1,\quad \int_{-\infty}^{\infty}z\phi(z)\,dz=0,\quad \int_{-\infty}^{\infty}z^2\phi(z)\,dz=\sigma^2,\quad \int_{-\infty}^{\infty}z^3\phi(z)\,dz=\sigma^3 S_k$$

であるので，

$$E(H)=h(x,y,t),\quad E(H^2)=h^2+\sigma^2,\quad E(H^3)=h^3+\sigma^2(3h+S_k\sigma)$$

となる．これらを用いて無限幅軸受の特性を求めると，表面粗さの影響は表6・1のようになる．なお，実験的には，焼付き耐圧は直交粗さの方が平行粗さよりも大きいことが知られている[6]．

## 6・2・2 平均流モデル

Patir-Cheng によって導出された平均流モデル[4][5]は，二次元粗さを取り扱うことが可能である(図6・3)．いま，充分な数の突起を含むが，軸受面と比較すれば充分に小さい微小領域(以下，control volume と呼ぶ)を考える．この control volume を流れる単位幅当たりの流量

$$q_x = -\frac{H^3}{12\eta}\frac{\partial p}{\partial x} + \frac{u_1+u_2}{2}H,$$

$$q_y = -\frac{H^3}{12\eta}\frac{\partial p}{\partial y}$$

はランダムに変化するので，それらの期待値(平均値)を**圧力流量係数** $\phi_x$, $\phi_y$, **せん断流量係数** $\phi_s$ を用いて次のように定義する．

表 6・1 軸受特性に及ぼす表面粗さの影響

| 軸受特性 | 平行粗さ | 直交粗さ |
|---|---|---|
| 負荷能力 | 少し減少 | 大きく増加 |
| 流量 | 少し増加 | 大きく減少 |
| 摩擦抵抗 | 僅かに増加 | 大きく増加 |
| 摩擦係数 | 大きく増加 | 大きく減少 |
| 温度上昇 | 僅かに増加 | 非常に大きく増加 |

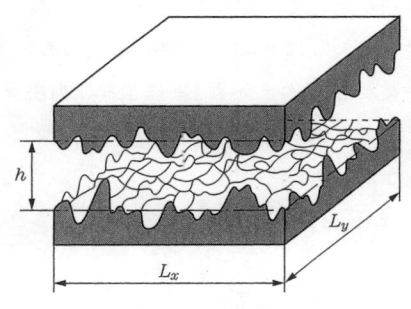

図 6・3 二次元粗さ

$$\bar{q}_x = -\phi_x \frac{h^3}{12\eta}\frac{\partial \bar{p}}{\partial x} + \frac{u_1+u_2}{2}\bar{H} + \frac{u_1-u_2}{2}\sigma\phi_s$$

$$\bar{q}_y = -\phi_y \frac{h^3}{12\eta}\frac{\partial \bar{p}}{\partial y} \tag{6・10}$$

ここに，$\sigma = \sqrt{\sigma_1^2 + \sigma_2^2}$ は合成表面粗さ ($\sigma_1$, $\sigma_2$ は両粗面の標準偏差)，$\bar{p}$ は平均圧力であり，平均油膜厚さ $\bar{H}$ は，接触点では $H=0$ なので，

$$\bar{H} = \int_{-h}^{\infty} H\phi(z)\,dz$$

となる．すなわち，圧力流量係数は粗面の平均圧力流れと平滑面のそれとの比であり，せん断流量係数は粗面が移動することによる付加的流れに関するものである．

control volume 内での平均流量に関して連続の式が成立するので，

$$\frac{\partial \bar{q}_x}{\partial x} + \frac{\partial \bar{q}_y}{\partial y} + \frac{\partial \bar{H}}{\partial t} = 0 \tag{6・11}$$

したがって，Reynolds 方程式は次のようになる．

$$\frac{\partial}{\partial x}\left(\phi_x \frac{h^3}{12\eta}\frac{\partial \bar{p}}{\partial x}\right) + \frac{\partial}{\partial y}\left(\phi_y \frac{h^3}{12\eta}\frac{\partial \bar{p}}{\partial y}\right)$$

$$= \frac{u_1+u_2}{2}\frac{\partial \overline{H}}{\partial x} + \frac{u_1-u_2}{2}\sigma\frac{\partial \phi_s}{\partial x} + \frac{\partial \overline{H}}{\partial t} \quad (6\cdot12)$$

無論，$\Lambda = h/\sigma \to \infty$ のとき，$\phi_x$，$\phi_y \to 1$，$\phi_s \to 0$ である．

さて，図6・4は粗さと 2・2・4 で定義した方向性パラメータ $\chi_*$ との関係を模式的に表したものである．図内の破線は流体の流れの状態を示している．

$\phi_x$，$\phi_y$ は control volume 内において，$u_1 = u_2 = U$，$h = $一定とし，適当な圧力境界条件のもとに式(6・2)を解くことによって求めることができる*．このとき，式(6・2)の右辺は式(6・1)を代入することによって

$$U\frac{\partial H}{\partial x} + \frac{\partial H}{\partial t}$$
$$= U\frac{\partial(\delta_1+\delta_2)}{\partial x} + \frac{\partial(\delta_1+\delta_2)}{\partial t}$$

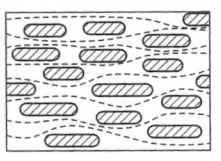

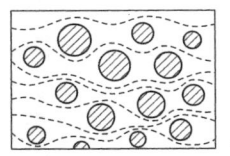

$\chi_* > 1$　平行粗さ

$\chi_* = 1$　等方性粗さ

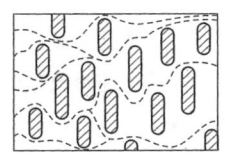

$\chi_* < 1$　直交粗さ

図 6・4　表面粗さと方向性パラメータ[4]

となるが，

$$\partial\delta_1/\partial t = -U\partial\delta_1/\partial x, \quad \partial\delta_2/\partial t = -U\partial\delta_2/\partial x$$

であるので，この式は 0 となる．したがって，式(6・2)は

$$\frac{\partial}{\partial x}\left(\frac{H^3}{12\eta}\frac{\partial p}{\partial x}\right) + \frac{\partial}{\partial y}\left(\frac{H^3}{12\eta}\frac{\partial p}{\partial y}\right) = 0 \quad (6\cdot13)$$

となる．$\phi_x$，$\phi_y$ は粗さの方向性パラメータ $\chi_*$ (2・4節参照) を固定して，$\delta_1$ および $\delta_2$ にランダムな値を幾組か与え，式(6・13)を差分法で解き，

$$\phi_x = \frac{1}{L_x}\int_y^{y+\Delta y}\left(\frac{H^3}{12\eta}\frac{\partial p}{\partial x}\right)dy \Big/ \frac{h^3}{12\eta}\overline{\frac{\partial p}{\partial x}}, \quad \overline{\frac{\partial p}{\partial x}} = \frac{p_A - p_B}{L_x} \quad (6\cdot14\text{ a})$$

$$\phi_y = \frac{1}{L_x}\int_x^{x+\Delta x}\left(\frac{H^3}{12\eta}\frac{\partial p}{\partial y}\right)dx \Big/ \frac{h^3}{12\eta}\overline{\frac{\partial p}{\partial y}} \quad (6\cdot14\text{ b})$$

を計算し，得られた値の平均値として求めることができる．

また，$\phi_s$ は $u_1 = -u_2 = U_s/2$，$h = $一定として，2面間に極めて微小な滑りを与え

---

＊　境界条件：$x = 0$ で $p = p_A$，$x = L_x$ で，$p = p_B$，$y = 0$，および $y = L_y$ で $\partial p/\partial y = 0$，接触部での流体の流れはない．

た場合の式(6・2)の差分解より求めることができる．すなわち，2面が滑らかであるなら流量は0であるが，粗さが存在すれば突起間の谷部に存在する流体が2面間の相対運動に伴い流動するので，$\phi_s$は次式から計算できる．

$$\phi_s = \frac{2}{U_s \sigma}\, \bar{q}_x = \frac{2}{U_s \sigma} E\left(-\frac{H^3}{12\eta}\frac{\partial p}{\partial x}\right)$$

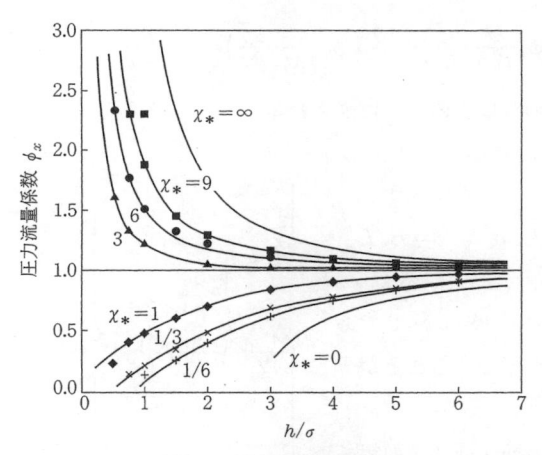

図 6・5　圧力流量係数[5]

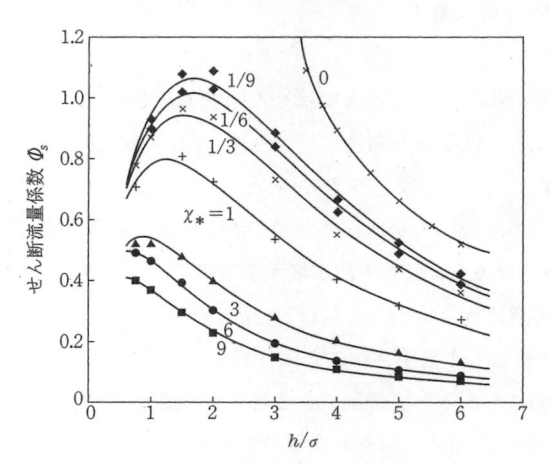

図 6・6　せん断流量係数[5]
$\Phi_s$：表面2が平滑な場合の$\phi_s$
$$\phi_s = \left(\frac{\sigma_1}{\sigma}\right)^2 \Phi_s\left(\frac{h}{\sigma}, \chi_{*1}\right) - \left(\frac{\sigma_2}{\sigma}\right)^2 \Phi_s\left(\frac{h}{\sigma}, \chi_{*2}\right)$$

$$= \frac{2}{U_s \sigma}\left[\frac{1}{L_x L_y}\int_0^{L_x}\int_0^{L_x}\left(-\frac{H^3}{12\eta}\frac{\partial \bar{p}}{\partial x}\right)dxdy\right] \quad (6\cdot15)$$

図 6・5 および図 6・6 は，このようにして計算された圧力流量係数とせん断流量係数を示したものである．

例として，以下，有限幅傾斜平面軸受(平均最小膜厚 $h_0$，傾き $m$，軸受長さ $L$)(図 6・7)を考える．$u_1=U$，$u_2=0$ とすれば，Reynolds の式は

$$\frac{\partial}{\partial x}\left(\phi_x\frac{h^3}{12\eta}\frac{\partial \bar{p}}{\partial x}\right)+\frac{\partial}{\partial y}\left(\phi_y\frac{h^3}{12\eta}\frac{\partial \bar{p}}{\partial y}\right)=\frac{U}{2}\frac{\partial \bar{H}}{\partial x}+\frac{U}{2}\sigma\frac{\partial \phi_s}{\partial x} \quad (6\cdot16)$$

となり，平均膜形状は次のように表される．

$$h(x,y)=h_0+m(L-x) \quad (6\cdot17)$$

なお，以下の無次元量を導入する．

$$H_0=h_0/\sigma, \quad v=B/L$$

式(6・16)から，$\phi_x$ あるいは $\phi_y$ が小さくなるほど，$\partial \phi_s/\partial x<0$ であるほど負荷容量が増加することが分かる．

図 6・8 は，両表面が同じ表面粗さを持つときの平均負荷容量 $\bar{W}$ を示したものである*．

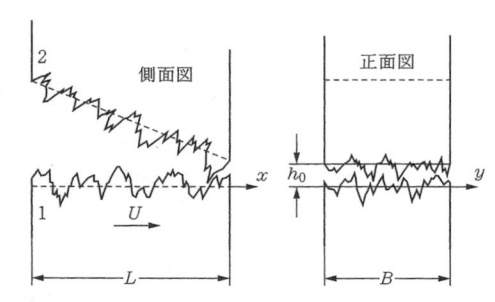

図 6・7 有限幅傾斜平面軸受

両表面が同じ表面粗さを持つ場合にはせん断流量係数は 0 であるので，圧力流量係数が支配的となる．粗さの方向性パラメータ $\chi_*$ は，軸受幅/長さ比 $v$ に依存するものの，負荷容量に大きい影響を与えている．すなわち，$v$ が大きい場合には側方漏れが無視できるため，流体のせき止め効果の大きい直交粗さが最高の負荷容量を与えるが，$v$ が小さくなると，側方漏れが増大するので，その漏れを抑制しやすい平行粗さの方が負荷容量は大きくなる．しかし，$v=0.25$ の場合の負荷容量の値は，$v=5$ の場合の値と比較して 1 桁小さいことに注意すべきである．正方形の軸受($v=1$)では，どちらの流れもある程度抑制できる等方性粗さの負荷容量が最大になる．

図 6・9 は，一方の表面粗さが滑らかな場合の平均負荷容量を示したものである．こ

---

\* 平均負荷容量 $\bar{W}=\frac{\bar{w}h_0^2}{6\eta UL^2}$，$\bar{w}$ は単位幅当たりの平均負荷容量(発生流体力)

6・2 流体潤滑と表面粗さ

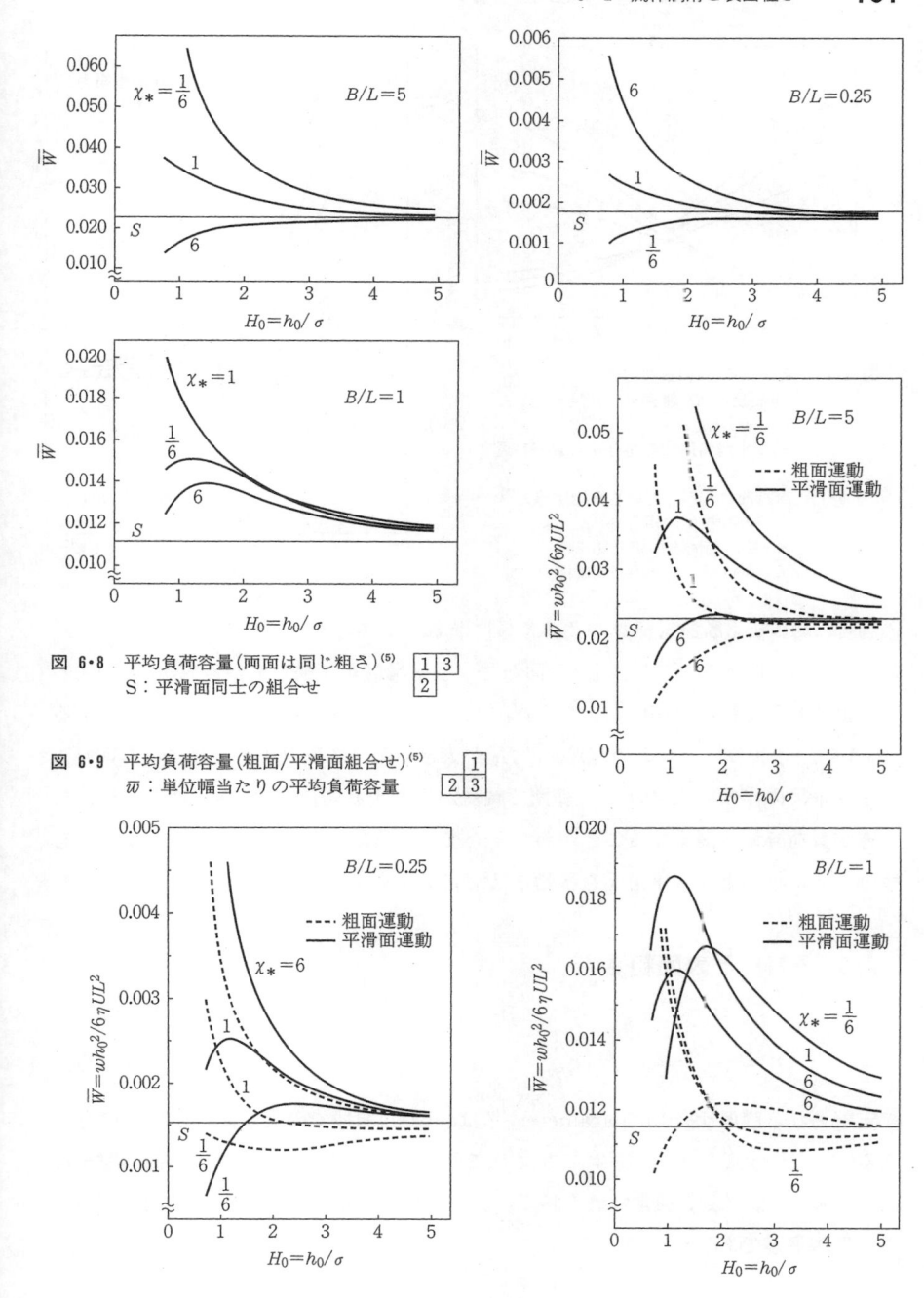

**図 6・8** 平均負荷容量(両面は同じ粗さ)[5]
S:平滑面同士の組合せ

**図 6・9** 平均負荷容量(粗面/平滑面組合せ)[5]
$\bar{w}$:単位幅当たりの平均負荷容量

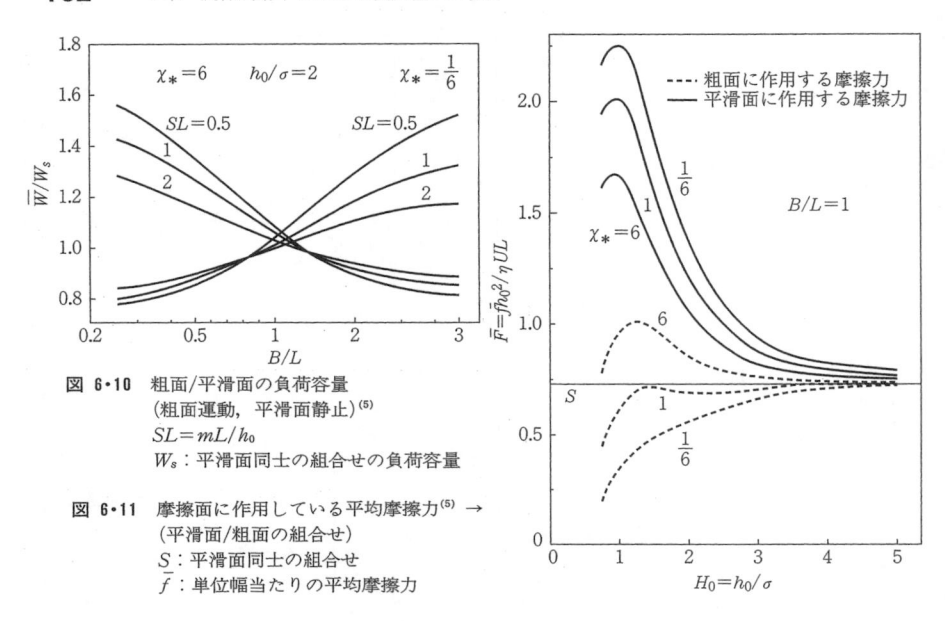

**図 6・10** 粗面/平滑面の負荷容量[5]
(粗面運動，平滑面静止)
$SL=mL/h_0$
$W_s$：平滑面同士の組合せの負荷容量

**図 6・11** 摩擦面に作用している平均摩擦力[5] →
(平滑面/粗面の組合せ)
$S$：平滑面同士の組合せ
$\bar{f}$：単位幅当たりの平均摩擦力

の場合には，せん断流量係数が負荷容量に顕著な影響をもたらしている．すなわち，$H_0>1.5$ の範囲においては，粗い表面が静止し平滑面が運動している方が，その逆の場合よりも負荷容量が高い．また，$H_0<1.5$ では全く逆の関係にあることが分かる（図6・9）．つまり，これらの図から，$H_0$ が大きい範囲で作動する軸受では，運動面をより平滑に作り，$H_0$ の小さい範囲で軸受が作動する場合には，静止面を平滑にした方が負荷容量が高くなることがわかる．また，運動面に作用する摩擦力は粗面を移動させた場合よりも平滑面を移動させた方が高くなる（図6・11）．

## 6・3　EHL と表面粗さ

$$\Lambda = \frac{h_0}{\sqrt{\sigma_1^2+\sigma_2^2}} \tag{6・18}$$

で定義される**膜厚比**(film parameter)[6]は，EHL 領域での突起間干渉の程度を与えるパラメータとして一般的に使用されている．ここで，$h_0$ は接触中央部膜厚または最小膜厚であるが，通常は最小膜厚が採用されている．$\sigma_1$ および $\sigma_2$ は両表面の粗さの標準偏差である．

図6・12は，EHL 理論における表面粗さの取り扱い方法を示したものである．$\Lambda>3$ の領域では，表面粗さの影響はほとんど無視できるが，$\Lambda<3$ では，突起間の直接接触，すなわち突起間干渉が起こり始める．このような領域を**部分 EHL**(partial EHL，**6・3・2** 参照)と呼ぶ．歯車や転がり軸受におけるピッチング，フレーキング等の転がり疲れに対する接触面の耐圧設計式は，平滑面同士が弾性的に接触するときのヘルツの接触理論を基礎にしている．つまり，突起接触を伴う部分 EHL 状態下での転がり疲労寿命の低下を解明するためには，巨視的ヘルツ接触応力場の考慮に加えて，表面粗さ突起の接触による表層での微視的応力の上昇を考慮せねばならない(**8・3・2** 参照)．このためには，表面粗さによる油膜や油膜圧力分布の局所的挙動の把握が重要になる．このような微視的尺度での EHL を，**マイクロ EHL**(micro EHL)という．

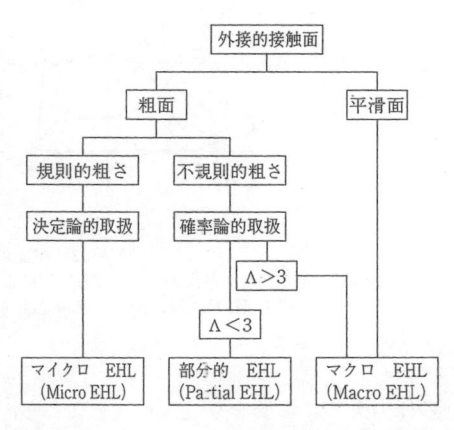

図 **6・12** EHL における表面粗さの取扱い方法

## 6・3・1 膜厚比の妥当性[7]

外接的接触をする粗面同士が潤滑下で運動するときの圧力は，突起接触圧力 $p_a$ と EHL 膜による圧力 $p_f$ の和

$$p = p_a + p_f \tag{6・19}$$

と考えることができる．

表面粗さの存在が，接触入口側のくさび作用による圧力発生に大きい影響を与えないと仮定するならば，$p_f$ は次式で求めることができる．

$$\left. \begin{array}{l} e^{-\alpha p_f} \dfrac{dp_f}{dx} = 12\eta_0 U \dfrac{h - h_m}{h^3} \\[2mm] h(x) = h_0 + \dfrac{x^2}{2R} - \dfrac{4}{\pi E} \displaystyle\int_{-s_1}^{s_2} p(\xi) \ln|x - \xi| d\xi \\[2mm] W = \displaystyle\int_{-s_1}^{s_2} p(x)\, dx \end{array} \right\} \tag{6・20}$$

EHL 膜厚は主として入口側形状によってのみ決定されるので，突起の存在が接触域

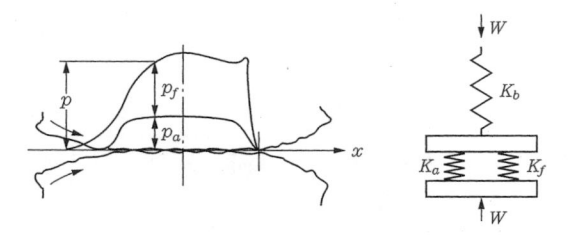

**図 6・13** 粗面の EHL モデル[7]
$p_a$：突起接触圧力　$p_f$：EHL 膜による圧力　$K_a$：突起部の合成ばね定数
$K_f$：EHL 膜のばね定数　$K_b$：接触部の合成ばね定数

の圧力分布に影響を与えない，すなわち，図 6・13 に示すように，突起接触圧力は全圧力 $p$ の分布を殆ど変えないと仮定する．つまり，接触域では $p_a$ の存在によっても $p_f$ は全圧力 $p$ と相似に変化すると仮定して

$$p(x) = \lambda p_f(x) \qquad (\lambda \geq 1) \tag{6・21}$$

とおき，式(6・21)を式(6・20)に代入すれば，

$$h(x) = h_0 + \frac{x^2}{2R} - \frac{4\lambda}{\pi E}\int_{-s_1}^{s_2} p_f(\xi)\ln|x-\xi|d\xi, \qquad W = \lambda\int_{-s_1}^{s_2} p_f(x)\,dx$$

となる．ここで，$E$ を $E/\lambda$，$W$ を $W/\lambda$ とみなせば，平滑面の結果が粗面に対しても使用可能となる．

EHL に関する無次元数に関して，添字 ₀ は平滑面，￣ は粗面に対するものとすれば，

$$\begin{aligned}
\frac{\bar{G}}{G_0} &= \frac{\alpha E/\lambda}{\alpha E} = \frac{1}{\lambda}, \\
\frac{\bar{U}}{U_0} &= \frac{\eta_0 U}{(E/\lambda)R} \Big/ \frac{\eta_0 U}{ER} = \lambda, \\
\frac{\bar{W}}{W_0} &= \frac{W/\lambda}{(E/\lambda)RL} \Big/ \frac{W}{ERL} = 1
\end{aligned} \tag{6・22}$$

となるので，式(5・29)から

$$\frac{\bar{h}}{h_0} = \left(\frac{\bar{U}}{U_0}\right)^{0.7}\left(\frac{\bar{G}}{G_0}\right)^{0.54} = \lambda^{0.7}\lambda^{-0.54} = \lambda^{0.16} \tag{6・23}$$

となる．すなわち，全圧力に対する流体圧力の比は，平滑面同士の場合の膜厚 $h_0$ とそれと同じ作動条件での粗面同士の平均膜厚 $\bar{h}$ との比の関数として，式(6・23)より次のように表される．

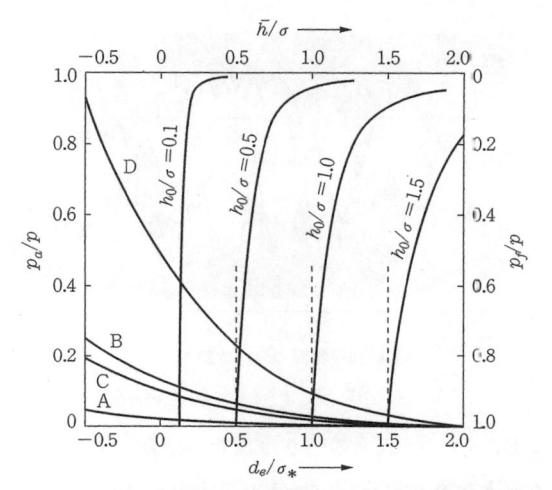

**図 6・14** 粗面接触における突起及び EHL 膜の荷重分担率[7]
A：$\sigma = 5\times10^{-5}$ mm, $E/p=170$　　B：$\sigma = 5\times10^{-5}$ mm, $E/p=660$
C：$\sigma = 25\times10^{-5}$ mm, $E/p=170$　　D：$\sigma = 25\times10^{-5}$ mm, $E/p=660$

$$\frac{p_f}{p}=\frac{1}{\lambda}=\left(\frac{h_0}{\bar{h}}\right)^{6.3} \tag{6・24}$$

この結果を図 6・14 に示す．EHL 膜の剛性は，$\bar{h}$ が大きくない場合には極めて高いことが理解される．

突起の分担圧力 $p_a$ は，式(2・67)から

$$p_a=\frac{2}{3}E(\eta\beta\sigma_*)(\sigma_*/\beta)^{1/2}F_{3/2}(d_e/\sigma_*) \tag{6・25}$$

である．$p_a/p$ の値の $d_e/\sigma_*$ に対する変化を図 6・14 に示す（但し，$\sigma$ を $\sigma_*$ とみなし，$\eta\beta\sigma_*=0.05$ とした）．この図から，突起の剛性は $d_e$ が大きいほど，すなわち 2 面間の分離程度が大きいほど，小さくなることが分かる．

ところで，$p_a/p$ は $d_e/\sigma_*$ の関数であり，$p_f/p$ は $h_0/\bar{h}$ の関数であるので，両者を同じ土俵で比較するためには，これらの関係を結び付ける必要がある．まず，式(2・79), (2・81), (2・82)から

$$\frac{d_e}{\sigma_*}=1.4\frac{b}{\sigma}-0.9 \tag{6・26}$$

また，流体部分の面積は図 6・15 から

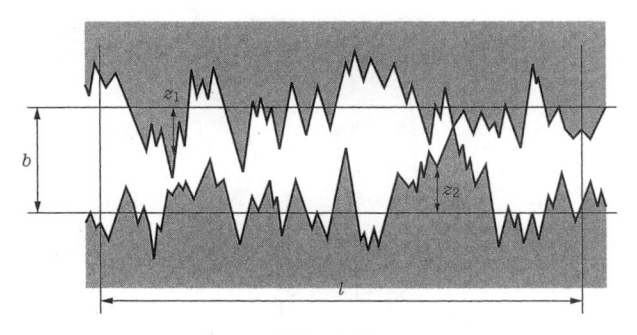

**図 6・15** 粗面の分離状態モデル

$$\bar{h}l = \int_0^l \langle b-(z_1+z_2)\rangle dx = l\int_{-\infty}^b (b-z)\phi(z)dz$$

と表示される．なお，⟨ ⟩は両面の粗さが重なる場合，すなわち⟨ ⟩内が負になる場合を除外することを意味する．$z=z_1+z_2$ であり，$\phi(z)$ は合成表面粗さ分布の確率密度関数である．したがって，粗面間の平均膜厚は

$$\bar{h} = \int_{-\infty}^{\infty}(b-z)\phi(z)dz - \int_b^{\infty}(b-z)\phi(z)dz$$

となる．ここで，$\phi(z)$ を標準偏差 $\sigma$ をもつ正規分布とすれば，次式が導かれる．

$$\bar{h} = b + \sigma F_1(b/\sigma) \tag{6・27}$$

式(6・26)と式(6・27)を数値計算すれば，$b/\sigma > 1.5$ において，

$$\frac{b}{\sigma} \cong \frac{d_e}{\sigma_*} \cong \frac{\bar{h}}{\sigma} \tag{6・28}$$

の関係が成立し，$p_a/p$ と $p_f/p$ が $d_e/\sigma_* \cong \bar{h}/\sigma$ によって結合されることになる．

つまり，図6・14から $d_e/\sigma_* > 0$ の範囲(この範囲では本節の計算はほぼ正しい)では，EHL膜は突起よりも剛性が極めて高いことが分かる．また，$\bar{h}$ は $h_0$ よりもほんのわずか大きいが，ほとんど $h_0$ に等しいことも分かる．換言すれば，同じ条件のもとで比較すれば，両表面間の平均隙間 $b$ は平滑面の膜厚 $h_0$ にほぼ等しくなる．よって流体圧力の分担割合あるいは突起の直接接触による分担割合は，実質上平滑面を仮定して得られる膜厚 $h_0$ と合成粗さ $\sigma$ との比，すなわち膜厚比 $\Lambda = h_0/\sigma$ によって決まることになる．

さて，突起間干渉の個数，すなわち直接接触する接触点の数は，式(2・65)から

$$n = \eta A_0 F_0(d_e/\sigma_*) \cong \eta A_0 F_0(h_0/\sigma) \tag{6・29}$$

となる．ここに，$n$ はかなり小さいので，その分布はポアソン分布で与えられると仮

定すれば，非接触確率(非接触時間比)$\tau$は

$$\tau = e^{-n} \tag{6・30}$$

で表される．この結果を図6・16に示すが，実験結果とよく一致しており，

$\Lambda = h_0/\sigma < 1$ で $\tau = 0$：ほとんど常に接触

$\Lambda = h_0/\sigma > 3$ で $\tau = 1$：ほとんど常に分離

の結果を与える．

なお，油膜を通じて生じる突起間干渉によって突起に塑性変形が起こるとすれば，塑性変形する突起数は次式で与えられる〔式(2・74)参照〕．

$$n_P = \eta A_0 \int_{h_0+w_P}^{\infty} \zeta(z)\,dz = \eta A_0 F_0(h_0/\sigma + \delta_P/\sigma_*) \tag{6・31}$$

なお，$\delta_P/\sigma_* = 1/\psi^2 = 1/\{(\beta/\sigma_*)(2H/E)^2\}$ であるから，塑性変形する突起の数は，$h_0/\sigma$ と $\psi$ によって決定されることになる．これらの関係を図6・17に示す．軟らかい粗面($\psi$が大)では，$\delta_P/\sigma_*$ は $h_0/\sigma$ に比較して小さいので，塑性接触の場合は $h_0/\sigma$ によって主として規定される．一方，硬く粗さの小さい表面においては，$\psi$ が小さく，$\delta_P/\sigma_*$ が $h_0/\sigma$ に比較して大きいため，塑性接触の程度は小さく，膜厚にほとんど依存しない．

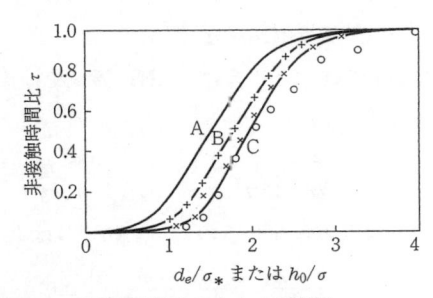

**図6・16** 非接触時間比と$h_0/\sigma$の関係[7]
(実線は見かけの接触面積を A$=0.058\,\text{mm}^2$，B$=0.090\,\text{mm}^2$，C$=0.134\,\text{mm}^2$とした場合の理論値)

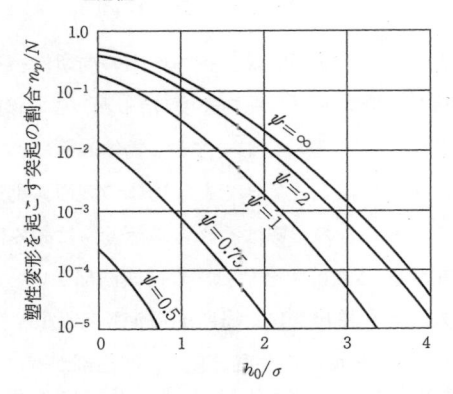

**図6・17** 塑性変形を生ずる突起割合と$h_0/\sigma$の関係[7]
塑性指数 $\psi \equiv \left(\dfrac{1}{2}\bar{E}/H\right)\sqrt{\sigma_*/\beta}$

### 6・3・2　部分EHL

部分EHLに関する理論解析は，Patir-Cheng[4][5]によって提唱された平均流モデル(**6・2・2**参照)と，接触に関するGreenwood-Tripp[8]モデル(**2・5・3**参照)を

EHL 問題に適用することによって解かれている[9][10]. その結果, **6・3・1** からも理解できるように, $\Lambda<3$ では表面粗さは EHL 膜厚に顕著な影響をもたらすこと, 少なくとも $\Lambda>0.5$ の範囲では突起による荷重分担割合は流体膜によるそれと比較して低いこと, $\sigma/\beta$ ($\sigma$：合成粗さ, $\beta$：突起の平均曲率半径)の増加は突起接触割合の増大をもたらすが, 膜厚にはほとんど影響を与えないこと, 流体膜による負荷容量は, 線接触および点接触の場合とも直交粗さの方が平行粗さよりも高く, 突起接触の割合はその逆に, 直交粗さの方が低いことなどが示された.

### 6・3・3 マイクロ EHL

滑り率 $\Sigma$ を以下のように定義する.

$$\Sigma = 2(u_1-u_2)/(u_1+u_2) \tag{6・32}$$

**5・2・1** で述べたように, EHL 領域では接触域内の粘度 $\eta$ はきわめて高いため, Reynolds の式

$$\frac{\partial}{\partial x}\left(\frac{\rho h^3}{12\eta}\frac{\partial p}{\partial x}\right)+\frac{\partial}{\partial y}\left(\frac{\rho h^3}{12\eta}\frac{\partial p}{\partial y}\right)=\frac{u_1+u_2}{2}\frac{\partial(\rho h)}{\partial x}+\frac{\partial(\rho h)}{\partial t} \tag{6・33}$$

の左辺は 0 とみなせるので, 式(6・33)は次のようになる.

$$\frac{u_1+u_2}{2}\frac{\partial(\rho h)}{\partial x}+\frac{\partial(\rho h)}{\partial t}\cong 0 \tag{6・34}$$

この偏微分方程式の一般解は

$$h\cong h\left(x-\frac{u_1+u_2}{2}t,\,y\right) \tag{6・35}$$

となる. 式(6・35)は, 接触域内の局所的膜形状は, 接触域内ではほぼその形状を保持し, 接触両面の平均速度 $(u_1+u_2)/2$ で移動することを示している. したがって, $\Sigma=0$(純転がり)においては, 物体表面に存在する突起やくぼみのような局所的凹凸が接触域に入ってきても, 物体の表面移動速度と同じ速度で接触域内を移動するので, それらの影響はそれらの極近傍にのみ限定されることになる. 一方, 滑りが存在する($\Sigma\neq 0$)場合には, 表面凹凸部がいったん接触域に入ってくると, 凹凸部の侵入により誘起された局所的な油膜変化(あるいは接触域に先在する局所的な油膜変化)の接触域内の移動速度は, 凹凸部が存在する表面の移動速度ではなく, 接触両面の平均速度にほぼ等しくなるので, 凹凸部を含めて接触表面の変形や形成油膜形状に大きい影響を与えることになる. 接触域周辺の膜厚は, 圧力流れ, すなわち, 側

(a)　　　　　　　　　　　(b)　　　　　　　　　　　(c)

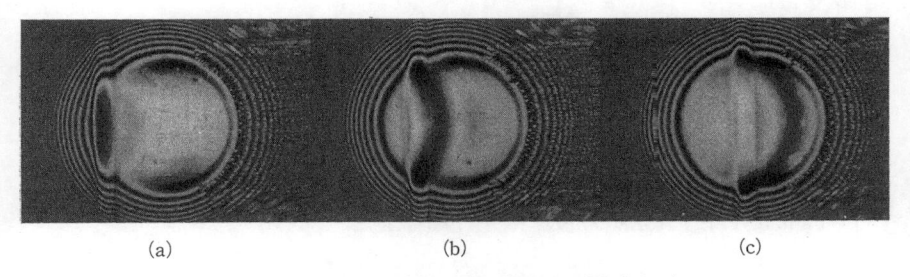

図 6・18　帯状突起移動に伴う油膜形状の変化($\Sigma=1$)

方漏れの影響を受けることはいうまでもない.

　図 6・18 は，平滑ガラス円板(表面速度 $u_1$)と鋼球(表面速度 $u_2$)で構成される点接触 EHL 膜の動的挙動を，光干渉法を利用して直接観察した結果である．鋼球表面には，運動方向と直角方向に最大高さ 0.2mm の帯状突起が付与されており，$\Sigma=1$ である．突起部の接触域侵入時に形成される薄膜部〔図 6・18(a)の黒色部分〕の運動方向幅は，$\Sigma$ が増大するほど大きくなるが，突起後縁部が接触域内に入った後は，その形状をほとんど変えることなく，ほぼ接触両面の平均速度で接触域内を移動している．すなわち，薄膜部は突起よりも速い速度で移動し，突起自身は押しつぶされ平坦化されている．

　このような局所的油膜変動は，必然的に油膜圧力の局所的変動を引き起こす．すなわち，平坦化された突起部での圧力は上昇し，薄膜部の圧力は低下する．計算機シミュレーションによって，突起部での圧力はヘルツ最大圧力の 1.5 倍以上に達することが報告されている[11]．上記の現象は $\Sigma<0$ の場合にも同じように発生する．ただし，この場合には，$\Sigma>0$ の場合とは逆に，突起の上流側へ薄膜部が移動していく．$\Sigma=0$ の場合には，突起が上流あるいは下流側油膜によって影響されることも，上下流側油膜に影響を与えることもない．すなわち，純転がり運動($\Sigma=0$)と滑りを伴った転がり運動($\Sigma\neq0$)では突起の変形量は相違し，前者の変形量の方が後者よりも小さく，圧力の上昇割合も低くなる[12]．これらの表面凹凸の影響に関しては，各種表面凹凸に対して実験理論の両面から研究が報告されているので[12]〜[18]参照されたい．なお，突起間の波長が短くなると，各突起がその上・下流側に与える上述したような影響は低下する．

## 〔参考文献〕

( 1 )  Elrod, H. G., *Trans. ASME*, F, 101 (1979) 8.
( 2 )  Sun, D. C. & Cheng, K. K., *Trans. ASME*, F, 99 (1977) 2
( 3 )  Christensen, H., *Proc. I. Mech. E.*, 184, Pt 1 (1969/70) 1013
( 4 )  Patir, N. & Cheng, H. S., *Trans. ASME*, F, 100, 1 (1978) 12
( 5 )  Patir, N. & Cheng, H. S., *Trans. ASME*, F, 101, 2 (1979) 220
( 6 )  Tallian, T. E.: *ASLE Trans.*, 10, 4 (1967) 418
( 7 )  Johnson, K. L., Greenwood, J. A. & Poon, S. Y., *Wear*, 19 (1972) 91
( 8 )  Greenwood, J. A. & Tripp, J. H., *Proc. I. Mech. E.*, 185 (1970/71) 625
( 9 )  Prakash, J. and Czichos, H., *J. Tribology, Trans. ASME*, 105 (1983) 591.
(10)  Zhu, Z. and Cheng, H. S., *J. Tribology, Trans. ASME*, 110 (1988) 32.
(11)  Venner, C. H. and Lubrecht, A. A., *J. Tribology, Trans. ASME*, 116 (1994) 751.
(12)  Kaneta, M. and Nishikawa, H., *J. Tribology, Trans. ASME*, 116 (1994) 635.
(13)  Kaneta, M., Kanada, T. and Nishikawa, H., *Proc. Leeds-Lyon Symp.* (1996) 69.
(14)  *Ai, X. and Cheng, H. S., J. Tribology, Trans. ASME*, 116 (1994) 549.
(15)  Kaneta, M. and Cameron. A., *J. Lub. Tech., Trans. ASME*, 102 (1980) 374.
(16)  Kaneta, M., Sakai, T. and Nishikawa, H., *Tribology Trans.*, 36, 4 (1993) 605.
(17)  Kaneta, M. and Nishikawa, H., *Proc. Int. Tribology Conf.*, Yokohama (1995) 1055.
(18)  Kaneta, M., *JSME Int. J.*, III, 4 (1992) 535.

# 7章 境 界 潤 滑
## boundary lubrication

## 7・1 境界潤滑とは

図7・1に示す曽田式振子試験機は，$T$形振子の中心に鋼製の円柱を固定し，この円柱を固定された4個の軸受鋼球で支持して，振子の自由振動における減衰の度合から摩擦係数を測定する装置である．測定結果を図7・2に示す．乾燥状態では約3往復半後に停止する(摩擦係数約0.49)．鋼球および円柱を無添加タービン油に浸しても往復回数は余り変化せず，4往復弱で停止する(摩擦係数約0.38)．つまりこの場合には，潤滑油は接触面の分離にはあまり寄与していない．しかし，無添加タービン油に0.1%のステアリン酸〔$CH_3(CH_2)_{16}COOH$〕を添加すると約14往復し，摩擦係数も0.12に低下する．すなわち，ステアリン酸は両面に吸着して両面の直接

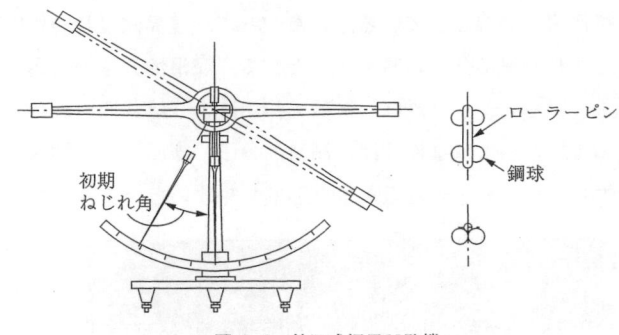

図 7・1 曽田式振子試験機

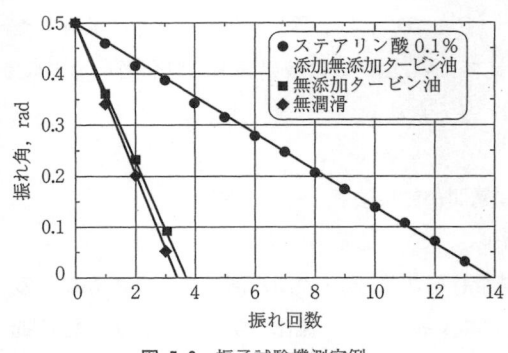

図 7・2 振子試験機測定例

接触を防止していると考えられる．このように，金属表面に形成された吸着分子膜，すなわち**境界膜**をへだてて摩擦が行われる場合を**境界摩擦**といい，そのような潤滑状態を**境界潤滑**(boundary lubrication)という．

境界潤滑での潤滑作用は，吸着膜の吸着機構やその構造，したがって吸着分子の分子構造，金属の種類，表面状態などにより異なり，潤滑油の全体(bulk)としての性質である粘度の影響はあまり受けない．この境界潤滑に関係した潤滑油の性質を**油性**(oiliness)ということがある．

金属表面は通常高エネルギー面であるので，潤滑油は金属表面上を自動的に拡がり(2・3参照)，潤滑膜が破断しても修復されやすい．一方，摩擦は吸着膜をはぎ取る作用をする．すなわち，境界潤滑状態では，形成された吸着膜のはぎ取り作用と修復作用とが混在している．したがって，境界潤滑状態に影響する主因子は，添加剤を含む潤滑油分子の吸着能力となる．潤滑油分子の金属原子に対する親和力が大きく，吸着しやすければ，機械的作用によりはぎ取られようとした時に大きい抵抗を示す．このような性質は，潤滑油分子の表面活性に関係している．したがって，活性の大きい分子ほど吸着膜を形成しやすいといえる．

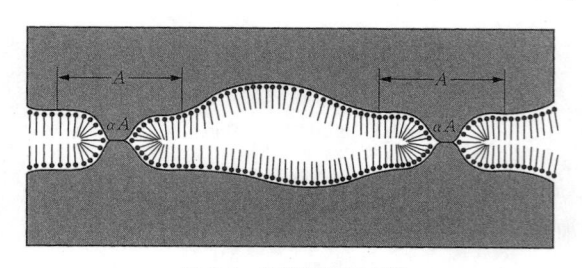

図 7・3 境界潤滑概念図[1]

しかし，摩擦面には凹凸があるため，境界潤滑状態を純粋な形で観察することは困難である．つまり，境界潤滑状態は流体潤滑や乾燥摩擦と共存するのが普通であり，これらの共存した状態が通常観察される境界潤滑と考えてよい．図7・3に境界潤滑の概念図を示す．このような状態での摩擦力 F は，次式で与えられる．

$$F = A\{\alpha S_m + (1-\alpha) S_f\}$$

$A$：真実接触面積，　$\alpha$：金属間が直接接触している割合，

$S_m$：金属接触部のせん断強さ，　$S_f$：境界膜のせん断強さ

図7・3からも分かるように，境界潤滑状態には，表面の凹凸間のすきまに存在する流体による流体力学的作用が不可避的に入ってくる．流体力学的作用による粘性抵抗は，金属接触部や境界膜の摩擦力に比べて無視できることが多いが，流体力学的

負荷能力は，真実接触部の荷重を低下させ，これが摩擦力の低下をもたらす．このような通常観察される境界潤滑状態は，純粋な境界潤滑状態と区別するため，**混合潤滑**(mixed lubrication)，あるいは**薄膜潤滑**(thin film lubrication)ということがある（図1・8参照）．

## 7・2 境　界　膜

溶媒には，水に代表される極性溶媒と石油系の油に代表される無極性溶媒とがある．一般に使用される鉱油系潤滑油の主構成成分は，炭素原子が鎖状につながった**パラフィン炭化水素**や，環状につながった**ナフテン炭化水素**であり，これらの飽和炭化水素は，表面活性をもたない**無極性物質**である（図9・1参照）．潤滑油が有効な境界潤滑特性を示すためには，潤滑油中に溶解するとともに，固体表面に吸着する能力を有する成分が必要になる．したがって，その有効成分としては極性溶媒に親和性をもつ親水性(疎油性)の部分と，無極性の溶媒に親和性をもつ親油性(疎水性)の部分の両方を合わせもった両親媒性分子構造であることが望ましい．例えば，極性が強く，電気的にアンバランスな力の場を生ずる$-OH$, $-COOH$, $-NH_2$などの原

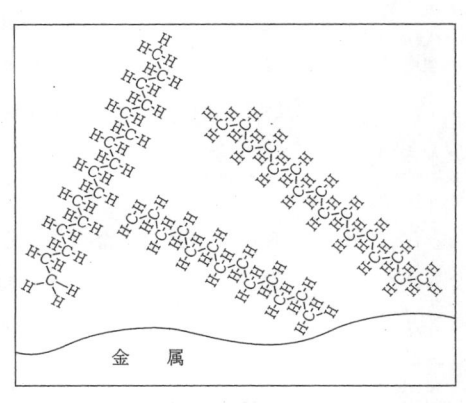

(a) $n$-ヘキサデカンの吸着　　　　(b) ヘキサデカノールの吸着

図 7・4　吸着モデル図[2]

子団(極性基)をもった親水性物質,すなわち,Rを炭化水素基とすれば,ROH(アルコール), RCOOH(脂肪酸), RNH₂(アミン)などの**極性物質**(polar substance)は,無極性物質にも溶けやすい代表的な吸着分子であり,無極性物質の中に少量添加されると,これらが優先的に金属表面に吸着する(吸着に関しては **2・2** 節参照).

図 7・4 に,無極性分子のヘキサデカン(セタン)$C_{16}H_{34}$ と極性分子ヘキサデカノール $C_{16}H_{33}OH$ の金属表面上での吸着のモデル図を示す.良好な境界潤滑特性を示す極性基をもつヘキサデカノールは,金属表面に対して整然とした密なる配向吸着分子膜を形成するのに対して,極めて貧弱な境界潤滑特性しか示さないヘキサデカンは,ランダムで疎な吸着膜しか形成できない.したがって,境界潤滑特性を改善するために,吸着性の大きい極性物質が潤滑油に添加される.この目的で使用される添加剤を**油性[向上]剤**といい,摩擦・摩耗に大きい影響を与える.

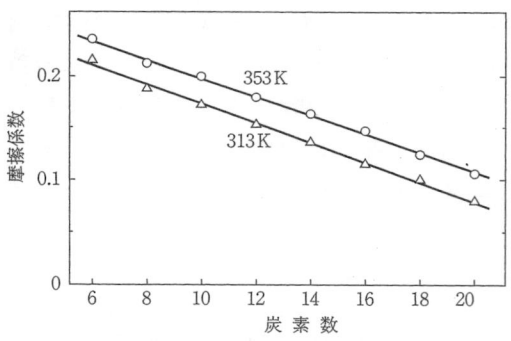

**図 7・5** 脂肪酸の直鎖の長さと摩擦係数[3]
(曽田式振子試験機により測定,最大ヘルツ接触圧=1.09GPa,基油 $n$-ヘキサデカン,添加濃度 $=10\,\mathrm{mol\cdot m^{-3}}$)

吸着膜が大きい耐はぎとり効果を持つためには,① 吸着エネルギー(吸着強さ)が大きいこと,② 吸着量が多いこと,③ 分子鎖が規則的に配向し吸着分子間の凝集力が大きいことが必要である.このためには分子の形が直鎖状で,分子鎖の長い方が望ましい.図 7・5 に脂肪酸単分子吸着膜におけるアルキル基 $(R=C_nH_{2n+1})$ の分子鎖の長さと摩擦係数との関係を示す.炭素数が大きいほど,つまり分子鎖の長さが長いほど境界摩擦係数が低下することがわかる.

したがって,油性剤として用いられる化合物は,一般的には長鎖化合物で,分子量が大きく分子の一端に極性基をもつものが多い.代表的な化合物としては,ステアリン酸などの高級脂肪酸,オレイルアルコールなどの高アルコール,脂肪族アミンおよびアミド,エステル,硫化油脂などがある.

なお,吸着膜は吸着分子のみによって形成されるとは限らない.吸着分子の極性基の断面積は長鎖部分の断面積より大きいため,極性分子が配向するときには,長

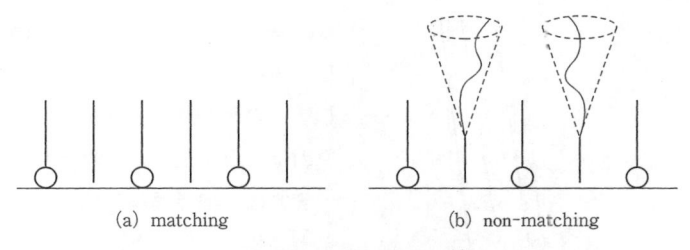

図 7・6　chain matching[4]

鎖部分にすきまが生じ，分子間力(凝集力)がやや弱まる．したがって，このすきまに溶媒分子である潤滑油基油分子が入り込むことは容易に考えられる．もし，溶媒分子と吸着分子がともに長鎖状の形状をもち，その長さが一致するような場合は，分子鎖群は最密な配向状態になり，吸着分子のみよりも分子間力を強める．しかし，分子の長さが一致しない場合は，束縛を受けない部分の回転運動により分子間力は弱まる(図7・6)[4]．例えば，溶媒の直鎖炭化水素と溶質の飽和

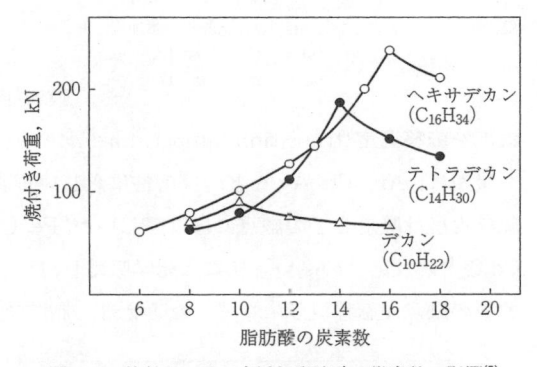

図 7・7　焼付きに及ぼす添加脂肪酸の炭素数の影響[5]

脂肪酸，アルコール，エステルなどの炭素数が一致すると，耐焼付き性，耐キャビテーションエロージョン性などが向上することが知られている(図7・7)．このように，吸着分子の緻密な配向状態が達成される現象を **chain matching** という[5][6]．

## 7・3　境界膜の破断

境界潤滑状態では，摩擦面間は単分子あるいは数分子層の境界膜によって隔てられているにすぎないので，局所的には絶えず金属の直接接触が生じている．また，境界膜は移動性に乏しい上に膜厚さが薄いため，摩擦熱は，摩擦面からの熱伝導により持ち去られるほかなく，瞬間的には高い温度が発生する．つまり，境界膜は機械的，熱的に絶えず攪乱されており，高い接触圧力や表面温度の上昇によって降伏

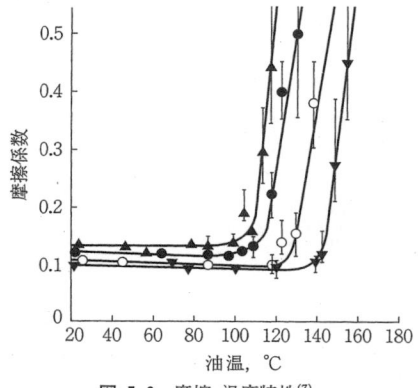

**図 7・8 摩擦-温度特性**[7]
潤滑油：ヘキサデカンに脂肪酸(1mass%)添加
脂肪酸 $C_nH_{2n+1}COOH$：▲$n=11$, ●$n=13$,
○$n=15$, ▼$n=17$

し，潤滑能力を失う危険性が高い．しかし，境界膜は純機械的には容易にはく離しないのが普通であり，はく離の主たる原因は，温度上昇のためと考えられる．一般的に，境界潤滑状態では摩擦面温度を上昇させていくと，ある温度以上で摩擦係数が急に増大し，連続滑りからスティック-スリップ(**3・2**節参照)へと移行する(図 7・8)．これは，ある臨界温度に達すると，規則正しい配列を保って吸着していた吸着分子層がその配向を失って，吸着能力を損なうためである．この臨界温度を**転移温度**(transition temperature)という．

吸着は，Au，Pt，Ag などの反応性に乏しい金属に対しては**物理吸着**であるので，転移温度は吸着分子の融点にほぼ等しいが，Fe，Cu，Cd などの反応性の高い金属には**化学吸着**し，反応生成物の融点が転移温度になる．たとえば，脂肪酸の

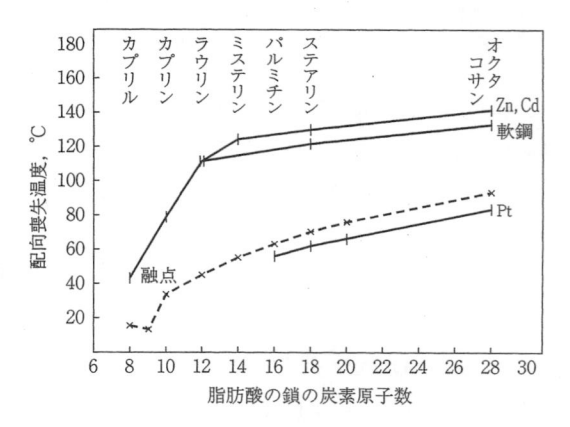

**図 7・9** 転移温度(脂肪酸膜の配向喪失温度と鎖長との関係)[8]
破線は脂肪酸のバルクの融点を示す．反応性に富む金属上で配向を失う温度は酸の融点よりかなり高く，化学反応によって表面に生じた金属石けんの軟化温度にほぼ相当することがわかる．

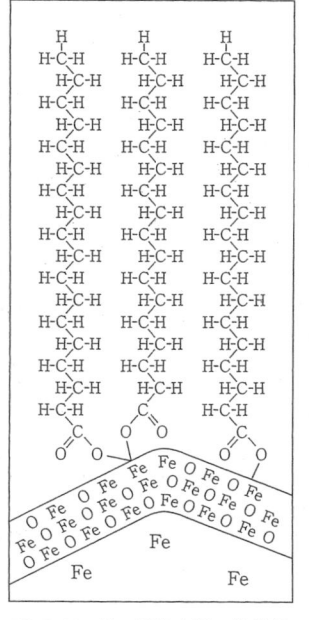

**図 7・10** 鉄の酸化皮膜に化学吸着したステアリン酸[2]

場合には，**金属石けん**を形成し，転移温度は脂肪酸自体の融点から金属石けんの融点まで上昇する(図7・9)．図7・10に鉄の酸化皮膜に化学吸着したステアリン酸のモデル図を示すが，摩擦面に金属石けんを生成するためには，酸素と水分が必要といわれている．一般に，金属石けんの生成に際しては酸素の共存が反応を容易にする．すなわち，脂肪酸をはじめとする有機酸が金属表面に化学吸着する場合には，酸素あるいは酸化皮膜が必要である[(2)]．

吸着膜の転移温度以上の高い温度まで良好な潤滑特性を維持するために，S，P，Clなどを含む**極圧[添加]剤**〔extreme pressure agent（**EP剤**）〕が潤滑油に添加される*．すなわち，極圧剤は，吸着膜などが破断して金属接触を起こしたときに生じる発熱で金属表面と化学反応し，硫化物，りん酸塩，塩化物などの表面膜を形成することにより金属間の直接接触を防ぎ，より高温での焼付きの防止，摩擦・摩耗を低減する働きをする．

図7・11に摩擦-温度特性のモデル図を示す．曲線Ⅰは無添加パラフィン油であり，摩擦は低温度からすでに高く，温度が上昇するとともにさらに増加する**．曲線Ⅱは，パラフィン油に油性向上剤である脂肪酸を添加した場合の摩擦特性であり，金属表面と反応して金属石けんを生成し摩擦を低減するが，摩擦面温度が金属石けんの転移温度 $\theta_T$ になると急速に摩擦が増大する．

曲線Ⅲは，$\theta_R$ 以上の温度で摩擦面との反応が活発化する極圧剤をパラフィン油に添加した場合の摩擦特性である．$\theta_R$ 以下では極圧剤と摩擦面との反応はほとんど生じないため有効な表面反応膜の形成ができず，摩擦は高いが $\theta_R$ を超えると表面膜が

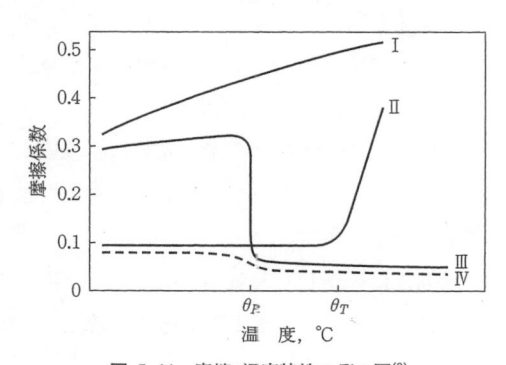

図 7・11 摩擦-温度特性モデル図[(9)]

---

\* 極圧剤は歯車などの極めて接触圧力の高い潤滑面での焼付き防止のための添加剤として効果が認められたため，「極圧」という言葉が使用されるようになったが，その機能は，高温での摩擦面の保護を目的とした添加剤であり，「**極温剤**」という方が適切と考えられる．
\*\* 無添加基油を用いた場合の摩擦係数の温度依存性は時間によって変化する．加熱時間が長いと酸化反応が促進され，酸化生成物質が一時的に良好な境界膜を形成するため，加熱によって摩擦係数が低下する場合もある．

生成され,かなり高温度まで低摩擦が保持される.曲線Ⅳはパラフィン油に脂肪酸と極圧剤を同時に添加した場合の摩擦特性である.適切な $\theta_T$ と $\theta_R$ を有する両添加剤を選択することにより,低温度域より高温度域まで低摩擦状態の維持が期待できることを示唆している.しかし,機械の作動温度が低温度域に限定されている場合に極圧剤を使用すると,極圧剤による摩擦面の腐食や腐食生成物によるフィルタの目づまりを引き起こし,機械の作動特性を悪化させる場合があるので注意しなければならない.また,個々では有効に作用する添加剤を同時に添加した場合には,添加剤同士の競合作用によって潤滑特性が悪くなることもある.

## 7・4 極圧剤の作用機構

極圧剤としては硫黄,りん,ハロゲンを含む化合物,またはこれら元素を2種以上含有する複合型化合物,有機金属化合物などがある.以下に,代表的なものの作用機構について述べる.

### 7・4・1 硫黄系化合物

硫黄化合物としては,硫化油脂および二硫化ジベンジル(DBDS)などの有機硫黄化合物が広く使用されている(図7・12).

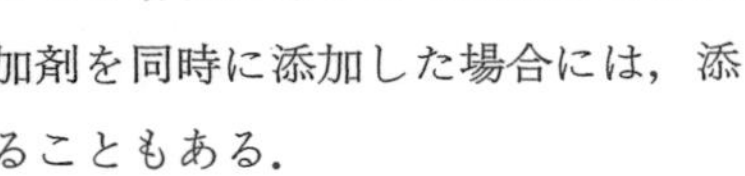

図7・12 二硫化ジベンジル(DBDS)

一般に,硫化鉄被膜の摩擦係数は,後述する塩化鉄に比べて高いが,熱および水に対して安定性がよく,優れた極圧性を示すことが特徴である.

鉄表面に吸着した硫黄化合物は鉄と反応して鉄メルカプチドを作り,これが厳しい条件で分解して,極圧膜である鉄硫化物を生成する機構が提唱されている[10].すなわち,

$$R-S-S-R + Fe \rightarrow Fe(SR)_2 \quad 鉄メルカプチド$$
$$Fe(SR)_2 \rightarrow 2FeS + R-R \quad 鉄硫化物$$

生成する鉄メルカプチドは耐摩耗性に優れ,硫化鉄被膜が極圧性を示すと考えられている(図7・13).したがって,反応機構からわかるように,S-S結合の切れやすいものほど耐摩耗性に優れ,C-S結合の切れやすいものほど極圧性に優れた傾向があ

る．

　潤滑油中の溶存酸素は，摩擦面への酸化膜形成には極めて重要な役割を果たすが[12][13][14]，硫黄系極圧剤の作用においても共存する酸素の影響が大きい．すなわち，硫黄系極圧剤を含む潤滑油の場合，摩擦面にはFeS，$Fe_2S$などの硫化物のほかに，$Fe_2O_3$，$Fe_3O_4$などの酸化物，さらには$FeSO_4$が生成される[15][16]．したがって，硫黄化合物の極圧作用は，硫化金属膜の低せん断性によるだけでなく，酸化物の生成が重要であり，高負荷容量のためには表面膜中に硫化鉄と酸化鉄が共存することが必要である[15]．その優れた極圧性は，硫化鉄の極圧性ばかりでなく，酸化鉄結晶格子中に硫化鉄が生成することによって酸化鉄が多孔質になり，酸素の拡散を促進して酸化鉄の生成を助長し，摩擦の低下をもたらすとともに油溜めを表面につくることにもよると考えられる[17]．

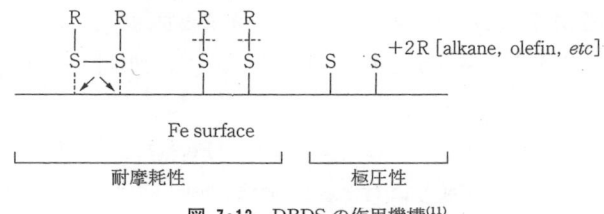

　有機硫化物のトライボ性能は，その反応性ばかりでなく，摩擦表面の状態によっても影響される．反応性に富むDBDSなどでは，摩擦面に酸化膜が形成された後に潤滑油に添加することによりきわめて良好な効果をもたらす．一方，反応性の低い二硫化ジフェニル(DPDS)などでは，始めより潤滑油に添加した場合の方がトライボ性能向上に顕著な効果を示す．これは添加剤と溶存酸素との効果的な協同作用の結果として，酸化膜と硫化膜の最適な構成比率を持つ表面膜が形成されるためである[16]．

　なお，硫化鉄の生成機構としては，表面に形成された酸化膜上に化学吸着した硫黄化合物より遊離した硫黄が，鉄酸化物の酸素との置換により生成する機構も提唱されている[18]．

### 7・4・2　塩素系化合物

　ハロゲン系極圧剤としては，塩素化合物，とくに塩素化パラフィン($C_{26}H_{47}Cl_{17}$)が多く使用されている．これらが摩擦面金属と反応して塩化第一鉄などの層状構造をもつ被膜を形成する．塩化鉄被膜の摩擦係数はその層状構造のため低いが，400℃程度までしか有効でなく，比較的低温で膜が破断するため，硫黄系のような高い極圧

性が得られない．また，水が存在すると加水分解によって塩酸が生じ，潤滑性を失うとともに腐食性を示す欠点があるので，切削油などの限られた範囲でしか使用されない傾向がある．

なお，塩素は，Fe に対するよりも FeS に対する方が反応しやすく，硫黄は，鉄に対する方が $FeCl_2$ に対するより反応が速いので，活性塩素化合物を硫黄化合物と併用すると，まず鉄に硫黄が反応して FeS をつくり，その上に塩素化合物が反応すると考えられている[19]．

### 7・4・3　りん系化合物

りん系化合物は耐摩耗［添加］剤，極圧［添加］剤として使用されている．その代表的なものはりん酸エステル〔$(RO)_3PO$，ただし R はアルキル(alkyl)基(鎖状炭化水素)，アリル(aryl)基(芳香族炭化水素)，またはアルキルアリル(alkylaryl)基〕と亜りん酸エステルであるが，アリル系りん酸エステルのりん酸トリクレシル〔TCP, $(C_6H_4CH_3O)_3PO$〕が最も広く用いられている(図7・14)．

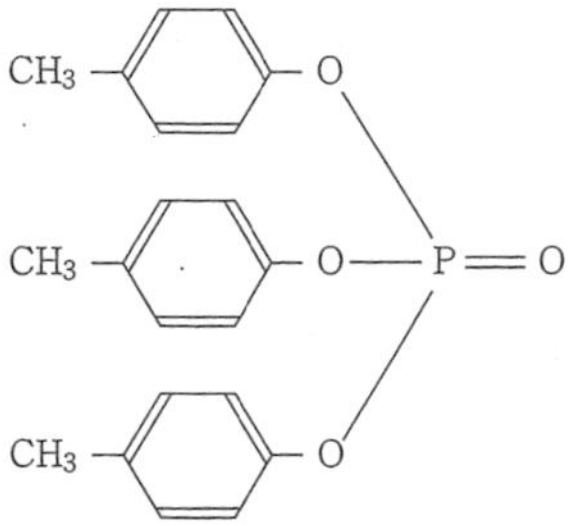

図 7・14　りん酸トリクレシル(TCP)

一般には，加水分解により酸性エステルを生成しやすいものほど，りん酸鉄などの表面膜を形成しやすいために高い極圧性を示すが，反応性，吸着性の強いものが多く，腐食摩耗による摩耗増加が生じる場合がある．このため，リン酸エステルをアミン塩($-NH_2$)の形にして腐食性を低減した添加剤も使用されている．また，りん系化合物と硫黄系化合物とを併用した硫黄-りん系(S-P系)の添加剤が，ギヤ油などで多く使用されている．

りん酸エステルは，$-P=O$ 結合の強い電気親和性のために金属表面への吸着能力が高く[20]，吸着膜を容易に形成し，作動条件が温和な場合にはこの吸着膜により摩擦面を保護する．この吸着能力はアリル系の方がアルキル系よりも高い[21]．また，作動条件が厳しい場合の作用機構としては次の2つが考えられている．その第1は**化学的研磨機構**である．りん酸エステルとくに TCP は高温で金属面と反応して金属りん化物を生成し，それが金属と低融点の共融混合物(Fe と $Fe_3P$ の共融混合物の融点は鉄の融点に比べて 515℃低下する)を生成する．そのため，摩擦に伴い表面

突起頂部は溶解して谷部を埋め，極めて平滑な摩擦面を形成する．これが，接触圧力の低下，潤滑状態の改善をもたらし，摩耗を低減させる[22]．

第2は表面にりん酸鉄を生成する結果として，高い耐摩耗性，耐焼付性が得られるという機構である．摩擦面にりん酸鉄 $FePO_4$ が生成することは確認されている．また，ペースト状のりん酸鉄を用いてもりん酸エステルと同様に耐摩耗性を示す[23]．りん酸鉄の生成機構としては，TCP が酸素や水の存在下でりん酸を生成し，それが反応してりん酸鉄を作る説[23][24]や，金属表面に吸着したりん酸エステルが加水分解して生成する酸性りん酸エステルが，金属と反応することによりりん酸塩が生成する説[25]などが提案されている．

しかし，摩擦面にはりん酸鉄の他に，りん化鉄（$Fe_2P, Fe_3P$）の生成も認められており，とくに厳しい作動条件ではりん酸鉄がりん化鉄になるようであり[26][27]，上記の2機構が作動条件に応じて作用するものと考えられる．

また，りん酸エステルは，境界潤滑状態ではポリマいわゆるフリクションポリマ（friction polymer）を生成し，摩擦面間の直接接触を妨げ，耐摩耗性，耐焼付き性の向上も期待できる[27]．

なお，りん系添加剤は単独で使用するよりも，添加剤間の相乗効果を期待して，硫黄系添加剤など他の添加剤との併用が一般的である．

### 7・4・4 有機金属系化合物

脂肪酸石けんもこれに属するが，代表的なものとしては，硫黄-りん系（S-P 系）添加剤であるジチオりん酸亜鉛（ZnDTP）と，摩擦調整剤として使用されている有機モリブデン化合物[28]がある（図 7・15）．

ZnDTP は自動車用および工業用ギヤ油の添加剤として広く使用されている．

有機モリブデン系化合物は，摩擦面に二硫化モリブデン（$MoS_2$）を生成し，摩擦を低減するため，自動車

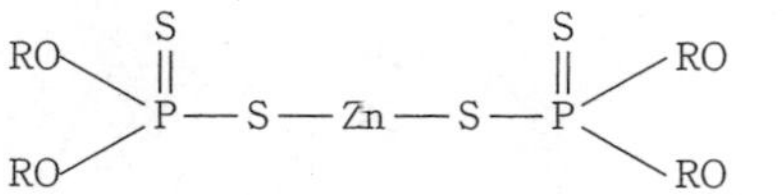

(a) ジチオりん酸亜鉛（ZnDTP） （$R=C_4H_9$ or $C_5H_{11}$）

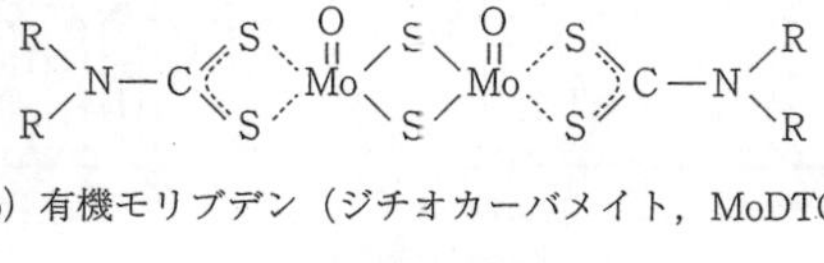

(b) 有機モリブデン（ジチオカーバメイト，MoDTC）

図 7・15 有機金属系化合物

の低燃費(省エネルギー)用添加剤などとして使用されている．しかし，$MoS_2$の生成機構は単純ではない．例えば，MoDTCは単に摩擦面で分解して$MoS_2$を生成するわけではなく，まず摩擦によって三酸化モリブデン$MoO_3$を生成し，その上に吸着したMoDTCが機械的にせん断されることにより$MoS_2$が生成されると考えられている[29]．したがって，雰囲気中に酸素を含まない不活性ガス中での摩擦面には$MoS_2$が生成できず，MoDTC添加の効果はない[29][30]．ただし，静的な加熱試験でのMoDTCの分解生成物は，不活性ガス中では$MoS_2$，空気中では$MoO_3$である．すなわち，静的分解生成物とは異なり，摩擦面では雰囲気中に酸素が存在するか，潤滑油による酸素の供給[31]が期待できる場合にのみ，摩擦面に$MoS_2$が生成される点は興味のあるところである．

なお，極圧剤は，単独で使用されるよりも複数の極圧剤を組み合わせて相乗作用を期待することが多い．また，1つの分子内に硫黄，りん，ハロゲンなどの活性基を組み合わせた複合型極圧剤も広く使用されている．

### 7・5 流体潤滑との関係

前節までは，主として単分子吸着膜を対象としていたが，2・2節でものべたように，多分子層吸着が当然考えられ，Allenら[32]によって多分子吸着のモデルが提案されている(図7・16)．最近，多分子吸着膜厚さである数nm厚さの薄膜まで潤滑油が連続体として挙動し，流体力学的な影響を考慮する必要があることが指摘されており，いわゆるゆる境界膜と流体潤滑膜との区別が困難になってきている[33]．

たとえば，流体油膜厚さの測定結果は，厚さ数〜数十nm程度まではReynolds方程式の適用が可能であり，潤滑油は連続体液体として挙動するが，これ以下の厚さでは連続体の仮定が成立しなくなり，油膜厚さは連

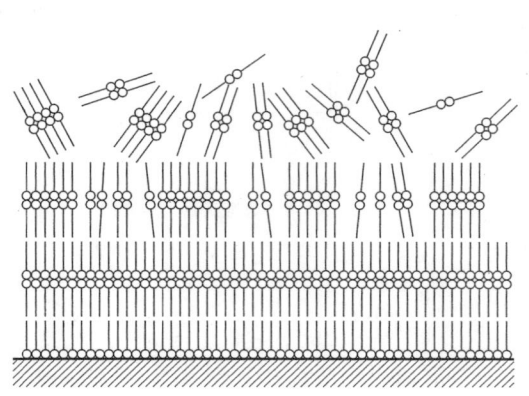

**図 7・16** 多分子吸着膜モデル

## 7・5 流体潤滑との関係

続的に変化するのではなく，分子サイズの大きさで段階的に不連続に変化すること等が報告されている[34][35][36]．また，数 nm 以下の油膜厚さになると，炭化水素単体に比べてステアリン酸添加油の方がより厚い油膜を形成すること，すなわち，数 nm の薄膜状態では添加剤を含めて潤滑油の構成している個々の分子の構造，吸着能力が重要であることを示唆する結果も見いだされている[34]．

したがって，潤滑油構成分子によっても異なるが，5分子層程度，すなわち数 nm 厚さまでは潤滑油は連続体として挙動しないにしても，流動性を維持し，液体的挙動をするが，それ以下の厚さになると個々の原子の挙動が問題となり，液体的よりも固体的な挙動をすると考えられる[37][38]．その場合には，潤滑油はある**限界せん断応力**以上でせん断降伏する塑性固体として挙動し，限界せん断応力は厚さが減少するにしたがって増加する．なお，数 nm 厚さでの潤滑油は，流体的挙動をするにしても見かけ粘度は著しく増加するため，非ニュートン流体として取り扱うことが必要となる[37][39]．

また，数分子層厚さでのせん断すべり挙動には分子構造の影響が顕著になり，球形分子ではスティック-スリップを起こしがちであるが，鎖状分子では連続滑りをする．しかし，滑り速度が大きくなると，せん断層の分子のパッキング構造が乱れ，潤滑油の分子構造に関係なく連続滑りをするようになることが知られている[38]．これらの数分子層以下の厚さにおける油膜のせん断特性は，境界潤滑の摩擦特性を考える上で今後さらに検討する必要があるが，これらの特性は，高圧 EHL 条件でのせん断特性，すなわち潤滑油が粘弾性体あるいは弾塑性体として挙動する場合のトラクション特性とも関連していると考えられる[40][41]．5・5節で述べた潤滑油の固体的挙動に関しても，そのせん断特性は，視点をかえれば，ガラス面上に形成したサブミクロン厚さの高分子膜のせん断特性の研究と関連することになる．すなわち，高分子薄膜のせん断強さに及ぼす分子構造，接触圧力，表面温度の影響が境界潤滑条件での摩擦特性の定量的評価にヒントを提供すると考えられる[42][43][44]．

さらに，境界潤滑特性に必然的に入ってくる流体力学作用の影響も，今後さらに検討する必要がある．例えば，滑り接触試験において，流体潤滑理論上は nm 以下の油膜しかできない条件でも "粘度×滑り速度" で代表させた流体潤滑作用の大小が直接焼付き耐圧に大きく影響を与えること[45]，雲母へき開面に介在する球状分子の厚さが，滑り速度を 1 $\mu$m/s から 22 $\mu$m/s に増加することにより，2分子層から3分

子層に増加すること[46]などが報告されている.

これら吸着膜を含む nm オーダ厚さの油膜の挙動の解明には,走査トンネル顕微鏡(STM)を始めとする近年の測定機器,測定方法の進歩が大いに寄与している[47]. また,固体表面近傍での高粘度域の存在なども示唆されており[48],Kingsbury が20世紀初頭に示唆した"油性は金属の表面分子引力の作用する領域で高められた粘性"との概念を再吟味する必要がある[33].

〔参 考 文 献〕

(1) Bowden, F. P. and Tabor, D., *The Friction and Lubrication of Solids*, Pt 1, Oxford (1950) 223,
(2) 川村亨男,潤滑,14, 4(1969)195.
(3) Okabe, H., Masuko, M. and Sakurai. T., *ASLE Trans.*, 24, 4 (1981) 467
(4) 岡部平八郎,界面工学,共立出版(1986) 67.
(5) Askwith, A. C., Cameron, A. and Crouch, R. F., *Proc. Roy. Soc*. London, A 291 (1966) 500.
(6) Hirano, F. and Sakai, T., *Tribology International*, 20, 4 (1987) 186.
(7) Jahamir, S., *Wear*, 102 (1985) 331.
(8) 文献1)のp. 210.
(9) 文献1)のp. 239.
(10) Davey, W. and Edwards, E. D., *Wear*, 1 (1957/58) 291.
(11) Forbes, E. S., *Wear*, 15, 2 (1970) 80.
(12) 村上輝夫,境忠男,山本雄二,坂本弘,平野冨士夫,潤滑,31, 7(1986)485.
(13) Fein, R. S. and Kreuz, K. L., *ASLE Trans.*, 8, 1 (1968) 29.
(14) Feng, I-M, and Chalk, H., *Wear*, 4 (1961) 257.
(15) Godfrey, D., *ASLE Trans.*, 5, 1 (1962) 57.
(16) Murakami, T., Sakai, T., Yamamoto, Y. and Hirano, F., *ASLE Trans.*, 28 (1985) 363.
(17) 桜井俊男,潤滑の物理化学,幸書房,(1974) 226.
(18) 豊口満,高井義郎:潤滑,7, 6(1962) 352.
(19) 藤田稔,杉浦健介,斉藤文之,新版潤滑剤の実用性能,幸書房(1980) 58.
(20) 和泉嘉一:潤滑,20, 3(1975) 150.
(21) Yamamoto, Y. and Hirano, F., *Tribology International*, 13, 4 (1980) 165.
(22) Beeck, O., Givens. J. W. and Smith, A. E., *Proc. Roy. Soc*. London, A 177 (1940) 103.

(23) Godfrey, D., *ASLE Trans.*, 8 (1965) 10.
(24) Furey, M. J., *ASLE Trans.*, 6 (1963) 49.
(25) Barcroft, F. T. and Daniel, S. G., *J. Basic Engrg.*, 87 (1965) 761.
(26) Yamamoto, Y. and Hirano, F., *Wear*, 78 (1982) 285.
(27) Yamamoto, Y. and Hirano, F., *Wear*, 66 (1981) 77.
(28) 田中典義, 山本雄二, トライボロジスト, 40, 4(1995) 302.
(29) Yamamoto, Y. and Gondo, S., *Tribology Trans.*, 32, 2 (1989) 251.
(30) Yamamoto, Y., and Gondo, S., *Tribology Trans.*, 37, 1 (1994) 79.
(31) 山本雄二, 権藤誠吾, 日本機械学会講演論文集, No 958-2 (1995) 205.
(32) Allen, C. M. and Drauglis, E., *Wear*, 15, 5 (1963) 363.
(33) 中原綱光:トライボロジスト, 37, 8 (1992) 642.
(34) Johnston, G. J., Wayte, R. and Spikes, H. A., *Tribology Trans.*, 34, 2 (1991) 187.
(35) Chan, D. J. C. and Horn, R. G., *J. Chem. Phys.* 83, 10 (1985) 5311.
(36) 加藤孝久・松岡広成, 日本トライボロジー学会トライボロジー会議予稿集, (1996-5) 79；82.
(37) Gee, M. L., McGuiggan, P. M. and Israelachvili, J. N., *J. Chem. Phys.* 93, 3 (1990) 1895.
(38) Alsten, J. V. and Granick, S. G., *Tribology Trans.*, 33, 3 (1990) 436.
(39) Alsten, J. V. and Granick, S. G., *Macromolecules*, 23 (1990) 4856.
(40) Ohno, N., Kuwano, N. and Hirano, F., *Dissipative Process in Tribology*, edited by D. Dowson *et al.*, Elsevier Science Publ. (1994) 507.
(41) 坪内俊之・阿部和明・畑一志, トライボロジスト, 39, 3(1994) 242.
(42) Briscoe, B. J. and Tabor, D., *ASLE Trans.*, 17. 3 (1974) 158.
(43) Amuzu, J. K. A., Briscoe, B. J. and Tabor, D., *ASLE Trans.*, 20, 2 (1977) 152.
(44) Briscoe, B. J. and Thomas, P. S., *Tribology Trans.*, 38, 2 (1995) 392.
(45) 境忠男・村上輝夫・山本雄二・坂本弘, 潤滑, 32, 1(1987) 62.
(46) Homola, A. M., Israelachvili, J. N., Gee, N. L. and McGuiggan, P. M., *J. Tribology*, 111, 4 (1989) 675.
(47) Spikes, H. A., *Thin Films in Tribology*, edited by D. Dowson *et al.*, Elsevier Science Publ. (1993) 331.
(48) 笹田直, トライボロジスト, 39, 5 (1994) 381.

# 8章　表　面　損　傷
## surface damages

　主として機械的作用により摩擦面に発生する損傷を**表面損傷**(surface damage)，または**トライボ損傷**(**tribofailure**)という．トライボ損傷は，普通，
① 摩耗
② 塑性流動
③ 転がり疲れ
④ 焼付き
⑤ その他(熱割れなど)

に大別される．

　トライボ損傷の「その場(*in situ*)」検出は，摩擦係数の増大，摩擦面あるいは潤滑油温度の上昇，音響・振動の発生，潤滑油中や潤滑油フィルタで捕捉された摩耗粉などの損傷生成物の検出などにより

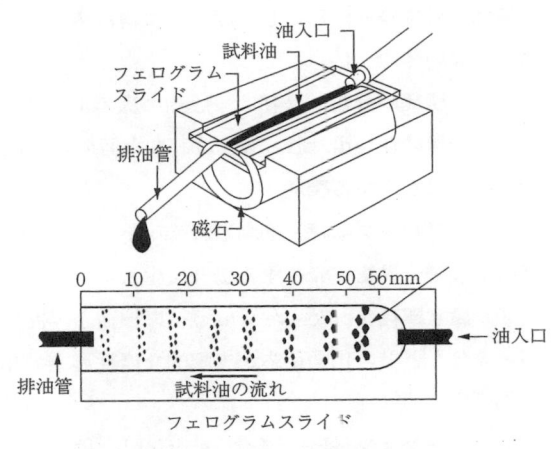

図 8・1　フェログラフィ分析装置[1]

行われている．磁場を利用して，潤滑油中の摩耗粒子の大きさ，形態，分布などを測定し，機械の作動状態を判定する**フェログラフィ**(ferrography)＊(図8・1参照)や，分光分析を利用して，油中金属摩耗元素の定量分析ができる**SOAP**(Spectrometric Oil Analysis Program)法は，摩擦面の劣化状態の検出法として産業分野に広く利用されている．

---

＊　磁気的方法によって潤滑油中の摩耗粉や異物を大きさの順に分離する技術であり，摩耗粉などの大きさ，分布，形状あるいは色，材質などの分析を行い，機械の作動状態の診断に利用されている．

## 8・1 摩耗

摩擦に伴い表面から物質が徐々に失われる現象を一般に**摩耗**(wear)という．摩耗の発生は，機械の機能・性能・信頼性を低下させ，その保守・修理・部品交換は経済上あるいは資源の有効利用に対する障害となる．つまり，摩耗は極力防がなければならない現象である．しかし，摩耗現象は，切削加工，研磨(polishing)，ラッピング(lapping)，超仕上げ(superfinishing)など，精密加工，なじみ(running-in)過程における表面粗さの改善，片当りの緩和など多方面で有効に利用されていることを忘れてはならない．摩耗に関するデータの蓄積，あるいはそれから得られた知見の集積は極めて多い．しかし，摩耗の機構は複雑であり，信頼性のある定量的な法則はまだない．

**(1) 摩耗の分類** 摩耗は一般的に次のように分類されている．

① **凝着摩耗**(adhesive wear)　摩擦面の真実接触面積を構成する凝着部のせん断や破壊に起因する摩耗．

② **アブレシブ摩耗，切削摩耗**(abrasive wear)　摩擦面の一方が硬い場合や摩擦面間に硬い異物が介在する場合に生じる切削作用による摩耗．

③ **腐食摩耗**(corrosive wear)　摩擦面と雰囲気中の酸素，潤滑油中の反応性の高い成分などとの化学反応が支配的な摩耗形態で**化学摩耗**ともいう．

④ 副次的摩耗

・**エロージョン**(**侵食，浸食**, erosion)　固体表面に流体中の粒子あるいは流体自体が衝突することにより生じる摩耗．

・**キャビテーション〔エロージョン〕**(cavitation〔erosion〕)　潤滑面の負圧部で発生した気泡の崩壊に伴う 0.1GPa 以上にも達する衝撃圧力に起因する摩耗．

・**電食**(electrical pitting, electrical erosion)　二面間に電圧が印加された場合に発生する摩耗．アーク放電時の溶融飛散や気化によるアーク損傷，微小な真実接触面を電流が通過する際の加熱による接触部の融解に起

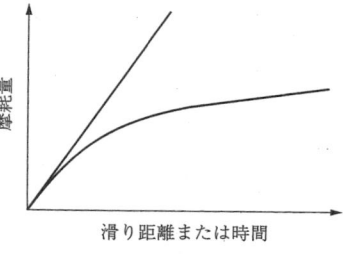

図 8・2 摩耗の進行例

因する摩耗などがある．

摩耗は，これらの摩耗形態が互いに関連しあって引き起こされるのが普通である．また，その経時変化は，大まかには，時間とともに直線的に増大していく場合と，繰返し摩擦によりなじみが進行し，接触面圧の低下，表面粗さの低下などの結果として，摩耗率が低い定常値に落着く場合とに分かれる（図 8·2）．

**（2） 摩耗量の評価** 体積または質量で表した摩耗量を $V$ または $M$ としたとき，単位滑り距離当りの摩耗量 $dV/dL$，$dM/dL$（$L$：滑り距離）を**摩耗率（摩耗速度）** (wear rate) という．摩耗量，摩耗率で摩耗が多いか少ないかという評価は可能ではあるが，後述するように，摩耗量は大まかには滑り距離と荷重に比例して増加するので，単位滑り距離，単位荷重当りの摩耗量，すなわち摩耗率を荷重で除した $V/WL$，$M/WL$（$W$：荷重）で摩耗量を評価すると便利である．この単位滑り距離，単位荷重当りの摩耗量のことを**比摩耗量** (specific wear rate, specific wear amount) という．

比摩耗量の概略値（$mm^2/N$）は，

アブレシブ摩耗：$10^{-5} \sim 10^{-7}$，

凝着摩耗：無潤滑 $10^{-6} \sim 10^{-10}$，

潤滑油使用 $10^{-8} \sim 10^{-13}$

であり，比摩耗量によりある程度の摩耗形態の推定ができる[2]．

また，摩耗量は硬さに反比例する場合が多いので，比摩耗量/硬さに摩耗量が比例すると考え，

$$V = K(WL/H)$$

（$H$：ブリネル硬さまたはビッカース硬さ）の比例定数 $K$ を**摩耗係数** (wear coefficient) という．この $K$ の値は摩擦条件により極めて大きく変化するので，その対数である AWN (anti-wear number) $= -\log K$ も使用されている．

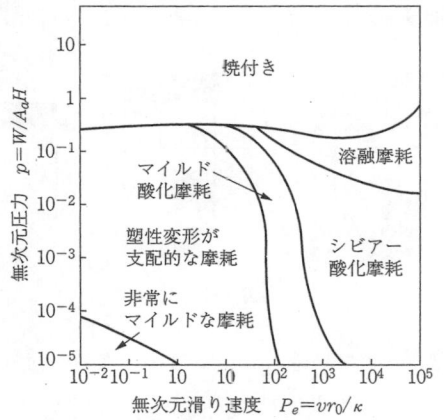

図 8·3 摩耗形態図[4]（ピン/ディスク試験，鋼，大気中，無潤滑）
$r_0$：ピンの接触面半径，$W$：荷重，$v$：滑り速度，$A_a$：見かけの接触面積，$\kappa$：熱拡散率，$H$：軟らかい方の材料の硬さ

さらに，摩擦材料間の摩耗量の比較のためのパラメータとして**相対耐摩耗度** (relative wear resistance) $\varepsilon$（$\varepsilon =$ 標準試験材料の摩耗量/試験材料の摩耗量）がある．

**（3） 摩耗形態図** 摩耗には多くの形態があるが，それらをまとめて摩耗理論を

体系化することは現在のところできていない．摩耗理論の体系化のためのアプローチの一方法として，**摩耗形態図**(wear [mechanism] map)の構築が考えられている[3][4]．これは摩擦材料，作動条件，使用環境などに依存する接触圧力，摩擦面温度などの多くの影響因子の中から，摩耗機構に関連する主因子を抽出し，これらから構成される無次元パラメータ群により，摩耗形態の発生領域を表示するものである．一例として鋼同士の大気中，無潤滑滑り接触の場合の摩耗形態図を図8・3に示す．

### 8・1・1 凝着摩耗

3・1節で説明したように，滑り摩擦の主因は，真実接触部で発生した凝着部分がせん断されるときの抵抗である．この凝着に起因する摩耗を**凝着摩耗**という．すなわち，凝着摩耗とは，摩擦面の真実接触部における微視的な凝着と破壊に起因する摩耗であり，無潤滑状態ばかりでなく，潤滑された摩擦面においても，摩擦面間の直接接触が起こるような作動条件下では，最も一般的にみられる摩耗形態である．

**（1）凝着摩耗の理論** いま，真実接触面積 $A_r$ が図8・4に示すような半径 $a$ の円形接触点 $n$ 個よりなるものと仮定する．面を滑らせていくと，接触部はずれていき，ついには接触点での面積は0になるが，このときにはどこか別の場所に接触点ができているものとする．つまり，1回の突起の出会いは，滑り距離 $2a$ の間だけ荷重 $W$ を分担すると仮定する．この場合，滑り距離 $L$ の間に生じる突起の出会いの総数 $N$ は，$nL/(2a)$ である．$W=p_m A_r$，$A_r=n\cdot\pi a^2$ であることを考慮すれば，

$$N = WL/(2\pi a^3 p_m) \tag{8・1}$$

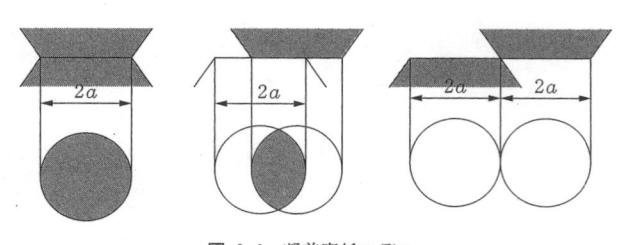

図 8・4 凝着摩耗モデル

となる．ここで，$p_m$ は塑性流動圧力であり，低硬さ側の摩擦面の押し込み硬さ $H$（ブリネル硬さまたはビッカース硬さ）に等しいと見なすことができる（**2・5・2**参照）．いま，摩耗粉はすべての出会いで発生するのではなく，そのうちの $k$ なる割合でのみ生じるとする．また，摩耗粉の形状は直径 $2a$ の半球と仮定すれば，滑り距離 $L$ の間に発生する摩耗粉の総体積 $V$ は

$$V = kN \cdot 2\pi a^3 / 3$$
$$= (k/3)\,WL/H = KWL/H$$
$$= KA_r L \qquad (8\cdot2)$$

となる．したがって，摩耗量は荷重と滑り距離に比例し，硬さに逆比例することになる[5]．換言すれば，摩耗量は，摩擦期間に塑性変形状態で実際に接触した面積 $A_r L$ に比例することになる．

**（2） 摩耗粉生成機構** 上述した凝着摩耗モデルでは，真実接触部が $k$ の確率で摩耗粉を生成することを仮定し，摩耗粉の生成機構（脱落機構）については何らの説明も与えなかった．もし，摩擦の際に接触部界面以外でせん断破壊が生じるならば，一方の摩擦面の一部が他方表面へ転移（移着，transfer）するのみであり，摩耗粉は必ずしも生成されない．以下，摩耗粉の生成機構について考える．

まず，乾燥摩擦における摩耗粉には，次のような特徴が観測されている[6][7]．

（1） 摩耗粉は必ずしも硬さの低い方の摩擦面からのみ生成するわけではなく，高硬さ面からも摩耗粉が生成される*．

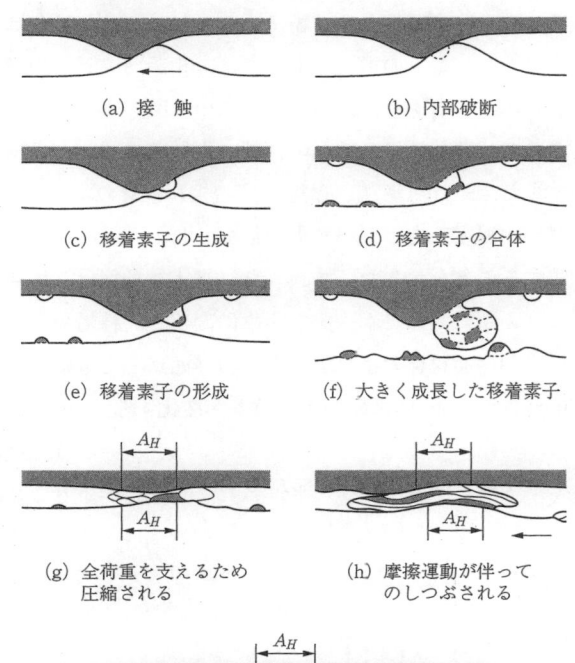

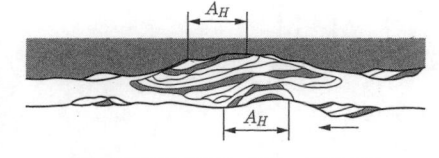

(a) 接触
(b) 内部破断
(c) 移着素子の生成
(d) 移着素子の合体
(e) 移着素子の形成
(f) 大きく成長した移着素子
(g) 全荷重を支えるため圧縮される
(h) 摩擦運動が伴ってのしつぶされる
(i) 鱗片状摩耗粒子の形成，脱落直前

**図 8・5** 摩耗粉生成機構モデルⅠ[8]

---

\* 材質とくに材料強度の不均一性や両摩擦面粗さ突起の接触時の幾何学的状態の違いなどにより，移着粒子や摩耗粒子などの摩耗粉は低硬さ（低強度）材からのみ発生するわけではなく，高硬さ材からも発生する．

(2) 摩耗粉は両摩擦面材料の混合物であることが普通である．
(3) 真実接触部の代表長さは $10^{-3}$〜$10^{-2}$mm 程度であるが，摩耗粉のサイズは $10^{-5}$〜$10^{-1}$mm 程度の範囲である．
(4) 凝着摩耗粉の大部分は，一度相手面に移着した後に脱落することが多い．

以上の特徴をふまえて，笹田[8]は図8・5に示すような摩耗粒子の生成機構を提案した．すなわち，摩擦面間で小粒子が相互移着を繰り返すことにより，しだいに大形の移着粒子に成長し，最終的には図8・5の(i)に示すような縞状に両摩擦面材料が混じり合った扁平な移着粒子になる．この移着粒子は，その大形化に伴う摩擦力によるモーメントの増大，あるいは，相手面突起との衝突により脱落して摩耗粉となる．相互移着過程において雰囲気中の酸素などの吸着が起これば，凝着力が低下するので，移着粒子の成長の抑制，再付着の防止が促進され，摩耗粉は微細になる．

また，Rigney[9]も，摩擦面間の相互移着の繰り返しによって，摩擦面上の両摩擦材料が混ざりあった移着層が形成され，遊離摩耗粉はこの移着層の破壊によって生成することを示した．すなわち，真実接触部は，大きい塑性変形を受けることによりせん断に対して不安定な組織に変化し，移着粒子の生成を促進するが，移着粒子は，相手面材料および酸素などの雰囲気とともに機械的に混合（mechanical alloying）され，しだいに極微小の粒子へ変化する．この摩擦面材料と雰囲気とにより生成された微細粒子は安定であり，それらよりなる表面層が摩擦面上に形成されるが，そこに蓄積された弾性ひずみエネルギーが破断面生成に必要な表面エネルギーよりも大きくなったときに摩耗粉が生成されるとしている．この考えは，次に述べる Rabinowicz[10] の提唱した摩耗粉生成機構と本質的には同じである．

Rabinowicz は，移着粒子に蓄えられている弾性エネルギーが移着粒子と摩擦面の凝着仕事よりも大きい場合には，移着粒子は摩擦面より遊離し，摩

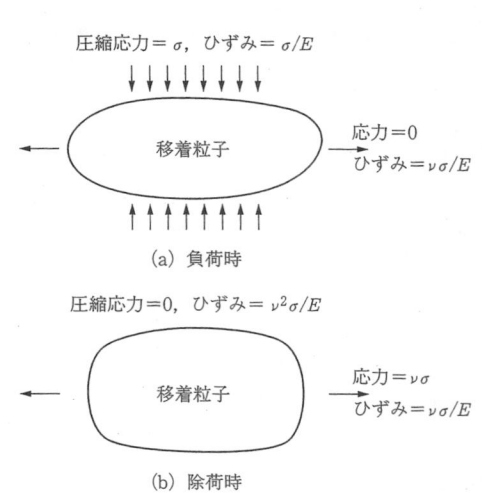

(a) 負荷時　圧縮応力＝$\sigma$，ひずみ＝$\sigma/E$，応力＝0，ひずみ＝$\nu\sigma/E$

(b) 除荷時　圧縮応力＝0，ひずみ＝$\nu^2\sigma/E$，応力＝$\nu\sigma$，ひずみ＝$\nu\sigma/E$

図 8・6　摩耗粉生成機構モデルII[10]

耗粒子となるとする機構を提案した．すなわち，移着粒子が摩擦に伴い形成されると，その粒子は接触域内では垂直応力 $\sigma$ を受け，それに伴い水平方向には $\nu\sigma/E$ のひずみが生じる〔図 8・6(a)〕．ただし，$\nu$ はポアソン比，$E$ は縦弾性係数である．移着粒子が接触圧から開放された場合にも，水平方向ひずみは残留しているので，水平方向に残留応力 $\nu\sigma$ が存在することになる〔図 8・6(b)〕．したがって，接触域外では圧縮応力は解放されるものの，摩擦面に付着している移着粒子には，残留応力が存在していることになる．ここで，接触域での圧縮応力が，材料の降伏応力 $\sigma_s$ に等しく，移着粒子の形状を直径 $d$ の半球状と仮定すれば，移着粒子に蓄えられている弾性エネルギー $E_e$ は

$$E_e = (\nu^2 \sigma_s^2 / 2E)(\pi d^3 / 12) \tag{8・3}$$

となる．また，移着粒子と摩擦面の単位面積当たりの凝着仕事を $W_{AB}$（2・1 節参照）とすれば，移着に伴う凝着仕事 $E_a$ は

$$E_a = W_{AB}(\pi d^2 / 4) \tag{8・4}$$

となる．移着粒子が脱落し摩耗粉になるための条件は $E_e \geq E_a$ であるので，

$$d \geq (6EW_{AB} / \nu^2 \sigma_s^2) \tag{8・5}$$

となる．式(8・5)は，摩耗粒子になるためには，ある程度以上の大きさが必要である

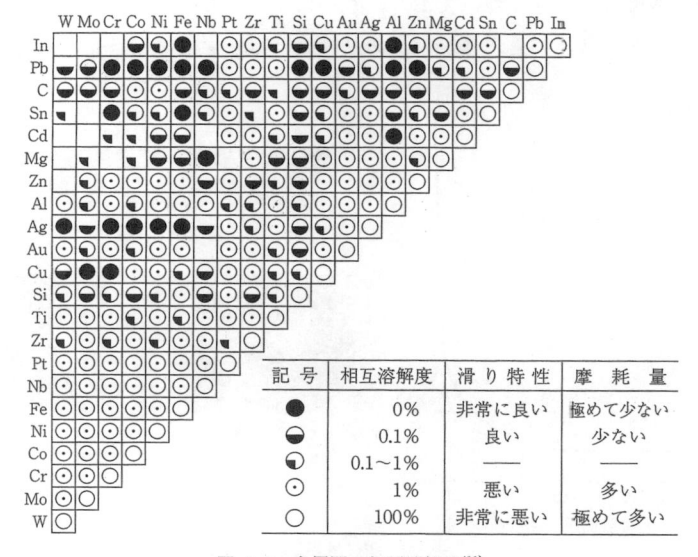

| 記号 | 相互溶解度 | 滑り特性 | 摩耗量 |
|---|---|---|---|
| ● | 0% | 非常に良い | 極めて少ない |
| ◐ | 0.1% | 良い | 少ない |
| ◔ | 0.1〜1% | — | — |
| ⊙ | 1% | 悪い | 多い |
| ○ | 100% | 非常に悪い | 極めて多い |

図 8・7　金属間の相互溶解性[11]

ことを示唆している．

図8・7に，代表的な純金属間の相互溶解度を示す．相互溶解度が高いほど $W_{AB}$ の値は大きい傾向がある．異種材料の摩擦では，$W_{AB}$ は同種材料よりも小さいので，摩耗粉は，同種材料の組合せよりも小さくなる．また，潤滑剤は，表面エネルギーを低下させるので，摩耗粉を小さくする．一般的には，最初に生じる移着粒子は小さくて，式(8・5)の条件を満足することができない．そのため摩耗粒子にはなり得ず，移着成長することによりはじめて条件を満足するようになる．

また，材料の破壊論の立場から，表面突起が接触を繰り返す毎に塑性変形あるいは弾性変形を受ける結果として疲れ破壊を起こし，摩耗粉として脱落するという考えもある[12]．この場合には，式(8・2)の $K$ は，その逆数 $1/K$ が疲れ破壊が生じるまでの繰り返し数となる．

Shaw[13]は，摩耗粉は突起接触に伴い表面及び表面下に生じる塑性変形領域 $V_p$ から発生し，その摩耗体積 $V$ は $V_p$ に比例すると考えた．$V_p$ は $WL/H$ に比例するので，$K \propto V/V_p$ となる．

**( 3 ) 凝着摩耗の特徴** 摩耗量の導出に当たっては，真実接触面部の接触圧力 $p$ として材料の塑性流動圧力 $p_m$ または押し込み硬さ $H$ を採用した．しかし，これは個々の真実接触部が大きく離れており，互いに干渉しないことを前提としている．荷重が増加して，個々の真実接触部での塑性変形域が重なるようになると，この前

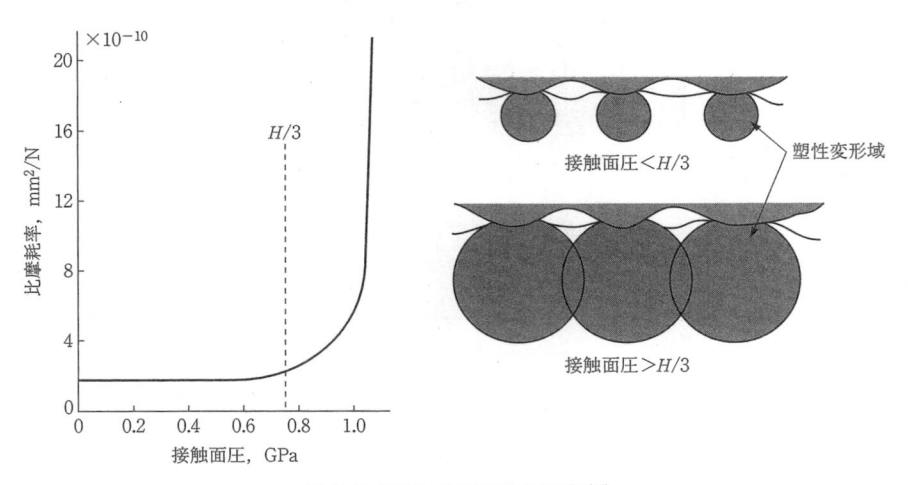

図 8・8 摩耗に及ぼす荷重の影響[14]

提条件が壊れ，接触圧力が降伏応力 $\sigma_s$ にまで低下することになる．すなわち，

$$p_m = \sigma_s = H/3$$

となり，見かけの接触面積全体にわたって塑性変形が進行し，真実接触面積が見かけの接触面積に急激に近づき，それに伴い摩擦，摩耗の急上昇をもたらす(図 8·8)．

凝着摩耗は一般に**軽摩耗**(**マイルド摩耗**, mild wear)と**重摩耗**(**シビア摩耗**, severe wear)に大別される．どちらの摩耗形態になるかは，雰囲気，荷重，滑り速度等に影響される．軽摩耗は滑り速度，接触圧力が低い場合に生じる比摩耗量の小さい($<10^{-9}$mm$^2$/N)摩耗状態をいう．摩擦面は，比較的滑らかで，通常は酸化膜で覆われており，摩耗粉は微細な酸化摩耗粒子である．一方，重摩耗は滑り速度，接触圧力が高い場合に生じる比摩耗量の大きい($10^{-7} \sim 10^{-8}$mm$^2$/N 程度)摩耗状態をいう．金属片よりなる大きい摩耗粉を発生し，摩擦面の荒れは激しい．一般に，酸素の吸着しにくい材料は重摩耗を受けやすく，酸素を吸着しやすい材料は軽摩耗になりやすい．

耐摩耗設計では，軽摩耗になるように材料，摩擦条件を選ぶ必要がある．作動初期において，摩擦面の摩耗および塑性変形による表面粗さの低下，摩擦面間の幾何学的一致性(conformity)の改善や酸化膜などの表面保護膜の生成等，すなわち初期なじみにより，重摩耗より軽摩耗への移行を図ることは重要である．

また，一般的には，酸化膜などの表面膜の生成速度は温度上昇とともに著しく増加するので，酸化膜形成が期待できる空気中などでの乾燥摩擦においては，荷重増加や滑り速度の増加が必ずしも摩耗率の増加を引き起こすわけではない．図 8·9 に，鉄鋼材料の場合の滑り速度増加に伴う摩耗率の変化のモデル図を示す．摩耗は，ある滑り速度範囲では，滑り速度の増加に伴い低下することが分かる．AB 間の摩耗率の減少は $Fe_2O_3$ の生成に起因し，CD 間の摩耗率の低下は $Fe_3O_4$ 生成によるものである．

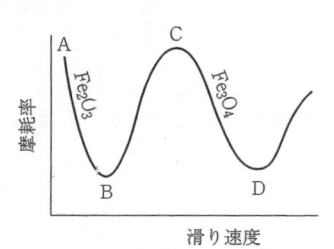

図 8·9 鉄鋼材料の摩耗―速度特性

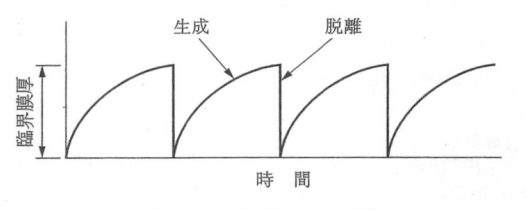

図 8·10 酸化摩耗モデル[15]

酸化摩耗は後述する腐食摩耗の一形態と考えられる．一般に酸化物は母材金属よりも比体積が大きく，脆いため，膜厚がある臨界値になると容易にはく離しやすくなる．したがって，その摩耗は，図8・10に示すように進行するようである[15]．

なお，鉄鋼材料の場合，空気中で形成される酸化膜は，外表面より $Fe_2O_3$，$Fe_3O_4$，FeO，O の拡散層の順になっている．FeO は，570℃以下では安定に存在しないが，摩擦面のような特殊な環境では，摩擦面温度が570℃以下でも，摩擦面に FeO が存在しており，その摩擦摩耗特性は他の酸化物よりも優れているようである*[16][17]．

### 8・1・2 アブレシブ摩耗

固体表面が，相手方摩擦面の表面突起や摩擦面間に介在する硬い粒子によって切削されることにより発生する切削摩耗を**アブレシブ摩耗**という．硬い表面突起で相手面を削る場合を **2元摩耗**(two body abrasive wear)，硬い介在粒子による場合を **3元摩耗**(three body abrasive wear)という．比摩耗量は，$10^{-5} \sim 10^{-7}$ mm$^2$/N 程度であり，凝着摩耗に比べてはるかに大きい．

**（1） アブレシブ摩耗の理論** 図8・11に示すように，硬度の高い摩擦面の突起が低硬度の摩擦面をアブレシブ摩耗させる場合を考える．突起は半頂角 $\theta$ の円錐形状とする．

突起にかかる荷重を $W$，低硬度材の塑性流動圧力を $p_m$ とすれば，

$$W = \pi (d \tan \theta)^2 p_m / 2 \tag{8・6}$$

である．突起が距離 $L$ 移動した場合に生じる摩耗量 $V$ は

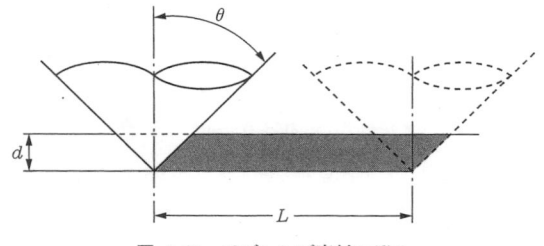

図 8・11 アブレシブ摩耗モデル

---

\* 摩擦面は塑性変形を受け，その変形部は転位の増加，結晶格子のひずみ等により極めて活性なり，著しく酸化を受けやすい状態となっている．Fink[16] は摩擦面における酸化膜形成と塑性流動の間に密接な関係が存在することを見いだし，**摩擦酸化**(reiboxydation)の概念を確立し，摩擦面での FeO の形成にも塑性流動が寄与していると指摘している．

$$V = d^2 \tan\theta \cdot L = \frac{2\cot\theta}{\pi p_m} WL = \frac{2\cot\theta}{\pi} \frac{WL}{H} \tag{8・7}$$

となる．つまり，摩耗量は，凝着摩耗と同様に，荷重と滑り距離に比例し，硬さに逆比例することになる．しかし，突起前方の突起により排除された体積がすべて摩耗粉として排出されるわけではなく，排除された一部は，突起の移動に伴い形成された溝の両側に盛り上がり部を形成する場合もある．したがって，式(8・7)は，突起が排除した体積の中で摩耗粉となる確率 $K'$ を用いて，

$$V = K'WL/H \tag{8・8}$$

と表示される．

上のアブレシブ摩耗モデルは，硬質突起により軟質表面がいずれにせよ摩耗されることを前提としている．しかし，実際の挙動は，突起形状，突起と軟質表面との界面でのせん断強さにより，(1) 軟質表面は塑性変形が生じるが摩耗しない，

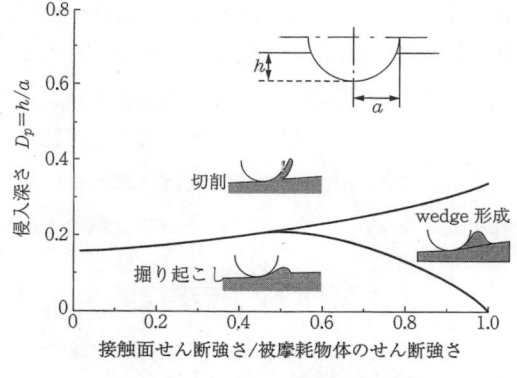

図 8・12 アブレシブ摩耗形態図[19]

(2) 突起前方に盛り上がり (ウェッジ，wedge) の形成と脱落を繰り返す，(3) 切削加工と同様に連続的な摩耗片の生成，の3形態に分類される (図8・12)[18][19]．

硬度差の大きい摩擦面間では，突起の傾斜が緩やかでも，接触面でのせん断強さ (摩擦係数) が低い場合には，アブレシブ摩耗が発生しやすくなる．したがって，潤滑を行うことにより，摩耗形態が凝着

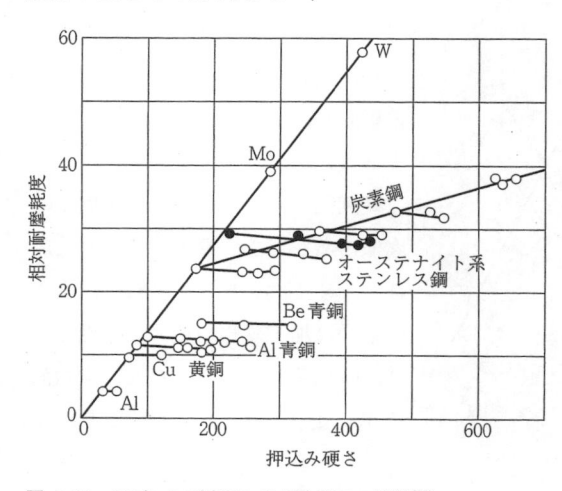

図 8・13 アブレシブ摩耗に及ぼす硬さの影響[20]
（ピン径 2 mm，砥粒の平均粒径 80 μm，砥粒の硬さ 2290 kgf/mm²，荷重 2.9 N）

摩耗からアブレシブ摩耗に遷移し，かえって摩耗が多くなることがあるので注意が必要である．

**（2） アブレシブ摩耗の特徴**　Khruschov[20]は，焼鈍した純金属の**相対耐摩耗度** $\varepsilon$ は，硬さ $H$ に比例して増加すること，焼入鋼に対しては $\varepsilon = \varepsilon_0 + K(H-H_0)$，$\varepsilon_0$，$H_0$ は定数，となること，また，ひずみ硬化(加工硬化)あるいは析出硬化した場合には，$\varepsilon$ の増加は認められないことを示した(図8・13)．

アブレシブ摩耗を受ける摩擦面は，摩耗に先立ちその表面層は極めて大きい塑性変形を受け，ひずみ硬化が著しく，塑性流動圧力は摺動前の摩擦材のバルクの流動圧力の2～3倍にも達する．そのために，ひずみ硬化や析出硬化による硬さ増加対策は，アブレシブ摩耗に対しては効果がない．したがって，摩耗抵抗は摺動前の摩擦材の硬さではなく，塑性変形後の硬さで評価しなければならない．

また，金属同士の摩擦であれば，摩擦材の硬さが相手材の硬さ以上になるまで摩耗が生じるが，アブレシブ粒子が非金属のときには，

$$\frac{金属の硬さ}{非金属アブレシブ粒子の硬さ} > 2.5$$

まで摩耗が生じる．これは，アブレシブ摩耗が無視できるほど減少するためには，金属とアブレシブ粒子の降伏応力が等しくなることが必要であるが，金属の降伏応力は硬さの約1/3であるのに対し，非金属では $1/(1.2\sim1.3)$ であるためである[21]．

硬度差のほとんどない金属同士の摩擦であっても，摩擦初期の凝着摩耗により生成された摩耗粉は，多くの場合は加工硬化や焼入れを受けたり，酸化されたりするため，摩擦面の母材金属より硬くなることが多い．したがって，いったん摩耗粉が発生し始めると，摩耗粉によるアブレシブ摩耗に移行し，摩耗量が増加

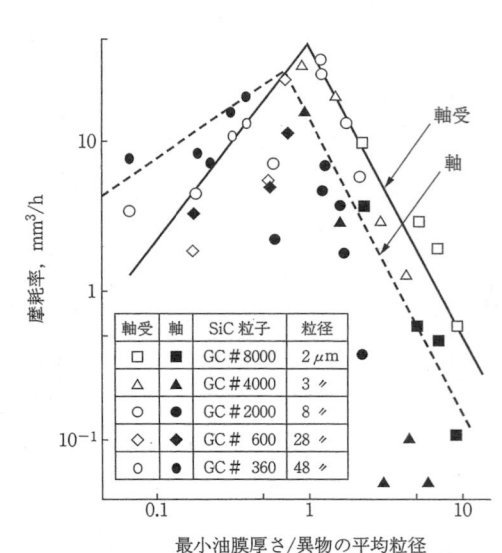

図 8・14　潤滑下の摩耗率に及ぼす異物粒径の影響[22]

する場合がある．

軟質材料と硬質材料の組合せであるジャーナル軸受などにおいては，焼入れを受けた軸の硬い摩耗粉が軸受メタルに埋め込まれ，これが切削工具の役をしてウール状の切り屑を出しながら軸を切削することがあり，**ワイヤウェア**(wire wool failure)と呼ばれる．このように，摩擦面間に異物，とくに硬質粒子が入ることは極めて有害であるため，摩擦面への粒子の導入性が問題になる．粒径が大きい粒子ほど高い摩耗率をもたらすが，摩擦面間には入りにくい．一方，粒径の小さい粒子は，潤滑油によりそのまま接触面外に運び去られるため摩耗にはほとんど関与しなくなる．したがって，潤滑下では，油膜厚さとほぼ等しいか，やや大きい粒子が摩耗を最も促進することになる（図8·14）．

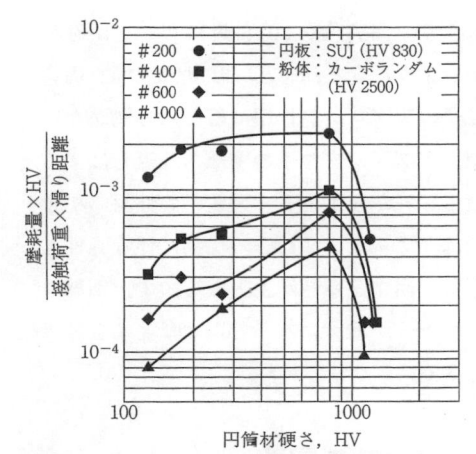

図 8·15 三元アブレシブ摩耗に及ぼす摩擦面硬度差の影響[23]〔円筒/円板(SUJ, HV 830)滑り接触〕

さらに，摩擦面の**埋込み性**(embeddability)も重要となる．埋込み性の大きい軟質金属(**10·1**節参照)では，異物粒子が侵入した場合に，その粒子を自分自身に埋め込み，保護膜にするとともに，相手に対する摩耗を減少させることができる．しかし，この場合には，相手面との硬さの差が問題になる．とくに，硬質粒子が介在する場合に，両摩擦面の硬さが等しい場合には，相互に粒子が埋込まれるため，かえって互いの摩耗を増大させる（図8·15）．

### 8·1·3　エロージョン

気体や液体中の硬質粒子が含まれている場合に，流体の運動に伴って固体表面が損傷を受ける場合や，流体，液滴，固体粒子が固体表面に繰返し衝突することにより生じる表面損傷を**エロージョン**という．

図8·16はアブレシブ粒子によるエロージョンの結果を示したものである．アブレシブ摩耗が促進されるためには，切削力成分すなわち表面に平行方向の力が必要なため，延性材に見られるように，粒子の衝突角は 90°よりも小さい角度で摩耗率が高

くなり，衝突角が20°付近にピークが存在するようになる．一方，90°近くでは，衝突粒子のアブレシブ作用はほとんど働かないが，アブレシブ粒子の衝撃の繰返しによる疲労摩耗が発生する．硬質の脆性材の場合には，アブレシブ粒子の衝突に伴う脆性き裂に起因する摩耗が主となるので，衝撃エネルギーが最大になる90°で摩耗率も最大になる．

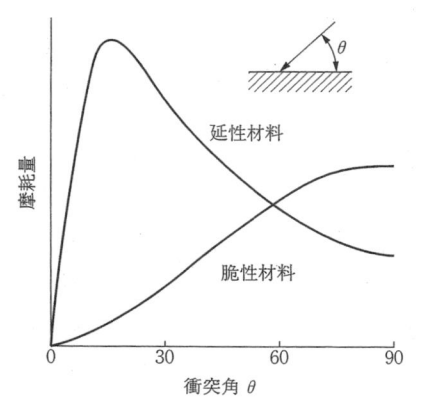

図 8・16 アブレシブ粒子によるエロージョン

### 8・1・4 腐食摩耗

腐食性雰囲気のもとで摩擦が行われると，摩擦面に化学反応により表面膜が形成される．この膜は摩擦にともないはぎ取られ，新しい面が露出する．この新生面は反応性に富むので再び表面膜を生成するが，それが再度はぎ取られる．このような機械的作用と化学的作用が複合した**メカノケミカル**(mechanochemical)な機構によって進行する摩耗を**腐食摩耗**という．例えば，内燃機関のシリンダー内の燃焼ガス中の硫酸分または亜硫酸分は，温度が湿分の露点以下に低下すると凝縮し，硫化物，硫酸塩を形成することにより腐食摩耗を発生する．

酸化膜のように，反応生成物に表面保護作用があれば摩耗は時間とともに減少する．この保護作用がない場合や，機構上あるいは作動条件によって反応生成物がはぎ取られやすい場合には，摩耗は増大する．潤滑膜は，摩耗を減少させるばかりでなく，腐食性雰囲気から摩擦面を遮断する働きもするが，逆に摩擦面の腐食を増長する場合もある．

潤滑状態が厳しく，油膜による摩擦面の保護が期待できない場合に，焼付きや摩耗の防止を目的と

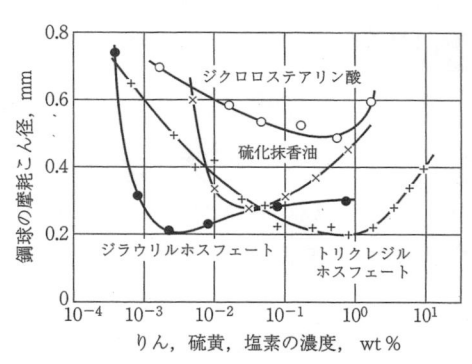

図 8・17 腐食摩耗（極圧剤の添加量と摩耗との関係）[24] 四球試験（材料：軸受鋼，荷重：69N，回転速度：700rpm 試験時間：2h，潤滑剤：SAE 20)

して極圧[添加]剤等が使用されるが，添加剤濃度が高すぎると腐食摩耗が著しくなる．すなわち，作動条件に応じた最適な添加濃度が存在することになる(図 8·17)．

なお，摩擦面に残留応力があれば，残留応力部は腐食性雰囲気中で優先的に腐食されやすい．これを**応力腐食**(stress corrosion)という．

### 8·1·5 フレッチング

微小振幅下で発生する表面損傷を**フレッチング**(fretting)といい，通常，相対滑りを許容しないように設計した箇所に発生することが多い．すなわち，フレッチングは，動荷重を受けるはめあい部や微小振幅の往復動摩擦を受け持つ部分に発生しやすい．電気接点などでも，フレッチング発生により接触電気抵抗が変化し，誤信号を誘起するので，その防止策が重要となる．大気中では，酸化摩耗粉(鉄鋼材料では茶褐色，アルミやその合金材料では黒色)を生成し，そのアブレシブ作用により激しい摩耗を生じることが多く，**fretting corrosion** とも呼ばれる．摩耗による減量に加えて，疲労強度が著しく低下する場合(**フレッチング疲労**，fretting fatigue)があるので注意しなければならない[25]．

さて，垂直荷重 $W$ で接触している2つの球に接線力 $T$ が作用するとき，接触二表面は接線力により弾性変形をうける．この場合の弾性変形は，接触二表面では逆になり，一方の表面が引張応力により伸びようとすると，それに対応する相手表面は圧縮応力により縮もうとする．この弾性変形の結果，表面間には相対滑りが発生することになるが，この相対滑りは接触面でのせん断応力(摩擦力)により抑制される．接触域全体にわたって完全に相対滑りを抑制するためには，図 8·18 に示すように接触域端部で無限大となるせん断応力分布が必要である[26][27]．しかし，接触

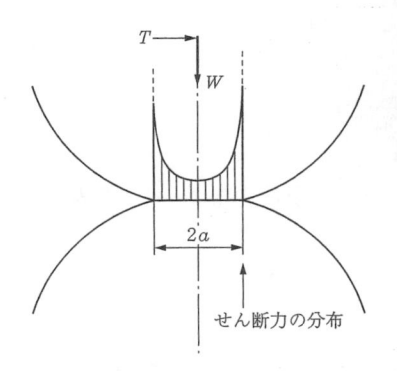

図 8·18 接線力作用下のせん断応力の分布
(界面での滑りがない場合)

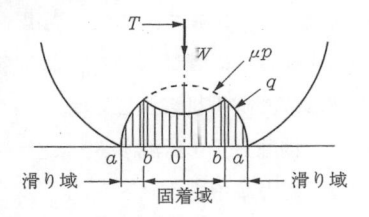

図 8·19 実際の接触面でのせん断応力分布

(a) 点接触 　　　　　(b) 線接触

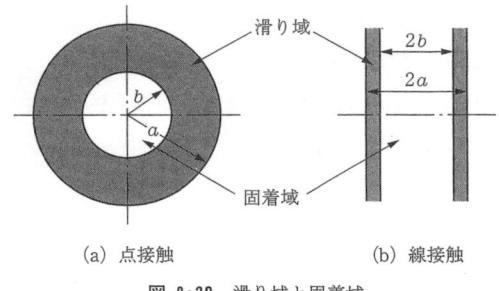

図 8・20　滑り域と固着域

面に作用する摩擦力は，(接触面圧 $p$)×(摩擦係数 $\mu$)に等しいかそれ以下であるので，相対滑りを妨げるために必要なせん断応力が $\mu p$ 以上の領域では，相対滑りが生じるようになる．その結果，せん断応力分布 $q$ は図 8・19 に示すようになる．すなわち，$T<\mu W$ の場合には，$q=\mu p$ の部分に滑りが生じ，$q<\mu p$ の部分はあたかも一体の弾性体のように挙動する．したがって，球と球の接触においては，図 8・20 に示すように，半径 $a$ の円形接触域の外縁部の円環状領域で滑りが発生し，中央部は滑りのない固着部(凝着部)となる．ここで，接線力係数 $\phi$ を

$$\phi = T/(\mu W) \tag{8・9}$$

と定義すれば，固着域の半径 $b$ は次式で表される．

$$b/a = (1-\phi)^{1/3} \tag{8・10}$$

なお，$\phi=1$，すなわち，$T=\mu W$ になると接触域全体が滑るようになる．

以上のように，通常相対滑りを許容しないように設計された所にも，外部より荷重がかかることにより微小滑りを起こし，フレッチングにいたることが多い．フレッチングを防止する方法としては，

（1）　相対滑り量を低減することによって摩耗の減少，き裂発生を防ぐ．例えば，接触面積を減少させたり，応力集中を利用して接触圧力を高めることが実施されている．

（2）　フレッチングの可能性のある面を分離する．あるいは，直接接触させない．

（3）　接触面の被覆，例えば $MoS_2$ 被膜，りん酸塩被膜などの非金属被膜，軟質金属被膜を表面に施す．また，潤滑油，グリースを供給することにより表面間の凝着の防止ならびに酸素供給の防止を図る．

き裂伝ぱの防止対策としては，

（4）　接触面圧を低減する．

（5）　応力集中をさける．

（6）　圧縮残留応力を表面層に付与する．

などが考えられる．しかし，これらの防止策は互いに矛盾するものもあり，その対策の実施が，逆に悪影響を与えることがあるので注意しなくてはならない．

## 8・2 焼 付 き

摺動中に摩擦係数が何らかのきっかけ，たとえば温度上昇に伴う油膜の破断などにより急に増大し，摩擦面に厳しい溶着が生じて面が激しく荒れたり，場合によっては摩擦面同士が固着してしまうことがある．この現象を**焼付き**(seizure, scoring, scuffing)という．一般には，焼付きは流体潤滑膜の破断に伴う混合潤滑への遷移や，境界潤滑膜や表面膜の破断に起因する固体摩擦への遷移など，摩擦が急に増大する潤滑状態の遷移現象と考えられている．焼付きを米国では**スコーリング**(scoring)，英国では**スカッフィング**(scuffing)と呼ぶことが多い．なお，転がり軸受の転動体の滑りに伴って生じる微小焼付きの集合を**スミアリング**(smearing)という．

焼付き発生条件としては，次の4条件が考えられている[28][29]．

**(1) 臨界膜厚条件** 油膜厚さと表面粗さの比である膜厚比(6・3節参照)で代表される接触状態の過酷度がある臨界値になった時に焼き付くという説である．この条件は，焼付き発生のための必要条件と考えられる．

**(2) 臨界温度条件** 摩擦面材料と潤滑油によって決まる，ある臨界温度まで表面温度が上昇した時に焼付きが発生するという説で，現時点での焼付き条件の主流をなしている．臨界温度としては，吸着膜の配向喪失温度ないし脱着開始温度(転移温度)が採られることが多い．

**(3) 臨界摩擦損失，臨界摩擦損失密度条件** 摩擦力の大きさは摩擦面での機械的擾乱の尺度ばかりでなく，発熱量すなわち熱的擾乱の尺度でもある．本説は摩擦面での機械的および熱的擾乱の大きさ，すなわち，荷重 $P$，平均接触圧力 $p$，滑り速度 $V$，摩擦係数 $\mu$ としたときに，前者では $\mu PV$ が，後者では $\mu pV$ が臨界値になったとき焼付きが発生するとする説である．

**(4) 熱的不安定条件** 発生した摩擦熱が吸収できなくなり，摩擦面での熱的平衡が破れると焼付きが発生するという説．すなわち，油膜内の温度が急激に上昇し，潤滑油の爆発的な蒸発が起こり，その爆発(implosion)により潤滑油が摩擦面より飛散する結果，摩擦面間の直接接触がおこり，焼付きが発生する．

しかし，焼付き発生は種々の要因が関係するとともに，偶発性も存在するので，上の条件が成立すれば，必ず焼付きが発生するわけではなく，4条件は焼付き発生の1つの可能性を示したものと考えるべきである．以下に，さらに詳しく焼付き発生条件についての検討を行う．

### 8・2・1 保護膜の破断

焼付きは摩擦面間の直接接触の結果として発生するわけであるから，流体潤滑膜，境界潤滑膜，表面膜などの保護膜の破断が焼付き発生の必要条件となる．

流体潤滑の場合には，摩擦面間の直接接触の割合は**膜厚比** $\Lambda$ で推定できる(6・3参照)．$\Lambda>3$ では，摩擦面は流体膜によりほぼ完全に分離されているが，$\Lambda<1$ になると荷重はもはや流体膜ではほとんど支持することができなくなる．

境界膜(吸着膜)の破断は熱的降伏が主体であり，摩擦面温度が転移温度になると境界膜の保護作用は喪失する(図7・3節参照)．

境界膜が破断したときには，酸化膜や硫化物などの極圧[添加]剤による反応膜，さらにはりん酸塩処理などの表面処理膜が保護膜としての役割を担う(7・4節参照)．これらの保護膜は熱的擾乱(軟化，変質，分解など)，機械的擾乱(破壊，摩耗など)により破断するが，作動条件が厳しくなり，これら保護膜の再生・補修が充分に行われなくなることが焼付き発生の1つの臨界条件となる．

ところで，境界膜，表面膜の破断は，それらを支えている下地金属の変形に大きく支配されることに注意しなければならない．すなわち，下地が大きい塑性変形を受けると，その変形に吸着層や表面膜が追随できなくなり破断する．表面の粗さ突起間の接触が弾性的か塑性的かは，塑性指数 $\psi$ (2・5・3参照)により推定できる．図8・21に接触状態が焼付きに及ぼす影響を示すが，$\psi$ が小さいと，焼付き発生温度は 150～200℃ と高いが，$\psi$ が大きくなると 50℃ 程度の低い温度で焼付きが発生する[30]．また，表面を極めて滑らかに仕上げると，

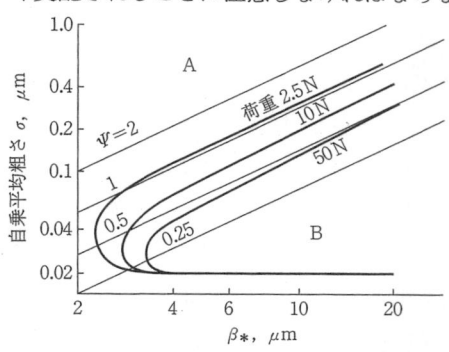

$\beta*$：突起間の相関距離，$\Psi$：塑性指数
A：低温焼付き領域，B：高温焼付き領域

**図 8・21** 焼付きに及ぼす塑性指数の影響[30]

かえって焼付きを発生しやすくなることに注意すべきである．これは表面粗さの存在は，粗さ谷部が潤滑油の供給源の役目をし，また局所的な凝着（焼付き）部が，滑りに伴い非接触状態にもなり得るが，平滑面では直接接触部（荷重支持部）の交代や潤滑油の供給がほとんど期待できないため，局所的な凝着部が発生すると，そのまま焼付きへと進展する可能性が著しく高くなるためである．

### 8・2・2 焼付き発生条件

保護膜が局所的に破断し，金属間の直接接触が発生しても，必ずしもそのまま焼付きにまで進展するわけではない．焼付きはその後の摩擦過程において表面損傷部が拡大することにより発生する．したがって，発生した微小な表面損傷部の成長を抑えることができるならば焼付き発生が防止できる．また，たとえ焼付きを生じても，その損傷を軽微な状態に留めておくことができるならば，損傷自体の回復も可能になる．したがって，焼付き発生の有無は，荷重，温度などの作動条件ばかりでなく，摩擦材料とくにその表面性状や強度にも大きく影響される．つまり，前記の4つの焼付き発生条件は，ある作動条件に限った場合に成立するものと考えられる．

焼付きに関して考慮すべき主な因子は，① **表面温度**，② **接触の過酷度**，③ **表面強度** の3つである．表面温度の臨界温度としては次の2つが考えられる．第1臨界温度は潤滑油と摩擦面材料により決まる **転移温度** であり，**第2臨界温度** は摩擦表面に付着した潤滑油の酸化が著しく促進されるとともに，表面に形成される酸化膜の性状が

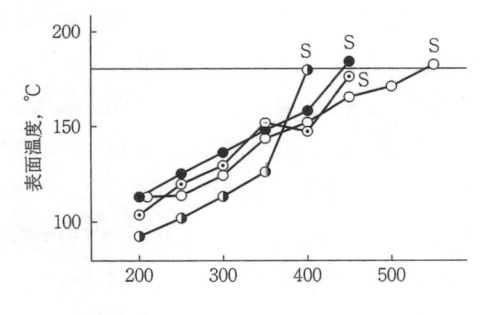

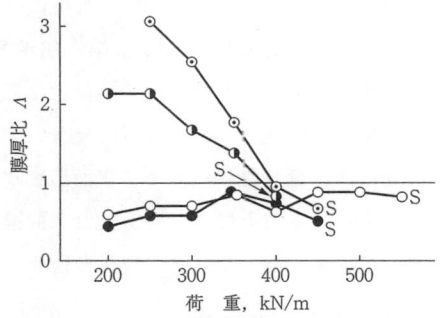

図 8・22 焼付き発生と表面温度，膜厚比の関係[32]
（S 45 C 調質材，滑り速度：5m/s，S：焼付き）
この例では，表面温度が第2臨界温度に達すると膜厚比，したがって接触の過酷度に関係なくすべて焼き付いている．なお，各実験での表面粗さは相違している．

変化する温度であり*[31][32]，鉄鋼材料と鉱油の組み合わせでは約 180℃ である（図 8·22）．この表面温度としては**バルク（本体）温度** $\theta_b$ と接触部の**閃光温度**(flash temperature) $\theta_f$ の和，すなわち接触部最高温度上昇 $\theta_{max} = \theta_b + \theta_f$ が基準温度となる．ただし，$\theta_f$ の値は真実接触部の実際の最高温度上昇ではなく，摩擦熱が見かけの接触域全体に平均的に分布していると仮定して求めた平均温度上昇を採用することが多い．また，歯車などの転がり接触状態にある場合のように，接触している時間よりも接触していない時間の方がはるかに長い摩擦条件では，接触域で生じた局所的損傷は，非接触時間に回復することも考えられる．この場合には，摩擦面全体が臨界温度に達することが必要となるので，$\theta_b$ が基準温度となる（**3·3** 節参照）．なお，摩擦熱をいかに効果的に取り去るかも重要な問題であり，熱安定条件すなわち熱収支の平衡条件も，焼付き発生防止には考慮しなければならない．

　**接触の過酷度**の尺度には膜厚比が採用できる．

　**表面強度**としては，表面硬さ，酸化膜や添加剤との反応膜などの表面膜性状と，その生成状況，摩擦面間の親和性などを考慮すべきである．炭素鋼などを摩擦材として使用した場合には，作動中の加工硬化を考慮した表面硬さが表面強度の尺度となり得る．また，金属間の直接接触が生じた場合には，摩擦面間の凝着力を小さくするため，化学的に類似していない互いに固溶しにくい材料の組合せや，例えば鋳鉄のように，凝着部の成長を妨げやすい不均質な成分構成を有する材料を摩擦面に使用することが焼付き防止のためには有利である．

　注意すべきは，表面温度が臨界温度になった時に必ず焼付きが発生するわけでないということである．たとえば，第一臨界温度になっても，膜厚比が 3 以上と充分に厚い油膜が形成されていれば，焼付きは発生しないし，作動条件が過酷で，摩擦損失，摩擦損失密度が大きくても，充分に表面強度が高ければ焼付きは発生しない．したがって，第一臨界温度まで表面温度が上昇する前に膜厚比を小さくし，接触条件を過酷にすることにより，有効な表面膜を形成するとともに加工硬化を促進し，表面強度を増加させることも焼付き防止に有効な方法となる．

---

　\* 境界潤滑条件下での昇温**四球試験**\*\*において，転移温度で焼付きが発生しない場合には，それ以上の温度域で FeO が摩擦面に形成され，温度上昇とともに摩擦係数は低下する．しかし，第 2 臨界温度に達すると，摩擦係数が増加しはじめ，酸化膜の主成分が FeO から $Fe_2O_3$，$Fe_3O_4$ に変化する．
　\*\* ピラミッド形に積上げた 4 個の同一寸法の鋼球のうち，下の 3 個を固定し，上の 1 個を回転させる試験機．

## 8・3 転がり疲れ

歯車や転がり軸受などに見られる転がり接触部は，一般に点接触，線接触のため接触圧力が高く，接触を繰返すことにより表面近くの材料が**疲労破壊**を起こし，はく離することがある．これを**転がり疲れ**あるいは**転動接触疲労**(rolling [contact] fatigue) と呼ぶ．慣習上，転がり軸受の軌道輪表面(転送面)や転動体表面に発生するものを**フレーキング**(flaking)，歯車表面に生じる比較的小さな穴を**ピッチング**(pitting)，重荷重下でのかなり大きなはく離を**スポーリング**(spalling)，また鉄道レールに発生するはく離を**シェリング**(shelling) と呼んでいる．転がり疲れの発生は，それが軽微であっても，機械の機能・性能の低下をもたらすとともに，接触の繰返しによりさらに損傷の程度を拡大させ，機械の安定作動を不可能にさせる．

転がり疲れのき裂には，**表面起点き裂**と**内部起点き裂**とがある．油膜厚さが表面粗さに比べて薄い場合には，表面突起間の直接接触(**突起間干渉**)が生じ，そこを起点とした表面起点き裂が発生する．一方，潤滑油膜により接触面間が分離され，接触面間の直接接触が充分に妨げられている場合には，内部起点き裂となると考えられている．

なお，転がり接触疲れに対して，一般の材料の疲れ，すなわち非接触疲れの概念がそのまま適用可能であるか否かの確証はまだ得られていないが，$S$-$N$曲線と同様な疲れ限度の存在は確認されている[33]．非接触疲れと同様に，接触疲れ現象をき裂の発生と伝ぱの両過程に分けて考えることは，この現象の理解を容易にする．すなわち，接触疲れを防止するためには，き裂発生を防止することが最も大切であるが，発生したき裂が伝ぱするかどうか，伝ぱするとすれば，どの程度時間が経過した後に表面はく離が発生するのかを予測することが，設計および機器保全の面からは重要になる．

き裂伝ぱの定量的評価をするためには，破壊力学的観点から，き裂先端近傍の応力場を評価するための応力拡大係数を求める必要がある[34][35]．しかしながら，転がり接触下の応力状態は三次元的で，材料自体も作動中に変質するため，通常の非接触疲れと比較して転がり疲れ現象は複雑であり，未だき裂の発生機構を含めて充分には解明されていない．

### 8・3・1 転がり-滑り接触下の応力状態

2・5 節で説明したように，点接触，線接触における接触応力分布は，転がり接触においては接触点の移動に伴う応力変動を示すものとも解釈できる．すなわち，転がりの進行と繰返しによって，表層部は両振りのせん断応力 $\tau_{zx}$，および片振りに近いせん断応力 $\tau_{45°}$ を繰返し受けることになるが，$\tau_{zx}$ の方が応力振幅が大きく，内部起点き裂の発生・伝ばの主因と考えられている．

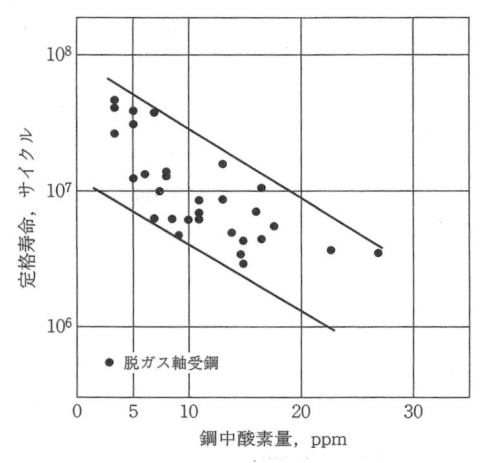

図 8・23 軸受鋼の酸素量と寿命[37]

ところで，この応力の計算にあたっては，材料は均質かつ等方性であることを前提としている．しかし，実際の材料は，必ずしも均質ではなく，応力集中源となりうる非金属介在物やき裂起点となる先在き裂，軟質成分が存在することが普通であるので，この点を考慮しなくてはならない．とくに，軸受鋼などの高硬度材では $Al_2O_3$，$SiO_2$，$CaO \cdot Al_2O_3$ などの非金属介在物がき裂発生の起点となる[36]．図 8・23 に，軸受鋼の転がり寿命と酸素含有率の関係を示す．軸受鋼の製鋼法は 1960 年代に大気溶解法から真空脱ガス法に変わり，酸化物介在物が 10 ppm 以下にまで低下した結果，寿命が大幅に増加しており，転がり軸受の定格寿命の計算にもその点が考慮されるようになっている[35]．

### 8・3・2 塑性変形

接触圧力が高い場合には，せん断応力がせん断降伏応力を超えるようになり，表面層に塑性変形が生じる．転がり接触では，この応力が繰り返されるために，表層に表面に平行な塑性変形層が形成され，残留応力が発生する．その結果，次の接触時には，その残留応力によってせん断応力が緩和され(打ち消され)，降伏を起こさなくなる．このように，残留応力により降伏が妨げられる現象を**シェークダウン**(shakedown)といい，降伏を生じない最大荷重を**シェークダウン限界**(shakedown limit)という．

半無限体の表面層に転がり方向に一様に塑性変形が起こるとすれば，転がり接触によって生じる残留応力は，転がり方向の座標 $x$ に無関係でなければならず，存在し得る残留応力は $\sigma_{xr}=f_1(z)$, $\sigma_{yr}=f_2(z)$ のみである．ここで，添字 $r$ は残留応力を示し，$z$ は表面に垂直な座標である．

Tresca の条件ではシェークダウンの条件は

$$\tau_{max}=(1/2)\{(\sigma_x+\sigma_{xr}-\sigma_z)^2+4\tau_{zx}^2\}^{1/2}\leq k$$

である．すなわち，$\tau$ が最大値をとる場所で，$\sigma_{xr}=\sigma_z-\sigma_x$ なる残留応力が発生し，$|\tau_{zx}|_{max}\leq k$ であれば降伏が起こらない．また，Mises の条件においては $\sigma_{xr}=\sigma_x-\sigma_z$, $\sigma_{zr}=(1-\nu)\sigma_z-\nu\sigma_x$ なる残留応力が発生し，$|\tau_{zx}|_{max}\leq k$ であれば降伏が起こらない．逆に $|\tau_{zx}|_{max}>k$ であれば，残留応力によるせん断応力の緩和が生じたとしても降伏条件を超えてしまうので降伏が起こる．そのため，転がり接触の繰返しに伴い回転方向と同じ方向に前進塑性流れが発生し，表層組織の微細化や加工硬化も進行する．したがって，$|\tau_{zx}|_{max}=k$ がシェークダウン限界を与えることになる[38]．つまり，$|\tau_{zx}|_{max}=k$ までに塑性流動はあるものの，ある繰返し接触後には前進塑性流動は停止する．例えば，線接触で，摩擦が作用しない場合には，$z=-0.5b$ で $|\tau_{zx}|_{max}=0.250 p_{max}$ となるから (2・5・1 参照)，シェークダウン限界は

$$p_{max}=4k$$

となる．

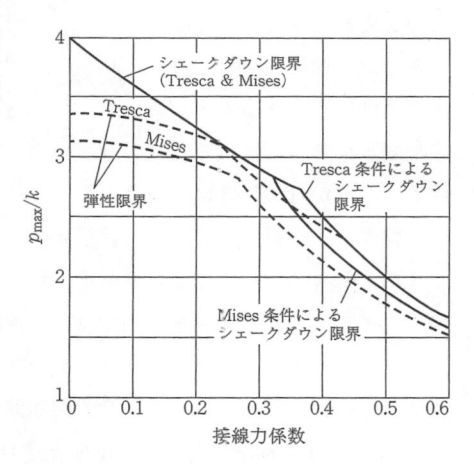

図 8・24 シェークダウン限界[38]

なお，接線力(摩擦)が作用する場合には，最大せん断応力は大きくなるため，シェークダウン限界を与える $p_{max}$ は小さくなるとともに，その位置は表面方向に移行し，接線力係数が 0.25～0.26 以上では，$\tau_{zx}$ の最大せん断応力の発生位置は表面になる[39]．図 8・24 は，シェークダウン限界に及ぼす接線力係数の影響を示したものである．

### 8・3・3 突起間干渉

油膜厚さが薄くなり，表面粗さ突起間の直接接触（突起間干渉）が生じるようになると，突起接触部の接触応力は極めて高いため，そこを起点とするき裂が発生する．この表面起点き裂による転がり疲れ寿命は，内部起点き裂寿命に比べて極端に短くなることがある．突起間干渉の程度は膜厚比により評価できるが，図8・25に示すように，膜厚比が3以下になると，膜厚比の低下とともに，急速に寿命が低下する．

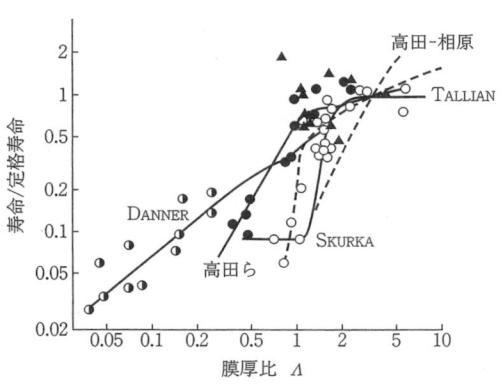

**図 8・25** 膜厚比と転がり軸受の寿命[40]

また，個々の突起接触部の過酷度も転がり寿命に影響を与える．いま，突起形状のパラメータである自乗平均粗さ $\sigma$ と相関距離 $\beta_*$ の比 $\sigma/\beta_*$ を**ミクロ形状係数**と定義する．このミクロ形状係数は，突起接触部の過酷度の尺度である塑性指数の中の突起形状因子と同じものであり，突起間の接触状態の過酷度を示すものと考えてよい．図8・26に転がり寿命に及ぼすミクロ形状係数の影響を示す．膜厚比が3以下の突起間干渉が生じる条件下では，寿命が低下しているが，その低下の程度はミクロ形状係数が小さくなるとともに著しく低くなっている．すなわち，膜厚比が低く，潤滑状態がかなり厳しい状態でも，表面のミクロ形状を改善することにより，長時間の寿命が期待できることがわかる．

以上の議論は，突起接触がランダムに起こることを前提としていた．しかし回転数比が1：1や1：2の場合には，いつも同じ相手面と接触することになる．この場合には，突起接触部は接触の初期には大きな応力集中と，それに伴う塑性変形を受け

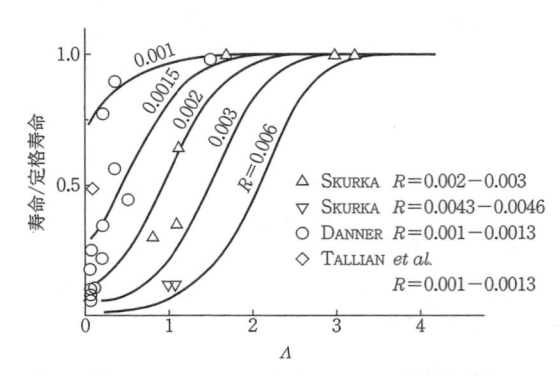

**図 8・26** 転がり軸受の寿命に及ぼすミクロ形状係数の影響[41]
$R=\sigma/\beta_*$：ミクロ形状係数

るものの，接触を繰返していく間に，接触部のミクロ形状の一致性(conformity)が増加し，突起接触はしだいに弾性的になる．すなわち，なじみによる応力集中の急速な緩和が期待できる[42]．したがって，回転数比が簡単な整数比の場合には，30：29のようなランダムな回転数比(素数比と呼ばれることがある)の場合に比べて転がり疲れ寿命が高くなる(図8・27)[43]．これに類似な状況は歯車でも成立し，歯数比が素数比の歯車対の方がピッチング耐圧が低くなる[44]．なお，耐焼付き性では，歯数比が素数比の場合のほうが高いことが知られている[45]．

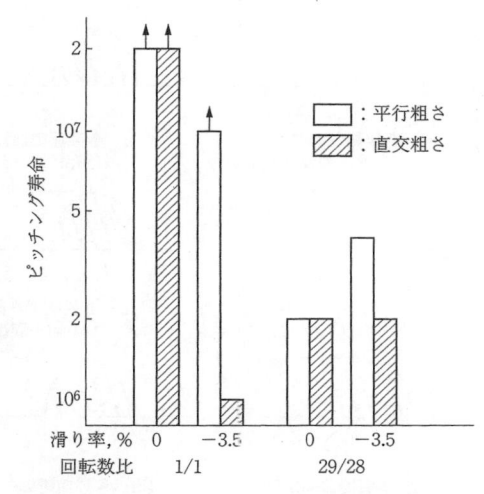

図 8・27 ピッチング寿命に及ぼす回転数比の影響[43]

### 8・3・4 き裂の伝ぱ

1935年のWayの先駆的研究[46]をはじめとする広範な研究によって，ピッチングに関して以下のような実験事実がよく知られている．

（1） 表面が粗い場合，あるいは膜厚比の小さい場合にピッチングは発生し易い．
（2） 接線力(摩擦力)の大きい方がピッチング寿命が短い．
（3） ピッチング寿命は接線力の作用方向が転がり方向と一致する場合(以下，低速側という)には低下し，逆の場合(高速側)には増加する．
（4） ピッチング発生のためには潤滑油の存在が必要である．
（5） 高粘度油ではピッチングが発生しにくい．
（6） ピットに進展するき裂はある特定の方向を向いている．すなわち，き裂は回転方向とは逆向きに伝ぱする．
（7） 油性向上剤，極圧剤はピッチングの発生を緩和する場合も助長する場合もある．

接触応力，表面層の塑性流動に関しては，高速側と低速側の有意差は認められないので[47]，ピッチング寿命の差はピッチング発生段階に起因するのではなく，伝ぱ

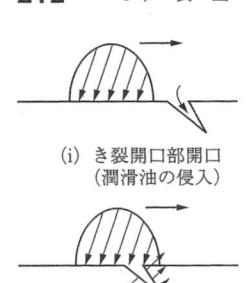

| (a) き裂伝ぱ | (b) き裂伝ぱなし |
|---|---|
| (i) き裂開口部開口<br>(潤滑油の侵入) | (i) き裂開口部開口<br>(潤滑油の侵入) |
| (ii) き裂両面部開口<br>(油圧力の発生) | (ii) き裂底より閉口<br>(潤滑の排出) |
| (iii) き裂開口部閉口<br>(油圧力の発生) | (iii) き裂面閉口<br>(油圧力の発生なし) |

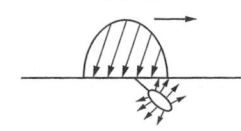

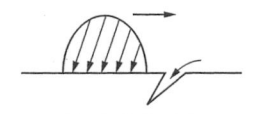

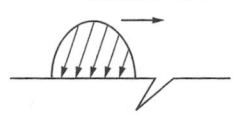

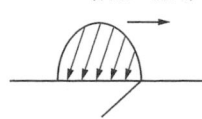

図 8・28　き裂伝ぱに及ぼす油圧作用の影響

機構に起因する可能性が大きい．上記のピッチングに関する特徴は，Wayにより提唱されたき裂内への潤滑油の進入と閉じ込めが，ピッチングの主伝ぱ機構であるという説により合理的に説明できる．

すなわち，き裂に進入した潤滑油は，(1) き裂面に接触部圧力に近い高い油圧作用を生じる，(2) き裂内に閉じこめられ，閉じこめ油圧作用を生じる，(3) き裂面間の摩擦係数を低下する，などによりき裂伝ぱを助長する[48]~[51]．また，き裂の発生方向は接線力の作用方向と関連して，一般的に高速側では回転方向と同一方向に，低速側で逆方向に発生する．

図8・28に，潤滑油のき裂内への進入および閉じこめの難易と，き裂方向の影響をモデル化したものを示す．接触圧力の方向には，接線力の成分も考慮して表示されている．潤滑油のき裂内への進入の影響を考慮すれば，ピッチング発生の特徴が合理的に説明できることが分かる．

〔参考文献〕
(1) 坂井勝義，倉橋基文，潤滑，33, 3(1988) 181.
(2) 機械工学便覧 B 1，日本機械学会(1985) 61.
(3) Lim, S. C. and Ashby, M. F., *Acta Metall*., 35 (1987) 1.
(4) 堀切川一男，トライボロジスト，37, 10(1992) 799.
(5) Archard, J. F., *J. Appl., Phys*., 24, 8 (1953) 981.
(6) 笹田直，日本機械学会誌，76, 650 (1973) 226.
(7) Kerrige, M. and Lancaster, J. K., *Proc. Roy. Soc.* London, A 236 (1956) 250.
(8) 笹田直，潤滑，24, 11 (1979) 700.
(9) Rigney, D. A., Chen, L. H. and Naylor, M. G. S., *Wear*, 100 (1984) 219.

(10) Rabinowicz, E., *Friction and Wear of Materials*, John Wiley & Sons. Inc., (1965) 151.
(11) Booser, E. R., *CRC Handbook of Lubrication*, Vol. 2, CRC Press (1984) 204.
(12) 木村好次, 潤滑, 24, 11 (1974) 706.
(13) Shaw, M. C., *Wear*, 43 (1977) 263.
(14) Burwell, J. T. and Strang, C. D., *J. Appl. Phys.*, 23 (1952) 18.
(15) Tao, F. F., *ASTE Trans.*, 12, 2 (1969) 97.
(16) Fink, M., *Fortschritt Berichte VDI-Z*. 5, 3 (1967) 5.
(17) Hirano, F. Sakai, T. and Yamamoto, Y., *Proc. 6 th Leeds-Lyon Symp. Tribology*, (1979) 298.
(18) Challen, J. M. and Oxley, P. L. B., *Wear*, 53 (1979) 229.
(19) Hokkirigawa, K. and Kato, K., *Tribology International*, 21 (1988) 51.
(20) Khruschov, M. M., *Proc. Conf. Lubrication and Wear*, Instn Mech Engrs, (1957) 655.
(21) Richardson, R. C. D., *Wear*, 11 (1968) 245.
(22) 朝鍋定生, 佐木邦夫, 日本機械学会, 九州支部特別講演会講演資料集 (1982) 35.
(23) 平野冨士夫, 浦晟, 日本機械学会論文集, 38, 305 (1972) 202.
(24) Larsen, R. G. and Perry, G. L., *Mechanical Wear*, Edited by Burwell Jr., J. T., ASM (1950) 73.
(25) 平川賢爾, 技術誌住友金属, 46, 4 (1994) 4.
(26) Mindlin, R. D., *J. Appl. Mech.*, 16 (1949) 259.
(27) 西岡邦夫, 平川賢爾, 潤滑, 15, 2 (1970) 80.
(28) 平野冨士夫, 上野拓, 日本機械学会誌, 79, 1969 (1976) 1073.
(29) 山本雄二, 塑性と加工, 24, 265 (1983) 108.
(30) Hirst, W., *Chart. Mech. Engrs*., 21, 4 (1974) 88.
(31) Hirano, F., Sakai, T. and Yamamoto, Y., *Proc. 6 th Leeds-Lyon Symp*., (1980) 298.
(32) 山本雄二, 平野冨士夫, 潤滑, 19, 3 (1973) 199.
(33) 平野冨士夫, トライボロジスト, 39, 8 (1994) 644.
(34) 岡村弘之, 線形破壊力学入門, 培風舘 (1976).
(35) 兼田楨宏, 山本雄二, 基礎機械設計工学, 理工学社 (1995).
(36) 村上敬宜, 金属疲労, 微小欠陥と介在物の影響, 養賢堂 (1993).
(37) 角田和雄, 日本機械学会論文集, C, 52, 477 (1986) 1487.
(38) Johnson, K. L., *Proc. Fourth U. S. Nat. Congr. Appl. Mech*., Berkeley, California (1960).
(39) Johnson, K. L. and Jeferis, J. A., *Proc. Symp. Fatigue in Rolling Contact*, London, 1963, Inst. Mech. Engrs., (1964) 54.

(40) 高田浩年, 鈴木進, 前田悦生：潤滑, 26, 9 (1981) 645.
(41) Li, D. F., Kauzlarich, J. J. and Jamison, W. E., *J. Lubric. Tech. Trans. ASME*, 98 (1976) 530.
(42) 市丸和徳, 潤滑, 27, 2 (1982) 86.
(43) 市丸和徳, 中島晃, 平野冨士夫, 潤滑, 22, 10 (1977) 655.
(44) Ichimaru, K., Nakajima, A. and Hirano, F., *J. Mechanical Design, Trans. ASME*, 103, 2 (1981) 482.
(45) Ishibashi, A. and Tanaka, S., *J. Mechanical Design, Trans. ASME*, 103, 1 (1981) 227.
(46) Way, S., *J. Appl. Mech.*, 2, 2 (1935) A 49.
(47) 村上敬宜, 栄中, 市丸和徳, 森田健敬：日本機械学会論文集, C, 56, 527 (1993) 1926.
(48) 兼田楨宏, 村上敬宜, 八塚裕彦, 潤滑, 30, 10 (1985) 181.
(49) Kaneta, M. and Murakami, Y., *Tribology Int.*, 24, 4 (1987) 210.
(50) 市丸和徳, トライボロジスト, 39, 8 (1994) 660.
(51) Kaneta, M. and Murakami, Y., *J. Tribology, Trans. ASME*, 113. 2 (1991) 270.

# 9章 潤 滑 剤
lubricants

## 9・1 潤滑剤とは

**潤滑剤**(lubricant)は,
① 摩擦面間の摩擦・摩耗の低下
② 焼付き,摩耗,転がり疲れなどの表面損傷の防止
③ 潤滑面の冷却
④ 異物の混入防止あるいは排除
⑤ 腐食や錆の発生防止

などの目的で使用される.

　**(1) 種類**　潤滑剤は,その形態により,液体状の**潤滑油**,半固体状の**グリース**,および**固体潤滑剤**に大別できる.一般に潤滑油が最も多く使用されている.グリースは流動性のない利点を利用して,密封転がり軸受などに多く使用されている.例えば,転がり軸受の中で最も生産量の多い深溝玉軸受(全生産量の 60～70% を占める)の約 80% がグリースを封入した密封軸受である.また,固体潤滑剤は潤滑油やグリースが使用できない場合などに用いられる.

　**(2) 潤滑油の種類**　潤滑油の多くは,石油系潤滑油であるが,動植物油,合成潤滑油,エマルションなどの水性潤滑剤も使用されている.

　**(a)** **石油系潤滑油**は**鉱油**とも呼ばれており,原油の高沸点留分(重質分)から不安定成分やワックス分を取り除いたもので,その組成は炭化水素と非炭化水素に大別される.しかし,炭化水素 1 分子中の炭素数が多い(平均分子量約 350)ために異性体の数が極めて多く,分子構造も多岐にわたっており,個々の化合物を完全に同定することは不可能である.潤滑油中の炭化水素としては,飽和鎖状の**パラフィン炭**

化水素，1分子中に1つ以上の飽和環を含む**ナフテン炭化水素**，1つ以上の芳香族環を持つ**芳香族炭化水素**などがあり（図9·1），これらの含有率によって，**パラフィン系鉱油，ナフテン系鉱油，芳香族系鉱油**などと呼ばれている．非炭化水素成分である硫黄化合物，窒素化合物，酸素化合物等は潤滑油の精製工程で大部分除去される．潤滑油には多くの機能が要求されるが，その要求を満足させるために，何種類かの添加剤が配合されている．

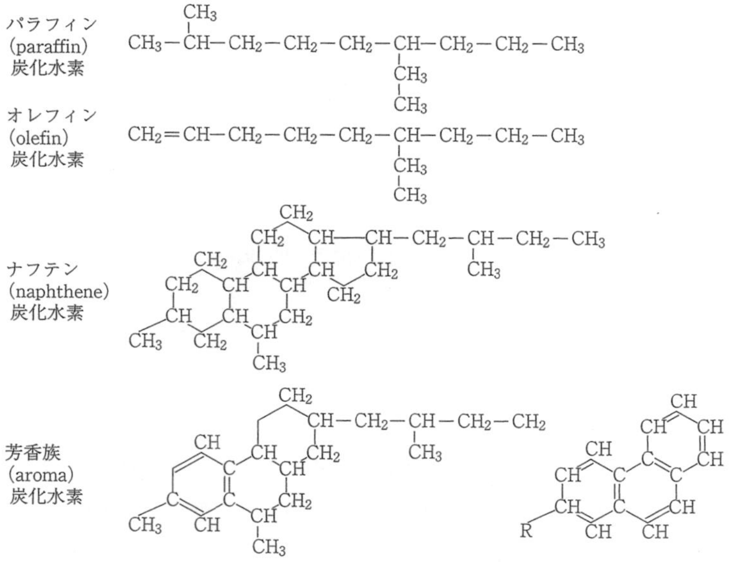

図 9·1 潤滑油構成成分[1]

（b） **合成潤滑油**(synthetic lubricant)は，鉱油系潤滑油や動植物油以上の潤滑性能を付与するために，人工的に合成された潤滑油である．例えば，耐熱性，低温流動性，難燃性，耐放射線性などが優先される場合に使用される．合成潤滑油は目的の性能を与えるために，炭素，水素のほか酸素，りん，けい素，ふっ素，塩素などの元素を分子内に組み込んで製造されたものであり，ポリオレフィン，ポリエーテル，シリコーン，りん酸エステル等が使用されている．

（c） **動植物油**は鯨油，牛脂，豚脂などの動物，および菜種油，ひまし油，パーム油など天然の植物から採取した油脂(fat)であり，潤滑油，金属加工用油剤や油性向上剤などに使用される．一般に，鉱油より境界潤滑特性は良好であるが，安定性

は劣るので**混成潤滑油**(鉱油に脂肪または脂肪油を 3~10% 混合した潤滑油)や**エマルション**〔連続した液体(連続相)に他の液体(分散相)が細粒状に分散したもの〕として使用されることが多い．

**(3) 潤滑油の用途**　潤滑油は用途により，工業用潤滑油，自動車用潤滑油，舶用潤滑油，金属加工用油剤に大別される．

**(a)　工業用潤滑油**(industrial lubricating oil)は各種の工業機械の潤滑に使用される潤滑油であり，一般機械の軸受や車軸の潤滑に用いるマシン油，アンモニア，フロンなどを冷媒とする各種冷凍装置の圧縮機などに使用される冷凍機油，水力タービン，蒸気タービンおよび油圧系，軸受などの汎用潤滑油であるタービン油，各油圧縮機，流体継手，自動変速機などの流体を媒介とし動力伝達，力の制御などを行う装置に使用される油圧作動油，歯車の潤滑に用いる工業用ギヤ油などがある．

**(b)　自動車用潤滑油**(automotive oil)にはガソリン機関，ディーゼル機関に使用される陸用内燃機関用潤滑油，変速機などの歯車，軸受の潤滑油としての自動車用ギヤ油がある．内燃機関に用いられる潤滑油を総称してエンジン油といい，とくにガソリン機関に使用するものをモータ油という．これらの油滑油の性能は **API**(アメリカ石油協会)サービス分類により，粘度は **SAE**(アメリカ自動車技術者協会)粘度番号により区分される．表 9·1 に **SAE 粘度分類**の例を示す．粘度番号には，冬期に予想される最低気温を考えた添字 W をつけた冬期用と，夏期の最高温度を想定した W の付かない一般用とが規定されている．冬期用と一般用の両方の規格に合格するものを**マルチグレード油**といい，10 W-30 のように表示する．

**(c)　金属加工用油剤**(metal working fluid)には金属加工に使用される潤滑油，旋盤，フライス盤などの金属の切削加工に用いる切削油剤，研削盤，ホーニングなどで使用する研削油剤，および圧延油，プレス油，引抜き油などがある．

**表 9·1** エンジン油の SAE 粘度グレード (JIS K 2010)

| SAE 粘度グレード | 規定温度(℃)における最大粘度, mPa·s {cP} | ポンプ吐出限界最大温度,℃ | 100 ℃ の動粘度, mm²/s {cSt} | |
|---|---|---|---|---|
| | | | 最小 | 最大 |
| 0 W | 3250 (−30℃) | −35 | 3.8 | — |
| 5 W | 3500 (−25℃) | −30 | 3.8 | — |
| 10 W | 3500 (−20℃) | −25 | 4.1 | — |
| 15 W | 3500 (−15℃) | −20 | 5.6 | — |
| 20 W | 4500 (−10℃) | −15 | 5.6 | — |
| 25 W | 6000 (− 5℃) | −10 | 9.3 | — |
| 20 | — | — | 5.6 | 9.3 未満 |
| 30 | — | — | 9.3 | 12.5 未満 |
| 40 | — | — | 12.5 | 16.3 未満 |
| 50 | — | — | 16.3 | 21.9 未満 |
| 60 | — | — | 21.9 | 26.1 未満 |

## 9章 潤滑剤

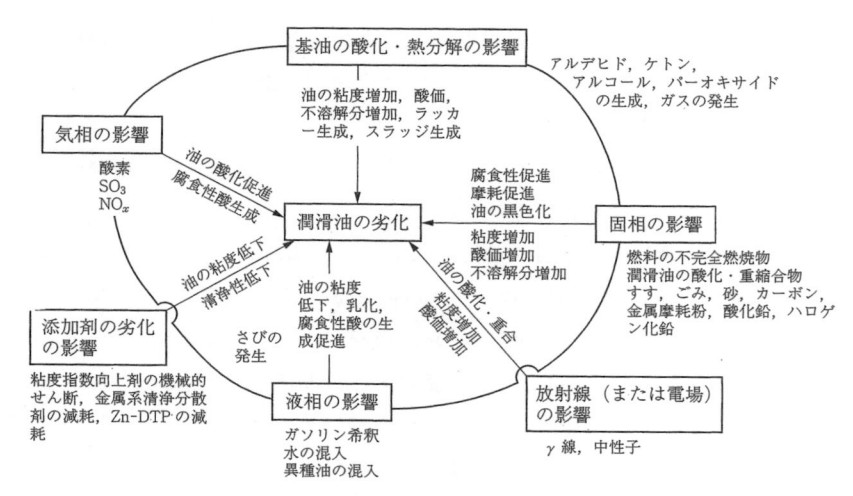

**図 9・2** 中の要素：

- 基油の酸化・熱分解の影響：油の粘度増加，酸価，不溶解分増加，ラッカー生成，スラッジ生成／アルデヒド，ケトン，アルコール，パーオキサイドの生成，ガスの発生
- 気相の影響：酸素，SO$_3$，NO$_x$／油の酸化促進，腐食性酸生成
- 固相の影響：腐食性促進，摩耗促進，油の黒色化／粘度増加，酸価増加，不溶解分増加／燃料の不完全燃焼物，潤滑油の酸化・重縮合物，すす，ごみ，砂，カーボン，金属摩耗粉，酸化鉛，ハロゲン化鉛
- 放射線（または電場）の影響：粘度の酸化・重合，酸価増加／$\gamma$ 線，中性子
- 液相の影響：油の粘度低下，乳化，腐食性酸の生成促進／さびの発生／ガソリン希釈，水の混入，異種油の混入
- 添加剤の劣化の影響：油の粘度低下，清浄性低下／粘度指数向上剤の機械的せん断，金属系清浄分散剤の減耗，Zn-DTP の減耗
- 中央：潤滑油の劣化

図 9・2 潤滑油の劣化に及ぼす諸因子の影響[2]

**(4) 潤滑油の劣化** 潤滑油は，使用していく間に酸化を受けるとともに，すす，燃料の混入などによる汚損を受ける．潤滑油は，酸化により，色相の悪化，粘度の増加，腐食性の増大，不溶性の樹脂状物質の生成等が生じ，機械の作動特性に悪影響を与えるのみならず，焼付き等を誘引し，機械の機能停止を引き起こすこともある．図 9・2 に潤滑油の劣化に及ぼす諸因子の影響について示す．

## 9・2 流動特性

一般の物質では，せん断応力 $\tau$ とせん断ひずみ $\gamma$，せん断ひずみ速度 $d\gamma/dt$ の間には次の関係が成立する．

$$\tau = f(\gamma, d\gamma/dt) \tag{9・1}$$

固体では，$\tau = f(\gamma)$，液体では $\tau = f(d\gamma/dt)$ の関係が一般的には成立する．

通常の潤滑油では，凝固点付近の低温域や高圧，高滑り速度の場合を除き，

$$\tau = \eta \, d\gamma/dt \tag{9・2}$$

として取り扱うことができる．

ここで，比例定数 $\eta$ を **[絶対] 粘度**（[absolute] viscosity, dynamic viscosity）または**粘性係数**（coefficient of viscosity）といい，与えられた温度と圧力においては潤

滑油に固有な一定の値を持つ．なお，このような関係が成立する流体を**ニュートン流体**(Newtonian fluid)と呼ぶ．ニュートン流体では，平行面間の速度分布は図9・3に示すような直線分布となり，つぎの関係式が成立する．

$$\tau = \eta \, du/dz \qquad (9 \cdot 3)$$

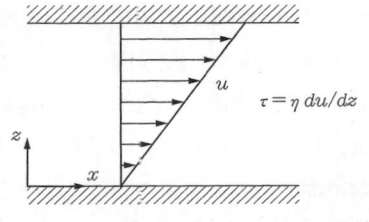

図 9・3 平行平面間の流れ(ニュートン流体)

流体潤滑において，最も重要な潤滑油の性状は粘度である．粘度の単位はパスカル秒 Pa·s である．なお，CGS 単位系の**ポアズ** $\mathrm{P[g/(s \cdot cm)]}$，その 1/100 であるセンチポアズ cP も用いられている．また，絶対粘度 $\eta$ と密度 $\rho$ の比，$\nu = \eta/\rho$ を**動粘度**(kinematic viscosity)という．単位は $\mathrm{m^2/s}$ である．なお，$\mathrm{cm^2/s}$ を**ストークス**

表 9・2 工業用潤滑油 ISO 粘度グレード

| ISO 粘度グレード | 中心値の動粘度 $\mathrm{mm^2/s}$ (40℃) | 動粘度範囲 $\mathrm{mm^2/s}$ (40℃) | |
|---|---|---|---|
| ISO VG 2 | 2.2 | 1.98 以上 | 2.42 以下 |
| ISO VG 3 | 3.2 | 2.88 以上 | 3.52 以下 |
| ISO VG 5 | 4.6 | 4.14 以上 | 5.06 以下 |
| ISO VG 7 | 6.8 | 6.12 以上 | 7.48 以下 |
| ISO VG 10 | 10 | 9.00 以上 | 11.0 以下 |
| ISO VG 15 | 15 | 13.5 以上 | 16.5 以下 |
| ISO VG 22 | 22 | 19.8 以上 | 24.2 以下 |
| ISO VG 32 | 32 | 28.8 以上 | 35.2 以下 |
| ISO VG 46 | 46 | 41.4 以上 | 50.6 以下 |
| ISO VG 68 | 68 | 61.2 以上 | 74.8 以下 |
| ISO VG 100 | 100 | 90.0 以上 | 110 以下 |
| ISO VG 150 | 150 | 135 以上 | 165 以下 |
| ISO VG 220 | 220 | 198 以上 | 242 以下 |
| ISO VG 320 | 320 | 288 以上 | 352 以下 |
| ISO VG 460 | 460 | 414 以上 | 506 以下 |
| ISO VG 680 | 680 | 612 以上 | 748 以下 |
| ISO VG 1000 | 1000 | 900 以上 | 1100 以下 |
| ISO VG 1500 | 1500 | 1350 以上 | 1650 以下 |

(Stokes, St)といい，その 1/100 の単位であるセンチストークス cSt とともに，潤滑油の動粘度を示す単位として広く使用されている．

工業用潤滑油の粘度としては，40℃における動粘度に基づく **ISO 粘度分類**(表 9・2)が広く使用されており，同じ規格が JIS にも規定されている．なお，工業用ギヤ

油には，**AGMA**（アメリカ歯車工業会）の粘度分類も広く用いられている．

流体の粘性は，分子間引力と運動量移動に起因するが，液体では，分子間引力が粘性特性を支配し，気体では運動量移動が支配的になる．したがって，液体では温度上昇とともに粘度は低下するが，気体では逆に温度上昇とともに粘度は増加する．潤滑油の粘度と温度の間には，一般につぎの関係式が成立する．

$$\log\log(\nu+0.7) = A + B \cdot \log T \tag{9.4}$$

$\nu$：動粘度 mm²/s　$T$：温度 K　$A, B$：潤滑油による定数

粘度の温度による変化の度合の尺度として**粘度指数**（viscosity index, **VI**）が用いられている．$VI$ が大きいほど温度による粘度の変化は小さい〔図 9・4(a)〕．

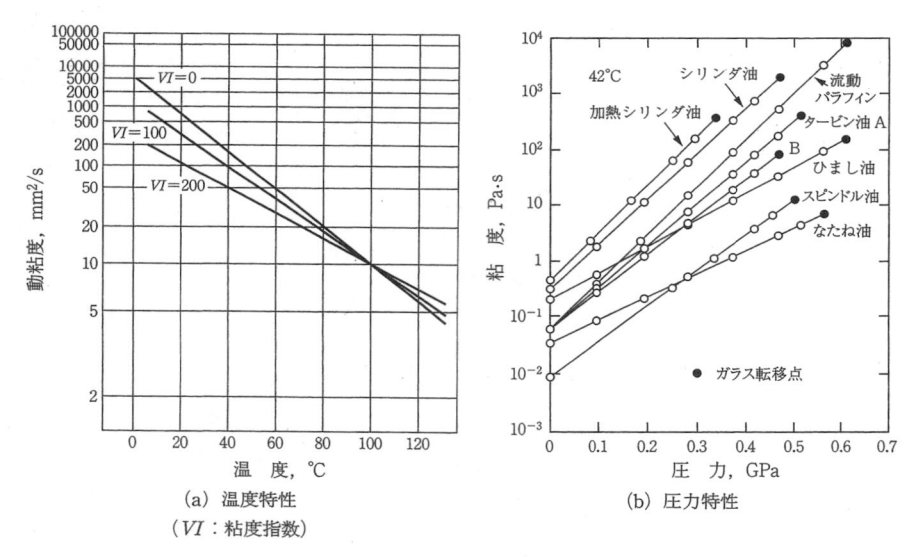

(a) 温度特性
（$VI$：粘度指数）

(b) 圧力特性

図 9・4　潤滑油粘度の温度および圧力特性[3][4]

また，潤滑油粘度は圧力の増加に伴い指数関数的に増加し，圧力 $p$ および大気圧での粘度を各々 $\eta_p$ および $\eta_0$ とすれば，

$$\eta_p = \eta_0 \cdot \exp(\alpha p) \tag{9.5}$$

の関係がほぼ成立する（**Barus の式**）．$\alpha$ を潤滑油の**粘度の圧力係数**と呼ぶ．一般の鉱油系潤滑油の $\alpha$ はおおよそ 20(GPa)⁻¹ 程度である〔図 9・4(b)〕.

また，つぎに示す **Roelands の式**[5] が，鉱油系潤滑の高圧粘度の推定式として実測値とよく合うといわれている．

$$\log\left(\frac{\eta_p}{\eta_0}\right) = \left(\frac{p}{5.066 \times 10^7}\right)^Y [(0.002C_A + 0.003C_N + 0.055)(3 + \log \eta_0) + 0.228]$$

$$\log(Y - 0.890) = 0.00855(C_A + 1.5C_N) - 1.930 \tag{9・6}$$

ここで，$p$ は Pa で表した圧力，$\eta$ は Pa・s で表した粘度である．また，$C_A$, $C_N$ は潤滑油を構成する炭化水素中の全炭素数に対する芳香族炭素数およびナフテン炭素数の割合を百分率で表したものである．

一般に，温度による粘度変化の大きい潤滑油は，圧力による変化も大きい傾向があり，パラフィン系に比べてナフテン系炭化水素の方が圧力による粘度変化は大きい．鉱油では，1℃ の温度変化による粘度の変化は，1.5～4MPa の圧力変化のもたらす粘度変化にほぼ等しい[3]．

また，鉱油の密度も圧力上昇とともに増加する．圧力に対する密度の変化は，圧力 $p$ および大気圧での密度を $\rho_p$ と $\rho_0$ とすれば，0.4GPa 以下の圧力に対して次式で精度よく近似できる[6]．

$$\frac{\rho_p}{\rho_0} = 1 + \frac{0.58p \times 10^{-9}}{1 + 1.68p \times 10^{-9}} \tag{9・7}$$

式 (9・7) は 0.4GPa 程度以上に圧力が増加すると，図 9・5 から分かるように，圧力増加とともに実測値との相違が大きくなり，密度を過大に評価する．また，図 9・5 を

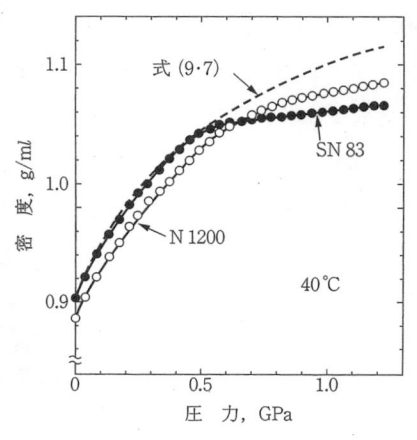

図 9・5 潤滑油の密度-圧力特性[7]
N 1200：ナフテン系鉱油，
SN 83：合成ナフテン油

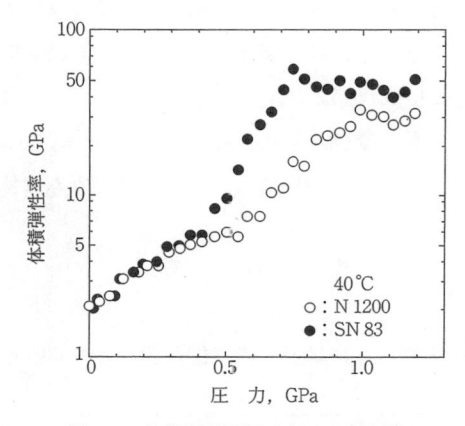

図 9・6 体積弾性係数と圧力との関係[7]

体積弾性率 $K=\rho(dp/d\rho)$ と圧力との関係に書き直したものを図9・6に示す．$K$ は圧力が大きくなるとほぼ一定になる．この理由は次のように考えられる．圧力が低い間は潤滑油分子のパッキング状態もかなり疎になっており，分子の構造とパッキング状態で決まる**自由体積**(free volume)＊が潤滑油中のかなり大きい部分占めている．しかし，圧力が高くなるにしたがい自由体積が減少し，炭素-炭素(C-C)結合回りの回転が制限されるようになる．さらに高圧になると，自由体積がほとんどなくなり，潤滑油は固体的挙動をするようになり，分子間の反発力が体積弾性率の主因となるために，体積弾性率はほぼ一定値を示すようになる[7][8]．

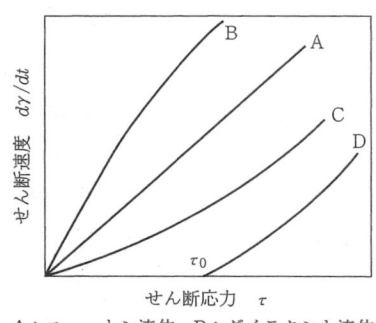

A：ニュートン流体，B：ダイラタント流体
C：チキソトロピー流体，D：塑性流体

図 9・7 流体の流動特性

以上の記述は，圧力一定の下での粘度 $\eta$ は，一定の値を示すものとしていた．しかし，ポリマを含む潤滑油やグリースなどは，式(9・3)で求められる粘度がせん断速度の変化や液体の流動履歴などにより異なった値を示すことが知られている．式(9・3)の関係が成立しない流体を**非ニュートン流体**といい，この場合に式(9・3)で求められる粘度を見かけ粘度と呼ぶ．高濃度懸濁液のようにせん断速度の増大とともに見かけ粘度が大きくなる場合を**ダイラタント流体**(dilatant fluid)，逆にポリマ添加油のように，せん断速度の増加とともに粘度が小さくなる場合を**チキソトロピー流体**(thixotropic fluid)という．また，グリースのようにある降伏値以上で流動が生じる流体を**塑性流体**(plastic fluid)と称し，特に，その流動においてせん断応力とせん断速度が直線関係にあるものを**ビンガム流体**(Bingham fluid)という(図9・7)．

## 9・3　添　加　剤

潤滑油には多くの機能が要求される．それらの要求を満足させる目的で，各種の

---

＊　自由体積とは，液体中の分子が，周囲の分子から強い力を受けずに比較的自由に熱運動できる領域の体積をいう．この自由体積が液体分子の自己拡散や粘性流動などの輸送現象も支配するという考えもある[9]．

添加剤が潤滑剤には加えられている．以下にその主なものについて記す．

（1） **酸化防止剤**(oxidation inhibitor)　潤滑油の最も重要な化学的性質である酸化安定性を向上させる．潤滑油の酸化は金属の腐食，摩耗の増加，粘度の上昇，スラッジの発生を引き起こす．酸化防止剤は潤滑油の酸化を遅らせ，これらの現象を防ぐ作用をする．

（2） **油性［向上］剤**(oiliness agent)　7・2節で説明したように，摩擦面に物理的または化学的吸着膜を形成することにより，境界潤滑特性，いわゆる油性を改善する．

（3） **極圧［添加］剤**(extreme pressure agent, EP agent)　接触圧力が高く，滑り速度が大きい，いわゆる極圧条件下で，摩擦面に化学反応により皮膜を形成し，摩擦面間の直接接触を防ぐことにより，摩擦，摩耗を減少し，焼付きを防止する．添加剤としては硫黄，りん，塩素を含む化合物が使用される（7・4節参照）．

（4） **耐摩耗性添加剤**(antiwear additive)　摩擦面に吸着膜，反応膜を形成することにより，摩擦面の摩耗を減少させる．摩耗防止剤ともいう．

（5） **摩擦調整剤**(friction modifier)　望ましい摩擦特性を与えるために潤滑油に加える添加剤．一般に，油性向上剤，極圧添加剤，固体潤滑剤などが該当する．**フリクションモディファイヤ**ともいう．

（6） **腐食防止剤**(corrosion inhibitor)　金属表面上に保護膜を形成し，腐食性物質との接触を妨げたり，腐食性物質と反応してその腐食作用を抑制する．

（7） **流動点降下剤**(pour point depressant)　潤滑油は低温度で流動しなくなるが，流動する最低の温度を**流動点**という．低温度でのワックス分の結晶化，網目構造化を妨げることにより流動点を下げる働きをする．

（8） **粘度指数向上剤**(viscosity index improver)　潤滑油の粘度指数を上昇させるために加えられる添加剤．

（9） **清浄分散剤**(detergent dispersant)　潤滑油の酸化，燃料の不完全燃焼生成物を潤滑油中に分散させ，エンジン内部にスラッジ，ワニス，カーボンなどが堆積するのを防止するために加えられる．

（10） **あわ消し剤**(antifoaming agent)　潤滑油はかき混ぜられることにより，無数の小気泡が発生する．泡を含む潤滑油は，潤滑面での油不足による摩耗の増加，焼付き発生などをもたらすため，それを防止する目的で加えられる．

## 9・4 グリース

グリース(grease)は，液体である潤滑油を基油として，**増ちょう剤**とよばれる微細な固体を基油中に分散させ，半固体状にした潤滑剤である(図9・8)．増ちょう剤は三次元網目構造を形成し，その網目構造内に基油が保持されている．したがって，グリースは重力程度では流動せず，ある程度以上の外力が加わることにより網目構造が壊れ，軟化するとともに流動する．グリース潤滑の基本

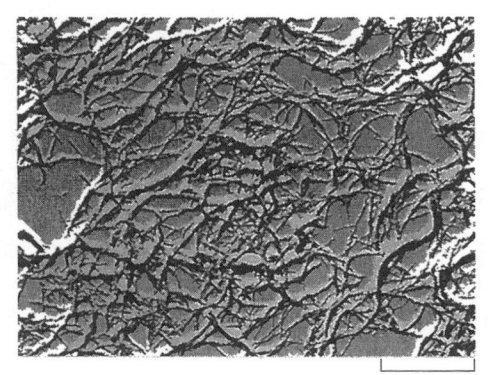

図 9・8　グリースの石けん繊維構造
(12-ヒドロキシステアリン酸リチウム)

は基油にあると考えられており，グリースの基油の選択は潤滑油の場合に準じればよい．

グリースは，半固体状なので取り扱いは簡単であるが，摩擦に伴い発生した熱はグリース自体の熱伝導により取り去るほかなく，冷却能力が小さいために，温度上昇の大きいところでは使用できない．また，その交換も面倒である．しかし，密封装置を特に必要とせず，外部からの異物の侵入を防ぐことができる．

増ちょう剤としてはカルシウム，ナトリウム，リチウムなどの金属石けんが一般的であり，性能の優れた鉱油-リチウム石けん系グリースが最も多く使用されている．耐熱性を改良するため，脂肪酸と有機酸との複合石けんを使用したコンプレックスグリース，石けん系の限界を越える場合には，有機系のウレアや無機系のベントナイト，シリカゲルなどを増ちょう剤とする非石けん系グリースが使われる．また用途に応じて，潤滑油と同様に極圧添加剤などの添加剤，および固体潤滑剤が添加される．

グリースの硬さを表す尺度を**ちょう度**(consistency, cone penetration)と呼ぶ．グリースの選択にあたっては，目的に適したちょう度を選ぶ必要がある．ちょう度とは，規定の円すいがグリースに貫入する深さをmmの10倍で数値化したもので

ある．したがって，ちょう度が高いほど軟らかいことになる．ちょう度には，試料をできるだけかき混ぜないで測定する不混和ちょう度と，かき混ぜた後に測定する混和ちょう度がある．グリースの分類には，**混和ちょう度**による**NLGI**(National Lubricating Grease Institution, アメリカ潤滑グリース協会)**ちょう度番号**が使用されている(JIS K 2220 参照)．

なお，温度が上昇すると，グリースは，半固体から液状になるため使用できなくなる．耐熱性の目安としては，液状になりかける前に油滴が滴下し始める最低温度である**滴点**(dropping point)が用いられる．しかし，グリースは滴点に至らなくても，温度上昇に伴い基油が分離する傾向がある．基油の適度な分離は潤滑を助けるが，過度の分離は早期の潤滑不良を引き起こす．そのため，一定温度で規定時間後に分離する油量である**離油度**(oil separation)が，油分離の尺度として使用される．

## 9・5 固体潤滑剤[10][11]

**固体潤滑剤**(solid lubricant)は，摩擦面の表面損傷を防ぎ，摩擦・摩耗を減少するために粉末または薄膜として使用される．その用途の第一は，潤滑油などの使用できない条件下での使用である．例えば，真空中や高温あるいは低温などの極限作動条件，酸，アルカリ，液体酸素などの腐食環境，あるいは食品工業のように油，グリースによる汚染をきらう環境のもとで広く使用されている．第二には，潤滑油やグリースの添加剤として，さらには，保全費の節約の目的で使用頻度の少ない機器や，安全装置のように突然確実な作動を要求される機器に，潤滑油やグリースの代替品として使用されている．

固体潤滑剤の代表的なものは，層状の結晶構造を有するグラファイト(黒鉛)と二硫化モリブデンであり，層間が容

(a) 黒 鉛  (b) 二硫化モリブデン

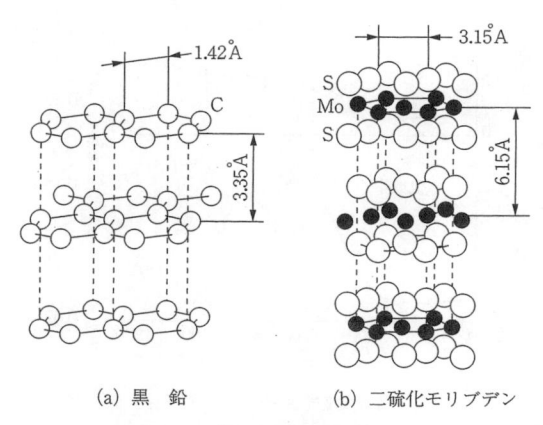

**図 9・9** 層状構造固体潤滑剤[12]

易にせん断されることにより低摩擦を実現している(図9・9).

**グラファイト**は二硫化モリブデンに比べて安価であるが,酸素のある雰囲気では325℃以上で酸化して炭酸ガスとなるので,高温での使用には酸化防止剤が必要となる.また,潤滑作用は吸着気体に影響を受け,吸着気体(とくに水蒸気)がなくなると摩擦,摩耗が著しく増加するため,真空中では使用できない[13].これは,グラファイトは底面よりもエッジ(側面部)の表面エネルギーが100倍も高いためである.気体が存在すると,エッジ面の吸着気体で飽和してしまい,金属表面への付着は底面との間で行われるようになるので,せん断力が加わると底面間で容易に滑るようになり,摩擦係数が低くなる.一方,真空中では底面よりもエッジ面が金属表面に付着しやすくなり,接線力が加えられても滑りやすい底面間でのせん断が生じないため,摩擦係数は上昇し,摩耗も多くなる.すなわち,真空中でのグラファイトの摩擦係数は,空気中に比べて2倍に増加し,摩耗は1000倍にもなる.

**二硫化モリブデン**は,吸着物質がなくても良好な潤滑性能を示し,高湿度雰囲気ではかえって潤滑性能が劣化する.また370℃以上で酸化が認められるようになり,560℃以上で急速に酸化し,三酸化モリブデンに変化するため潤滑性能が悪化する(図9・10).

また,PTFE,ナイロンのようなせん断されやすい高分子材料,塑性変形しやすいPb,Ag,Auのような軟質金属,さらにPbOなどの酸化物,$CaF_2$などのふっ化物が固体潤滑剤として使用されている.代表的固体潤滑剤の諸特性を表9・3に示す.

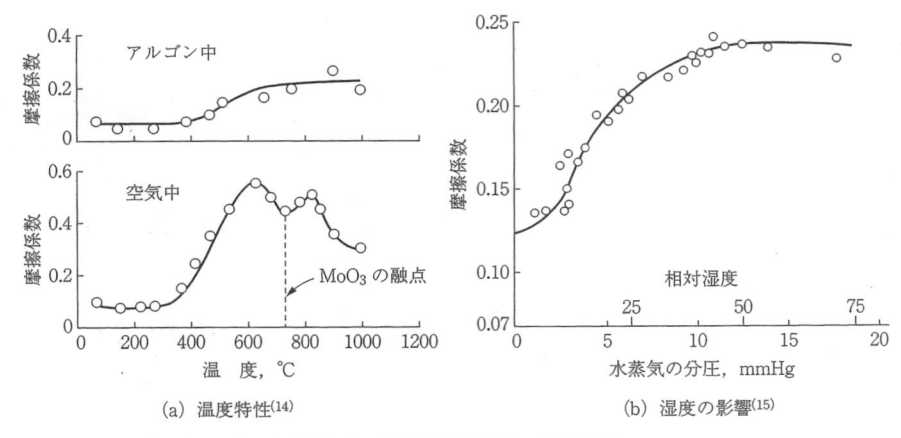

図9・10 二硫化モリブデンの摩擦係数
(a) 温度特性[14]　(b) 湿度の影響[15]

表 9・3 代表的固体潤滑剤の諸特性[10]

| 種類 | 名称 | 融点または昇華点, ℃ | 摩擦係数 大気中 | 摩擦係数 真空または不活性ガス | 使用温度範囲, ℃* 大気中 | 使用温度範囲, ℃* 真空または不活性ガス | 使用形態 粉体 | 使用形態 皮膜 | 使用形態 複合体 |
|---|---|---|---|---|---|---|---|---|---|
| 層状固体潤滑剤 | $MoS_2$ | >1800 | 0.05~0.25 | 0.02~0.10 | −200~350 | ~800 | ○ | ○ | ○ |
| 層状固体潤滑剤 | グラファイト | >3500 | 0.10~0.30 | 潤滑性悪い | ~450 | — | ○ | ○ | ○ |
| 高分子潤滑剤 | PTFE | 327 | 0.02~0.15 | 0.02~0.15 | −250~280 | −250~200 | ○ | ○ | ○ |
| 高分子潤滑剤 | ポリイミド |  | 0.02~0.10 | 0.02~0.10 | 50~350 | 50~300 |  | ○ | ○ |
| 軟金属潤滑剤 | 銀 | 960 | 潤滑性悪い | 0.10~0.30 | — | ~450 |  | ○ | ○ |
| 軟金属潤滑剤 | 鉛 | 326 | 0.10~0.30 | 0.05~0.30 | −250~200 | −250~150 |  | ○ | ○ |
| その他 | $CaF_2$ |  | 0.10~0.25 | 0.10~0.25 | 250~900 | 250~900 |  | ○ |  |

\* 単体として使用する場合．複合材の場合には温度範囲は拡大する．

　使用形態としては，油やグリースへの添加剤として粉末状の固体潤滑剤，摩擦表面皮膜（通常は厚さ 10 μm 程度の皮膜を結合剤によって表面に付着させる），自己潤滑性複合材の充填材がある．

　なお，固体潤滑剤の使用に際しては，流動性が低いため冷却性，自己補修性に劣ること，潤滑油の使用により摩耗が促進されること，相手材や下地材によっては化学反応を起こすことがあるので注意が必要である．

〔参考文献〕

(1) 日本潤滑学会編，改訂版潤滑ハンドブック，(1987) 260.
(2) (1)の p.247.
(3) 日本機械学会編，機械工学便覧，B 1，日本機械学会(1992) 42.
(4) 桑野則行，大野信義，辻広，佐賀大学理工学部集報，13 (1985) 43.
(5) Roelands, C. J. A., Vlugter, J. C. and Waterman, H. I., *Trans. ASME*, D, 85, 4 (1963) 601.
(6) Dowson, D. and Higginson, G. R., *Elasto-Hydrodynamic Lubrication*, Pergamon Press. (1966) 89.
(7) 大野信義，桑野則行，平野冨士夫，トライボロジスト，38, 10 (1993) 972.
(8) Cutler, W. G., McMickle, R. H., Wess, W. and Schiessler, R. W., *J. Chem. Phys*., 29, 4 (1958) 727.
(9) 岩波理化学辞典，第 4 版，岩波書店，(1987) 585.
(10) 日本機械学会編，機械工学便覧，B 1，日本機械学会(1992) 48.
(11) 西村允，固体潤滑概論，機械の研究，37, 1~12, 養賢堂(1985).

(12) 木村好次, 岡部平八郎, トライボロジー概論, 養賢堂(1982) 141.
(13) Savage, R. H., *Appl. Physics*, 19, 1 (1948) 1.
(14) Sliney, H. E., *Tribology Int.*, 15 (1982) 303.
(15) Halten, A. J. and Oliver, C. S., *I & EC Fundamentals*, 5, 3 (1966) 348.

# 10章　トライボマテリアル
## tribomaterials

　摩擦面材料すなわち**トライボマテリアル**(tribomaterial)は，単に機械的強度のみならず，摩擦に伴い発生する摩耗，焼付きなどの表面損傷に対する強度が必要である．一般に，摩擦面に要求される特性は，互いに矛盾することが多いので，それらの中でどの特性が重視されるかにより材料の選び方が異なってくる．

## 10・1　軸受材料

### 10・1・1　滑り軸受材料

　滑り軸受の相手面は動力伝達用軸であり，一般的には鋼が使用される．軸の損傷は，機械にとって致命的になることが多いので，軸の損傷を防止することを考慮して，軸受材料としては通常，軟質金属が採用されている．**滑り軸受材料**(金属の場合には**軸受メタル**と呼ばれることが多い)には次の特性に優れていることが要求される．

　**(1)　耐焼付き性**　始動時，停止時や温度上昇の高い場合などでは流体潤滑膜が確保しにくい．このような場合に，直接接触に対して安全に作動する能力，すなわち焼付きを起こしにくい性質が要求される．

　**(2)　機械的強度**(疲れ強さ，圧縮強さ，耐摩耗性など)　圧縮応力により破壊したり，塑性変形が生じないことが必要である．また，繰返し応力を受けるので，疲れ強さも重要となる．

　**(3)　順応性**〔**なじみ**(片当たりの適合性，表面あらさの改善)，**埋込み性**など〕　相手面に凹凸があったり，片当たりの危険があるときは，高い応力集中が生じるので，これを緩和し，荷重分担を均一化する必要がある．すなわち，なじみ性が重要となる．また，摩擦面間に異物が入り込んだ場合に，軸受材料内に埋込んで相手面を傷

つけない性質(埋込み性)が重要になる.

**（4） 環境適合性**(耐食性など)　海水中などの腐食性雰囲気ばかりでなく，油温が高くなると油の劣化が促進され，とくに油中の酸化生成物である酸や水により軸受材料が腐食を受けることがある．

**（5） コストパフォーマンス**(価格，性能を含めた経済性)

以上の特性は，滑り軸受材料ばかりでなく，摩擦面材料に共通して要求される特性である．すなわち，摩擦面材料は構造材料としての特性に加えて，摩擦係数が低く，摩擦面損傷が軽微であることが要求され，「強さ」と「弱さ」，あるいは，「硬さ」と「軟らかさ」のような相反する特性のバランスを図ることが重要となる．しかし，これらの特性を同時に満足する材料はない．一般に，(1)と(3)は同時に満足しやすいが，これらは(2)とは両立しにくいことが多い．したがって，これらの要求の中でどの特性が重要であるかを考慮して材料を選択しなければならない．

軸受材料としては，強い素地に軟らかい低融点金属の点在する**アルミニウム合金**(Al, Snの合金)や**銅鉛合金**〔**ケルメット**（Kelmet）という〕，軟らかい素地に硬い銅やアンチモンの化合物が点在する**すず基ホワイトメタル**(white metal), **鉛基ホワイトメタル**などがある．

**ホワイトメタル**は耐焼付き性，順応性，耐食性に優れており，各種機械に広く使用されているが，機械的強度が低く，高温に耐えられないことが欠点である．**銅鉛合金**は機械的強度，耐熱性が高く，高荷重の内燃機関軸受に使用されているが，順応性，耐食性が低いため，後述のように表面にメッキを施して使用されるのが普通である．

**アルミニウム合金**は機械的強度，熱伝導率が高く，なじみ性も銅鉛合金より優れているため，通常はメッキなしでも十分に軸受性能を発揮できる．しかし，摩擦面に生成する酸化アルミニウム被膜のために，高速高荷重で軸を傷つけやすい欠点がある．また，鋳鉄，青銅(鉛青銅，りん青銅)，黄銅が低速で耐摩耗性，耐衝撃性の軸受材料として使用されるが，高速では焼付きやすいのが欠点である．

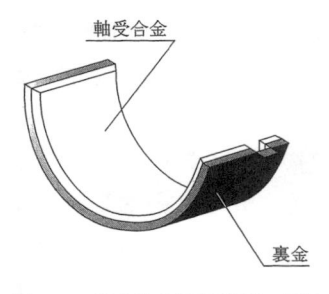

**図 10・1**　滑り軸受(二層軸受)の構造

軸受性能と構造物としての強度を保持するため

に，一般的には，使用条件に応じて適切な軸受材料を裏金(一般に鋼)にライニング(厚さ 0.01～1mm 程度)した**二層軸受**が使用される(図 10・1)．順応性を軸受材料が受け持ち，裏金が負荷を支持することになる．銅鉛合金は順応性，耐食性に劣るため，表面をホワイトメタルなどのめっきで被覆した**三層メタル**(表面層/銅鉛合金/裏金)として使用されるのが普通である．また，裏金との接着性，熱伝導率も問題となる．表 10・1 に滑り軸受用金属材料の性能比較を示す．

また，焼結合金，樹脂などの多孔質材料に潤滑油を含浸させ，作動中に発生する摩擦熱による潤滑油の熱膨張と回転軸のポンプ作用により摩擦面に潤滑油の供給を行う**含油軸受**(oil retaining bearing)がある．含油焼結合金には，Fe 系，Cu 系，Al 系の 3 種類があり，焼結法により気孔率を通常 15～20% に調整している[2]．含油軸受は，長期間給油せずに使用できるため，家庭電化製品をはじめ，輸送機械，産業機械に広く使用されている．なお，潤滑油の代わりに $MoS_2$ や PTFE などの固体潤滑剤を充填したものや，金属または樹脂基材に固体潤滑剤を埋め込んだ複合材料が，自己潤滑性を持つ摩擦面材料として使用されている．

さらに，各種ゴムや後述するプラスチックス，セラミックスなどの非金属材料もそれぞれの特徴を活かし，軸受材料として使用されている．

表 10・1 滑り軸受用金属材料の性能[1]

| 軸受材料 | およその硬さ HB | 軸の微小硬さ HB | 最大許容圧力 MPa | 最高許容温度 ℃ | 焼付きにくさ* | なじみやすさ* | 耐食性* | 疲労強度* |
|---|---|---|---|---|---|---|---|---|
| 鋳鉄 | 160～180 | 200～250 | 3～6 | 150 | 4 | 5 | 1 | 1 |
| 砲金 | 50～100 | 200 | 7～20 | 200 | 3 | 5 | 1 | 1 |
| 黄銅 | 80～150 | 200 | 7～20 | 200 | 3 | 5 | 1 | 1 |
| りん青銅 | 100～200 | 300 | 15～60 | 250 | 5 | 5 | 1 | 1 |
| Sn 基ホワイトメタル | 20～30 | <150 | 6～10 | 150 | 1 | 1 | 1 | 5 |
| Pb 基ホワイトメタル | 15～20 | <150 | 6～8 | 150 | 1 | 1 | 3 | 5 |
| アルカリ硬化鉛 | 22～26 | 200～250 | 8～10 | 250 | 2 | 1 | 5 | 5 |
| カドミウム合金 | 30～40 | 200～250 | 10～14 | 250 | 1 | 2 | 5 | 4 |
| 鉛銅 | 20～30 | 300 | 10～18 | 170 | 2 | 2 | 5 | 3 |
| 鉛青銅 | 40～80 | 300 | 20～32 | 220～250 | 3 | 4 | 4 | 2 |
| アルミ合金 | 45～50 | 300 | 28 | 100～150 | 5 | 3 | 1 | 2 |
| 銀(薄層被覆つき) | 25 | 300 | >30 | 250 | 2 | 3 | 1 | 1 |
| 三層メタル(ホワイト被覆) | | <230 | >30 | 100～150 | 1 | 2 | 2 | 3 |

*印は順位を示し，1 を最良とする．

#### 10・1・2 転がり軸受材料

転がり軸受の転動体(玉ところ)や軌道輪は、転がり接触下で高い接触圧力を繰返し受けるので、材料特性として転がり疲れ強さ、圧縮弾性限が高いことが必要であり、寸法安定性のよいことも要求される。また、用途によっては、耐衝撃性や耐熱性が必要となる[3]。なお、軸受寿命は 8・3 節で述べたように、非金属介在物の存在により著しく低下するので、転がり軸受材料は、溶解した鋼を真空容器中で攪拌し、鋼中のガス成分を除去する(真空脱ガス処理)など、酸化物などの介在物を極力少なくする努力がなされている。

現在、**軸受用特殊鋼**として JIS には約 1% の C と 0.9～1.6% の Cr を含有する 5 種類の**高炭素クロム鋼**が規定されているが、主として SUJ 2 が使用されている。SUJ 1 は現在ほとんど使用されていない。SUJ 3～5 は Mn や Mo を配合し、焼入性をよくしたものである。JIS では鋼材は溶鋼に真空脱ガス処理を施したキルド鋼の使用を原則としている。この処理により鋼中の酸素量は 10 ppm 程度にまで低下するが、さらに材料の清浄度を高めて、転がり寿命を長くする場合には、真空溶解鋼やエレクトロスラグ再溶解鋼が使用される[3]。

なお、とくに耐衝撃性を必要とする円すいころ軸受などでは、Cr 鋼、Cr-Mo 鋼、Ni-Cr-Mo 鋼に浸炭処理を行った肌焼鋼が使用される場合がある。

高炭素クロム鋼は焼入れ後に 160～180℃程度で焼戻しを行っているので、これ以上の温度になると焼き戻されて、硬さ、したがって強度が低下する。150℃ より 350℃ 程度までは耐熱用の**高速度鋼 M 50**(4% Cr, 4% Mo, 1% V)が、さらに 500℃ 程度までは W 系高速度鋼 SKH 4(4% Cr, 18% W)が使用される。500℃以上では窒化けい素 $Si_3N_4$ や Co ベース合金のステライトなどが使用される。

また、耐食性や錆止め性を必要とする用途には、焼入性のあるマルテンサイト系ステンレス鋼 SUS 440 C が使用される。この SUS 440 C は －250℃程度の低温度までの使用も可能である。なお、非磁性が必要な場合には、ベリリウム銅が使われる。

## 10・2 非金属材料

金属摩擦面材料としては、10・1 節に示した軸受材料やその類似の材料が主として使用される。この節では、非金属摩面擦材料について概説する[4][5]。

## 10・2・1 高分子(ポリマ)系材料

　高分子材料はプラスチックス，ゴム，繊維などにわけられる．摩擦係数はゴムなどのように2～3というような大きい値から，PTFEの低速時に見られる0.04程度の低い値までの極めて広い範囲にわたっているうえ，摩擦条件によっても大きく変化する．また，金属に比較して弾性係数が非常に低く，変形が塑性的よりも弾性的あるいは粘弾性的であり，この変形挙動が摩擦・摩耗特性の荷重依存性，速度依存性に影響を与える[6]．

　ポリマ系摩擦材料として広く使用されているプラスチックスは，**熱可塑性プラスチックス**と**熱硬化性プラスチックス**に分類される．プラスチックスの中で機械部品などに用いられる比較的高性能のものを**エンジニアリングプラスチックス**と称し，従来の一般のプラスチックスを**汎用プラスチックス**と呼んでいる．プラスチックスは，そのまま単体で摩擦面材料として使用されることもあるが，多くの場合にはガラス繊維，カーボン繊維，アラミド繊維，グラファイトや$MoS_2$等の固体潤滑剤，などを充填材とした複合材として，また潤滑剤を含浸させたりして使用されることが多い．また，2種類以上のポリマを混合したポリマブレンドなども用いられて行われている．

　**( 1 )　四フッ化エチレン樹脂(PTFE樹脂)**は，摩擦特性，耐熱性，耐薬品性に極めて優れており，-250℃程度から280℃程度までの広範囲の温度で使用が可能である．摩擦面材料としてばかりでなく，固体潤滑剤としても広く使用されている．その結晶は，独特のバンド構造[7]をしており，摩擦により滑り方向に分子が容易に配向し，相手面にも潤滑特性の優れた移着膜を形成する(図10・2)．しかし，摩擦面材料としては，PTFE単体の強度，耐クリープ性が小さく，摩耗も大きいため，各種の充填材との複合化により，強度，寸法安定性，耐摩耗性を改善されたものが主として使用されている．

　**( 2 )　ポリアセタール**(ポリオキシメチレン，POM)は強度，耐摩耗性，寸法安定性，成形性などが優れていることから，歯車をはじめとした機械部品に多く使用されている．また，含油させることにより潤滑性を改善したものもある．

　**( 3 )　ナイロン**の名称でして知られている**ポリアミド(PA)\***（以下，熱硬化性プラスチックスには*印を付ける）は，強度，耐摩耗性，耐衝撃性などに優れているが，吸湿性，熱膨張率が大きい欠点がある．この欠点はガラス繊維，無機物質の充填に

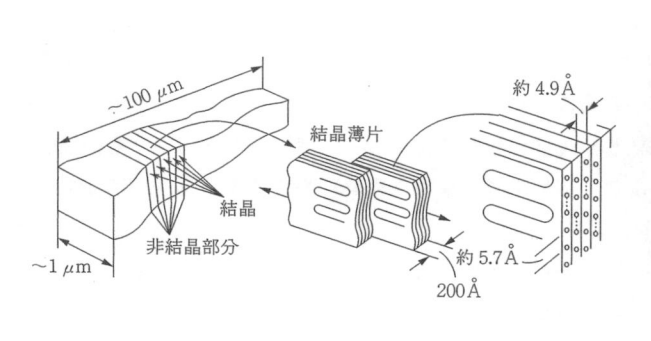

(a) 結晶バンド　(b) 結晶薄片の滑り　(c) 薄片の部子配列　(d) PTFE ピンに転移したPTFE膜[9]

図 10・2　PTFE のバンド構造[8]

より改善される．

(4) **フェノール樹脂**(PF)*の綿布などの積層品は，軸受，歯車などに使用されている．また，ジアリルフタレート(DAP)*樹脂はPFよりも耐熱性に優れ，寸法安定性が良く，吸水性が低い特徴があり，精密摺動部品に使用されている．

(5) **ポリエチレン**(PE)　高結晶性で密度の高い高密度ポリエチレン(HDPE)の中でも分子量が数百万の超高分子量ポリエチレン(UHMWPE)が，摩擦・摩耗特性，耐衝撃性に優れ，アブレシブ摩耗にも強い摩擦面材料として使用されている．

(6) **ポリイミド**(PI)は成形性，加工性に難点はあるが，連続使用では300℃，断続使用では480℃まで使用可能であり，耐熱性にきわめて優れたプラスチックスである．PIの成形性を改善した耐熱性プラスチックスがポリアミドイミド(PAI)であり，260℃での連続使用が可能である．

(7) **ポリフェニレンサルファイド**(PPS)は，加工性，耐熱性，流動性に優れており，複雑な形状のものに射出成形，充塡材の混入が可能であり，種々の複合材が使用されている．また，**ポリエーテルエーテルケトン**(PEEK)は，耐熱性，成形性，加工性，強度に優れているので，滑り軸受，軸受保持器や各種機械部品の耐熱摺動材として使用される．

## 10・2・2 無機系材料

代表的な無機系摩擦材料である**炭素系材料**は，非晶質，グラファイト（黒鉛），ダイアモンドに大別されるが，その中間の構造をもつ極めて多種の炭素系材料が摩擦面材料として使用されている．**9・5**節に記したように，グラファイトは固体潤滑剤としても使用されているが，炭素系黒鉛材料の樹脂，金属またはセラミックスを含浸させて強度を高めたものがポンプ用軸受などに使用されている．また，耐熱性，強度，熱伝導性に優れた炭素繊維は，軸受材などの補強材として使用されており，最近では，ガラス状カーボン，高密度炭素黒鉛，炭素繊維強化炭素複合材（C–C コンポジット）などが開発されている．

**セラミックス**は，"熱処理により製造された非金属の無機質固体材料"[10]と定義され，金属，プラスチックスと比較して，硬い，燃えない，錆びないという優れた特徴を有し，高温，腐食性雰囲気のような過酷な条件下で使用可能な材料である．表10・2に代表的なセラミックスの特性を示す．

**アルミナ**（$Al_2O_3$）は，他のセラミックス材料に比べて安価なため，現在最も多く使用されているセラミックスである．摩擦・摩耗特性には雰囲気，特に水分が大きく影響する．

**ジルコニア**（$ZrO_2$）の中で一般に使用されているのは，イットリア（$Y_2O_3$）やマグネ

表 10・2 各種セラミックスの特性*

| 材　質 | アルミナ $Al_2O_3$ | 炭化けい素 SiC | 窒化けい素 $Si_3N_4$ | ジルコニア $ZrO_2$ |
|---|---|---|---|---|
| 密　度 $10^3 kg/m^3$ | 3.9 | 3.1 | 3.2 | 6.0 |
| 曲げ強さ MPa | 400 | 600 | 800 | 1100 |
| 圧縮強さ GPa | 3 | 4 | 3.5 | 3.2 |
| 縦弾性係数 GPa | 350 | 420 | 310 | 210 |
| ポアソン比 | 0.23 | 0.17 | 0.25 | 0.30 |
| 破壊靱性値 MPa m$^{1/2}$ | 4.5 | 4.0 | 5.0 | 9.0 |
| ビッカース硬さ | 1600 | 2600 | 1800 | 1300 |
| 熱膨張率 $10^{-6}/K$ | 7.5 | 4.3 | 3.2 | 10 |
| 熱伝導率 $W/(m・k)$ | 30 | 80 | 25 | 3 |

\* セラミックスの特性，とくに強度は製造方法（常圧焼結，ホットプレス等），焼結助剤，さらには測定方法により大きく異なる．表中の数値は，下記の4つの文献および各社カタログに記載された値の平均値に近い概算値を示している．
 (1) Bhushan, B. and Gupta, B. K., *Handbook of Tribology*, McGraw-Hill (1991)
 (2) Jahanmir, S., *Friction and Wear of Ceramics*, Marcel Dekker, Inc. (1994)
 (3) Wachtman Jr., J. B., *Structural Ceramics*, Academic Press (1989)
 (4) 日本セラミックス協会編，セラミック先端材料，オーム社(1992)

シア(MgO)などを添加し，結晶の相変態を利用して靭性を高めた**部分安定化ジルコニア**である．部分安定化ジルコニアは強度，靭性が高く，機械加工も容易なので，機械部品として多方面への使用が期待されている．しかし，熱伝導率が低いため，摩擦面温度が高くなりやすく，500°C以上の高温では相変態による強化機構が消失し，靭性は低下するので注意が必要である．

**窒化けい素**($Si_3N_4$)は，1000°C程度まで強度と靭性の低下が小さく，金属に比べて密度，熱膨張率が低く，耐摩耗性，耐熱衝撃性に優れているため，過酷な条件での摺動部品や精密機械部品への使用が進んでいる．

**炭化けい素**(SiC)は，上記のセラミックスに比べて熱伝導率，硬さが高く，耐熱性，耐摩耗性，耐食性に優れているので，メカニカルシール，滑り軸受をはじめ，多くの機械部品に使用されている．

## 10・3 表面改質

基材の表面に基材とは異なる元素を持つ物質を導入して，表面を基材と相違する性質を持つ材料につくり変えることを**表面改質**(surface modification)といい，多種多様の表面改質手法が開発されており，現在もなお開発されつつある．例えば，**化学蒸着**(**CVD**, chemical vapor deposition)，**物理蒸着**(**PVD**, physical vapor deposition)や**イオンプレーティング**(ion plating)などによる改質膜形成，イオンやプラズマを利用した炭素や窒素の拡散処理，さらには熱処理などによる表面構造制御などの手法がある．その主なものを表10・3に示す．これらの手法による材料の改質は，摩擦面基材を変えることなく摩擦表面に必要な性質を付与できるため，上手に利用すれば顕著な効果が期待できる．

ところで，表面損傷の発生は，基本的には，外力(荷重，接線力など)の大きさと材料強度によって支配される．したがって，表面改質皮膜としては，片当たり・表面あらさの改善，接線力の低下などの機械的擾乱の緩和を期待できる基材よりも軟らかい**軟質皮膜**(soft coating)と，材料強度(特に耐摩耗性)の改善を期待する基材よりも硬い**硬質皮膜**(hard coating)が原理的には考えられる．しかし，表面損傷の発生および防止には，摩擦面材料同士ならびに潤滑剤を含めた周囲雰囲気との化学反応や熱的影響が大きく寄与することを忘れてはならず，物理化学的特性ならびに熱

## 10・3 表面改質

**表 10・3  表面改質法**[11]

(a) ドライプロセス表面改質法の原理・特徴

| 手法<br>手段 | 改質膜 | | 改質層 | |
|---|---|---|---|---|
| | CVD | PVD | 拡散 | 構造制御 |
| レーザ | 化学反応<br>(光化学, 熱分解) | 蒸　　発<br>溶　　射 | 合　金　化<br>セラミック化<br>肉　　盛 | 焼入れ・焼戻し<br>非　晶　質　化<br>溶　融　硬　化<br>磁　区　制　御 |
| 電子ビーム<br>(EB) | | 蒸　　発 | 合　金　化<br>肉　　盛 | 焼入れ・焼戻し<br>非　晶　質　化<br>溶　融　硬　化<br>重　合・分　解 |
| イオン | 反応種活性化<br>低　温　化 | 反応種活性化<br>スパッタ<br>加速プレーティング | | 注　　　　入<br>ミキシング |
| 熱 | 熱　反　応 | 溶　　射 | 浸炭, 窒化<br>カロライジング | 焼　入　れ |

(b) 表面改質手法と要求機能との関係ならびに用途例

| 手法<br>機能 | CVD | PVD | 拡散 | 構造<br>制御 | 用　途　例 |
|---|---|---|---|---|---|
| 耐摩耗 | ○ | ○ | ○ | ○ | ピストンリング, 金型, ロール, 歯車, 人工関節, レンズ保護, 軸受, 工具, ロータリエンジン部品, プーリ, 摺動部品, ディスク保護, シャフト, バルブ, ギヤハウジング, ノズル, ブレード |
| 潤　滑 | | ○ | ○ | △ | 軸受, 磁気ディスク, 人工関節, 摺動部品 |
| 耐　食 | ○ | ○ | ○ | | タービンブレード, ボイラ, アーク溶接電極, 熱交換器, ノズル |
| 耐　熱 | ○ | ○ | ○ | | タービンブレード, 核融合炉壁, アーク溶接電極, 工業炉壁 |
| 光　学 | ○ | ○ | | | 反射鏡, 眼鏡, レンズ, 吸収体, 装飾 |
| 絶　縁 | ○ | ○ | | ○ | 絶縁膜, 電線被覆 |
| 磁　気 | | | | ○ | 電磁鋼板 |
| 音　響 | ○ | ○ | | | スピーカ振動板 |
| 生　体 | | ○ | | | 人工関節, 人工骨, 人工歯根 |

的影響を考慮して皮膜を選定することが重要である．

### 10・3・1  被膜材のトライボロジ特性

基材と一層の皮膜より構成される被膜材料が相手材と摩擦する場合には，摩擦面の変形状態に関して表10・4に示す8種類の組合せが考えられる[12]．ここでは，接触

圧力による変形が弾性変形で留まる場合をE，塑性変形が生じる場合をPと表示している．皮膜による表面改質の第一の目的が基材保護にあることを考慮すれば，基材が弾性接触を維持する①〜④が被膜材としての条件を備えていることになる．しかし，④の

表 10・4 被膜材の種類

| 番号 | 基材 | 皮膜材 | 相手材 | 備　　考 |
|---|---|---|---|---|
| ① | E | E | E | 低摩耗 |
| ② | E | E | P | 相手材が摩耗 |
| ③ | E | P | E | 皮膜材の摩耗 |
| ④ | E | P | P | 摩擦面として使用不可 |
| ⑤ | P | E | E | 基材の変形 |
| ⑥ | P | E | P | 摩擦面として使用不可 |
| ⑦ | P | P | E | 基材，皮膜材の摩耗 |
| ⑧ | P | P | P | 摩擦面として使用不可 |

(注)　E：弾性変形，P：塑性変形

場合には基材は安全であるが，皮膜および相手材がともに塑性変形を受けることになり，摩耗の著しい増加や摩擦面の永久変形が発生するために摩擦面としての組合せとしては不適である．また，②の組合せは相手材が被膜材により摩耗などの損傷を受けてもよい場合(例えば工具による切削)に利用されている．したがって，転がり／滑り接触面としては，①および③が主として用いられる．①，②が硬質被膜材，③が軟質被膜材に対応する．

　表面被膜の荷重支持能力は，皮膜厚さと基材硬さの影響を受ける．図10・3は，7-3黄銅(ビッカース硬さ HV 60)とマルエージング鋼(HV 700)基材上に，ニッケル電析めっき膜(HV 220)を施した場合のめっき厚さ $h$ と圧子押し込み深さ $\delta$ と測定硬さ(ビッカース硬さ，圧子対面角 136°)の関係である[13]．図の横軸は，皮膜厚さに対

(a) 硬質被膜材
基材：70/30黄銅

(b) 軟質被膜材
基材：マルエージング鋼

$$\gamma = \frac{(HV_m - HV_p)}{(HV_b - HV_p)}$$

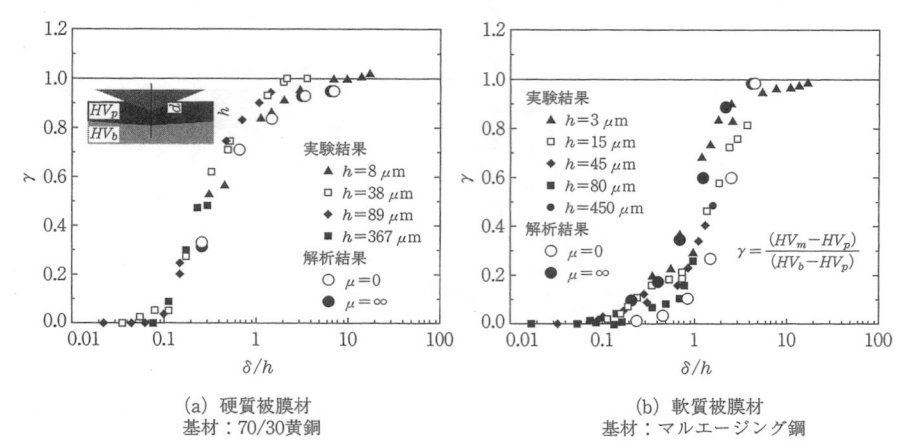

実験結果 (a): $h=8\,\mu m$, $h=38\,\mu m$, $h=89\,\mu m$, $h=367\,\mu m$
解析結果: $\mu=0$, $\mu=\infty$

実験結果 (b): $h=3\,\mu m$, $h=15\,\mu m$, $h=45\,\mu m$, $h=80\,\mu m$, $h=450\,\mu m$
解析結果: $\mu=0$, $\mu=\infty$

図 10・3　ニッケルめっき材のビッカーズ硬さに及ぼすめっき厚さの影響[13]

する圧子の押し込み深さの比である無次元皮膜厚さ $\delta/h$, 縦軸は $\gamma=(HV_m-HV_p)/(HV_b-HV_p)$ で定義される換算硬さである.ここで, $HV_m$ は測定ビッカース硬さ, $HV_p$ は電析ニッケルの硬さ, $HV_b$ は基材硬さであり, $\gamma=0$ は電析ニッケルの硬さ, $\gamma=1$ は基材硬さに対応する.

$\delta/h$ が約 0.1 以下の場合には, 被膜材の表面硬さは基材硬さの影響を受けずに, 皮膜自体の硬さにほぼ等しくなる.しかし, $0.1<\delta/h$ の範囲では, $\delta/h$ の増加, すなわち皮膜厚さの減少や荷重の増加とともに $\gamma$ は大きくなり, 被膜材硬さが基材硬さの影響を大きく受けるようになる.特に基材硬さが小さい硬質皮膜の方が基材硬さの影響が顕著である.なお, 基材の影響を受けずに皮膜自身の硬さが得られる限界の $\delta/h$ の値は, 圧子対面角 $\alpha$ が小さくなるにしたがって大きくなり, $\alpha=90°$ のとき約 0.2, 136° のとき約 0.1, 160° のとき約 0.05 である.

摩擦面では, せん断力が加わるため, 上記の結果を直接適用することはできないが, 被膜材の選定においては, 基材および皮膜の機械的特性のみならず皮膜厚さや相手材との摩擦特性が重要な影響因子となることが分かる.基材との密着性が被膜材料の寿命に影響するのは当然である.

#### 10・3・2 軟質被膜材

3・1・1 に述べたように, 摩擦力 $F$ は, 概ね真実接触面積 $A$ とそのせん断強さ $s$ の積で表される.したがって, 低摩擦面を得るためには, $A$ と $s$ をともに小さくすることが望ましい.$A$ は垂直荷重/材料の塑性流動圧力にほぼ等しいと考えられるので, 硬質材料ほど小さくなり, 一方, $s$ は軟質材料ほど小さい.つまり, 低摩擦は硬質材料表面上を薄い軟質材料によって被覆することによって達成されることになる.すなわち, 滑りに伴うせん断をせん断強さの低い軟質皮膜層で受け, 垂直荷重を高硬度基材で支えることによって低摩擦を実現することが, 軟質被膜材の設計思想といえる.

一般的に, 軟質部と硬質部が混在している滑り軸受材料は, 接触圧力と摩擦力とにより表面へ絞り出された軟質部が後天的に軟質皮膜を形成すると考えられる.また, 固体潤滑剤も $s$ の低い皮膜で基材を被覆することになるので, 軟質被膜材の形態をとることになる.境界潤滑の機構も同様である.流体潤滑状態は 10・1 節の摩擦面材料要求事項の①, ②を摩擦材が, ①, ③を流体が担っているといえるので, 潤

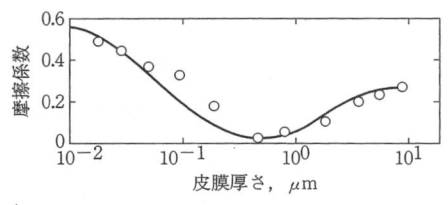

**図 10・4** 軟質被膜材の摩擦特性[12]
（鉛被覆鋼/鋼）

滑剤を軟質皮膜とみなすことができる．

また，皮膜厚さが薄すぎると，皮膜が摩耗により早期に取り去られるため，その効果がなくなり，逆に厚すぎると，皮膜による荷重分担割合が増加することによって摩擦係数は高くなるため，最適な皮膜厚さが存在することになる（図10・4）．つまり，軟質被膜材は皮膜の損傷が問題となる．皮膜の損傷を小さくするためには，相手材との凝着防止，基材との密着性，皮膜強度の向上などが要求される．上述の軟質被膜材の設計原理は，この要求を満たすためには，被膜材それ自体が複合材料であることや，それ自体がさらに皮膜を有することが必要であることを示唆している．また，一般的には，温度上昇は皮膜の軟化をもたらすため，被膜寿命は滑り速度の増加とともに低下すると考えられる．しかし，鉛被膜材では良好な潤滑特性を持つ PbO の形成速度が温度上昇とともに高くなるので，滑り速度の増加とともに皮膜寿命が増加している（図10・5）．この事実は，雰囲気を利用した皮膜再生機構の付与により皮膜寿命の著しい増加が達成できる可能性を示唆している．

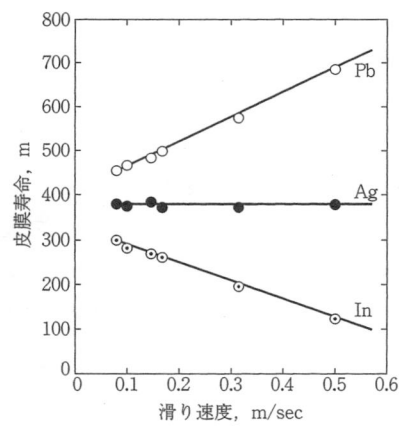

**図 10・5** 軟質被膜材の皮膜寿命と滑り速度の関係[14]

### 10・3・3 硬質被膜材

硬質被膜材は，軟質基材表面を硬質皮膜で保護することにより，主としてアブレシブ摩耗の発生を防ぐことにある．硬質被膜材が真に耐摩耗材料として機能するためには，(1) 軟質被膜材と同様に相手材との凝着性が低いこと，(2) 摩擦熱に対して安定であること，(3) 基材界面との密着性を阻害しないように熱膨張率が基材と同程度であること，(4) 熱割れ防止のために耐熱衝撃性の高いことなどを満足しなければならない．特に，セラミックス等硬質皮膜の熱膨張率は，一般に，鉄鋼材料な

どの金属材料に比べてほぼ1桁小さいため，高温度での使用に際しては，基材との界面に発生する熱応力が大きくなり，はく離や割れの発生の危険性が著しく高くなる．このため，皮膜組成を膜厚方向にしだいに変化させ，すなわち，表面より皮膜組成をしだいに金属に近づけていくことによって，熱応力の緩和が図られている（組成傾斜材料，傾斜機能材料)[16]．

皮膜層が薄い硬質被膜材に高い荷重が加えられると，表10・4の⑤，⑥の状態となる．すなわち，基材の塑性変形に皮膜が追随できなくなり，皮膜の破壊が発生する．したがって，硬質皮膜厚さを厚くすることにより，皮膜の弾性変形量を小さく抑えて皮膜の破壊を防止することが望ましい．また，基材の弾性係数が低い場合には，基材の変形量が大きくなる可能性があるため，やはり硬質皮膜の厚さを大きくすることが必要になる．この必要膜厚さの目安は皮膜の摩耗を無視すれば，第一近似としては，**10・3・2**で示した $\delta/h$ の限界値に等しいと考えてよい．

しかし，硬質被膜材の皮膜は必ずしも厚い方が有効であるとはいえない．例えば，TiN 被覆高速度鋼による切削において，連続切削した場合には皮膜厚さの厚いほど工具寿命は増大しているが，断続切削の場合には皮膜厚さに最適値が存在している（図10・6)[15]．すなわち，断続切削のように衝撃荷重が加わる場合の被膜材には，高い靱性が必要であり，皮膜の靱性が低い場合には，基材でそれを補わなければなら

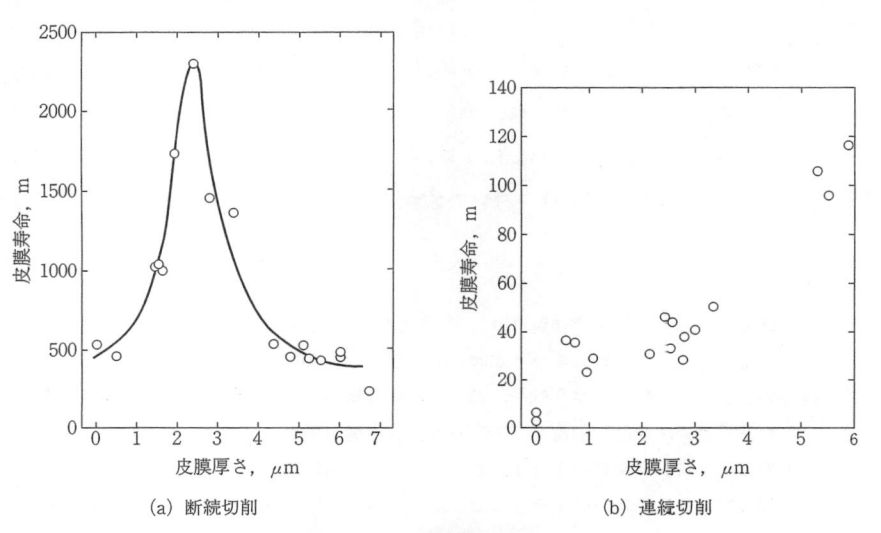

図 10・6　TiN 被膜高速度鋼の皮膜寿命[15]

(a) 断続切削

(b) 連続切削

ず，皮膜の摩耗と基材の靱性との関係から最適皮膜厚さが存在することになる．

### 10・3・4 表面被膜材の開発

互いに相反する要求事項のバランスを図ることが要求される摩擦面材料の開発にあたって，表面改質材の採用は，今後ますます増加すると考えられる．しかしながら，被膜材を摩擦面として使用する際には，皮膜作製法・皮膜物性の把握・層間剝離の問題など，さらには改質された表面の評価手法に至るまで，解決すべき多くの問題がある．

本節では，主として，2種類の素材を積層する場合についての基本的問題を力学的観点から述べてきた．転がり接触面では，8・3節で述べたように，接触面内部に作用するせん断応力に起因して疲れ裂が発生すると考えられている．そこで，転がり接触面を3種類の素材の積層，すなわち，基材よりも疲労強度の高い皮膜層を基材表面上に創出し，最表面上にせん断抵抗の低い皮膜を創出することによって構成しようとする構想もある[16]．

なお，相手材を含めた周囲との物理化学的特性ならびに表層の損傷が本質的にトライボ特性を支配する以上，少なくとも最表面の材料は，相反する要求事項を満足させる複合材料であることが必然的に要求される．それも周囲環境との化学反応を利用した表面保護膜再生機構を持つことが望ましい．また，積層材の組成傾斜化は，摩擦・摩耗特性の改善ばかりでなく，摩擦熱に起因する界面剝離防止の観点からも必要不可欠と考えられる．すなわち，トライボロジストの夢の一つである摩擦・摩耗制御を材料面から達成するためには，接触にともなう物体内部の応力状態をも考慮した，きめ細かい傾斜組成を持つ材料の設計指針の確立とその開発が必要である．

〔参 考 文 献〕

(1) 日本機械学会編，機械工学便覧，B1，日本機械学会(1992) 131.
(2) 日本潤滑学会編，新材料のトライボロジー，養賢堂(1991) 21.
(3) 岡本純三，角田和雄，転がり軸受，第二版，幸書房(1992) 87.
(4) 日本潤滑学会編，改訂版潤滑ハンドブック，養賢堂(1987)．
(5) 日本潤滑学会編，新材料のトライボロジー，養賢堂(1991)．
(6) 日本潤滑学会編，新材料のトライボロジー，養賢堂(1991) 52.
(7) Bunn, C. W., Cobbold, A. J. and Palmer, R. P., *J. Polymer Sci.*, 38 (1958) 365.

( 8 ) Makinson, K. R. and Tabor, D., *Proc. Roy. Soc.* London, A 281 (1964) 49.
( 9 ) 西村允，機械の研究, 37, 4 (1985) 545.
(10) 柳田弘明編，セラミックスの化学，丸善(1982) 1.
(11) 精密工学会編，表面改質技術，日刊工業新聞社(1988) 12, 13.
(12) Halling, *J., Proc. Inst. Mech. Eng.,* 200, C 1 (1986) 31.
(13) 松田健次，トライボロジスト, 40, 3 (1995) 234.
(14) Sherbiney, M. A. and Halling, J., *Wear*, 45 (1977) 211.
(15) Posti, E. and Nieminen, I., *Wear*, 129 (1989) 273.
(16) Czichos, H., *"Tribology"*, Elsevier (1965) 209.

# 索引 index

(（　）内の語は異なった表現を示す．  
[　]内の語は表記される場合もある．)

## 〔ア　行〕

Eyring の粘性モデル …131  
圧力項 …………………67  
圧力スパイク …………120  
圧力流れ ………………70  
圧力流量係数 …………157  
アブレシブ摩耗 …188, 196  
アボットの負荷曲線 ……23  
Amontons-Coulomb の法則 …………………39  
粗さ曲線 ………………21  
粗さの方向性パラメータ 25  
アルミナ ………………235  
アルミニウム合金 ……230  
あわ消し剤 ……………223

EHL ……………113, 116  
EHD 潤滑 ……………113  
硫黄系化合物 …………178  
イオンプレーティング …236  
Ertel-Grubin の式 ……118  
EP 剤 …………………177

うねり曲線 ……………21  
埋込み性 …………199, 229

AGMA …………………220  
AWN …………………189  
API ……………………217  
液体軸受 ………………76  
SAE ……………………217

SAE 粘度分類 …………217  
SOAP …………………187  
NLGI …………………225  
エマルション …………217  
M50 ……………………232  
エロージョン ……188, 199  
塩酸系化合物 …………179  
エンジニアリングプラスチックス ……………233

オイルホイップ ……92, 93  
オイルホワール ………93  
凹凸の平均間隔 ………22  
応力腐食 ………………201  
押込み硬さ ……………30  
温度限界 ………………97

## 〔カ　行〕

界面自由エネルギー ……12  
界面張力 ………………12  
化学吸着 ………13, 14, 176  
化学蒸着 ………………236  
拡張係数 ………………17  
確率密度関数 …………22  
確率論的取扱い ………154  
ガラス転移 ……………133  
慣性項 …………………67  
乾燥摩擦 ………………39  
含油軸受 ………………231  
緩和過程 ………………131  
緩和現象 ………………131  
緩和時間 ………………131

機械的擾乱 ……………204  
気体軸受 ………………76  
基盤技術 ………………5  
Kapitsa の式 …………116  
キャビテーション ……84  
キャビテーション[エロージョン] ……………188  
吸着 ……………………13  
吸着等温線 ……………14  
吸着膜 …………………9  
Gümbel の条件 ………83  
境界潤滑 …………8, 171  
境界膜 ……………9, 172  
境界摩擦 ………………172  
凝着項 …………………41  
凝着仕事 ………………13  
凝着説 …………………59  
凝着部の成長 …………43  
凝着摩耗 …………188, 190  
極圧[添加]剤 …9, 177, 223  
極温剤 …………………177  
極性物質 ………………174  
極線図 …………………88  
局部山頂の平均間隔 …22  
曲率半径 ………………28  
許容荷重 ………………98  
許容最小膜厚 …………96  
許容接触面圧 …………98  
金属石けん ……………177  
金属加工用油剤 ………217

クエット流れ …………70

| | | |
|---|---|---|
| くさび項 …………… 90 | 算術平均粗さ ………… 21 | 真空脱ガス処理 ……… 232 |
| くさび[膜]作用 ………… 72 | 三層メタル …………… 231 | 真実接触面積 ………… 32 |
| クヌッセン(Knudsen)数 | | 侵　食 ……………… 188 |
| …………………… 104 | シェークダウン ……… 208 | 浸　食 ……………… 188 |
| グラファイト ………… 226 | シェークダウン限界 …… 208 | |
| グリース ……… 215, 224 | シェリング …………… 207 | スカッフィング ……… 203 |
| クリープ ……………… 61 | ジオトライボロジー …… 4 | スキューネス ………… 23 |
| クルトシス …………… 24 | 磁気軸受 ……………… 76 | スクイズ項 …………… 90 |
| | 軸受剛性 ……………… 111 | スクイズ[膜]作用 ……… 74 |
| 軽摩耗 ………………… 195 | 軸受材料 …………… 229 | squeeze数 …………… 106 |
| 決定論的取扱い ……… 154 | 軸受特性数 ………… 9, 68 | スコーリング ………… 203 |
| ケルメット …………… 230 | 軸受メタル ………… 229 | すず基ホワイトメタル … 230 |
| 限界せん断応力 ……… 183 | 軸受用特殊鋼 ………… 232 | スティック-スリップ …… 46 |
| | 次元解析 ……………… 67 | stepped pad軸受 …… 81 |
| 工業用潤滑油 ………… 217 | 自己アフィンフラクタル 26 | Stokes粗さ ………… 153 |
| 硬質皮膜 ……………… 236 | 自己相関関数 ………… 24 | ストライベック曲線 … 9, 96 |
| 硬質被膜材 …………… 240 | 自己相関係数 ………… 25 | 滑り軸受材料 ………… 229 |
| 合成潤滑油 …………… 216 | 自己疎液性液体 ……… 19 | 滑り流れ ……………… 104 |
| 高速度鋼 ……………… 232 | 自疎性液体 …………… 19 | 滑り摩擦の機構 ……… 40 |
| 高炭素クロム鋼 ……… 232 | 質量保存の法則 ……… 64 | スポーリング ………… 207 |
| 高分子(ポリマ)系材料 … 233 | 支点係数 ……………… 80 | スミアリング ………… 203 |
| 鉱　油 ………………… 215 | 自動車用潤滑油 ……… 217 | スラスト軸受 ………… 76 |
| 固体潤滑 ……………… 9 | シビア摩耗 …………… 195 | |
| 固体[膜]潤滑 …………… 8 | CVD ………………… 236 | 静圧作用 ……………… 63 |
| 固体潤滑剤 …… 9, 215, 225 | 四フッ化エチレン樹脂 … 233 | 静圧軸受 ………… 76, 109 |
| 固体摩擦 ……………… 39 | 絞　り ……………… 109 | 清浄分散剤 …………… 223 |
| 転がり軸受材料 ……… 232 | 絞り膜作用 …………… 74 | 石油系潤滑油 ………… 215 |
| 転がり疲れ …………… 207 | ジャーナル …………… 81 | 切削摩耗 ……………… 188 |
| 転がり摩擦 …………… 58 | ジャーナル軸受 …… 76, 81 | 接触角 ………………… 17 |
| 転がり摩擦機構 ……… 58 | junction growth ……… 43 | 接触の過酷度 ………… 206 |
| 混合潤滑 …………… 9, 173 | 修正レイノルズ数 …… 68 | 接線力 ………………… 43 |
| 混成潤滑油 …………… 217 | 自由体積 ………… 135, 222 | 接線力係数 ……… 44, 129 |
| compressibility数 …… 106 | 集中接触 ……………… 27 | [絶対]粘度 …………… 218 |
| 混和ちょう度 ………… 225 | 自由分子流れ ………… 104 | 接着仕事 ……………… 13 |
| | 重摩耗 ………………… 195 | セラミックス ………… 235 |
| 〔サ　行〕 | 十点平均粗さ ………… 21 | 遷移流れ …………… 105 |
| 最大主応力条件 ……… 29 | 潤　滑 ………………… 8 | 線形粘性流体 ………… 134 |
| 最大せん断応力条件 …… 29 | 潤滑剤 ………………… 215 | 線形領域 ……………… 130 |
| 最大高さ粗さ ………… 21 | 潤滑油 ………………… 215 | 閃光温度 ………… 48, 206 |
| 差動滑り …………… 59 | 潤滑領域図 …………… 124 | 前進塑性流れ ………… 209 |
| 差動滑り説 …………… 59 | 瞬間温度上昇 ………… 48 | 線接触 ………………… 31 |
| 酸化防止剤 …………… 223 | ジルコニア …………… 235 | せん断流れ …………… 70 |
| 3元摩耗 ……………… 196 | 真円軸受 ……………… 81 | せん断粘性係数 ……… 66 |

索　引

せん断ひずみエネルギー
　　条件 ……………………29
せん断流量係数 …………157

相関距離 …………………24
相対耐摩耗度 ……………189
増ちょう剤 ………………224
側方漏れ …………… 72, 78
塑性指数 …………………36
塑性変形 …………………208
塑性変形説 ………………58
塑性流体 …………………222
塑性流動圧力 ……………32
ソフト EHL ……… 124, 144
粗面の接触 ………………33
ゾンマーフェルト
　　(Sommerfeld)数 … 68, 86
Sommerfeld の条件 ……83
Sommerfeld 変換 ………86

〔タ　行〕

体積粘性係数 ……………66
体積力項 …………………67
第二粘性係数 ……………66
耐摩耗性添加剤 …………223
ダイラタント流体 ………222
縦方向粗さ ………… 22, 155
多分子層吸着 ……………182
炭化ケイ素 ………………236
短軸幅軸受 ………………88
弾性流体潤滑 …… 8, 113, 116
弾性流体潤滑理論 ………116
炭素系材料 ………………235
弾塑性体 …………………134
段付平行軸受 ……………81
断面曲線 …………………21

chain matching ………175
チキソトロピー流体 ……222
窒化ケイ素 ………………236
中心線平均粗さ …………22
ちょう度 …………………224
ちょう度番号 ……………225

直交粗さ …………………156
定圧方式 …………………109
THL 理論 …………………98
テイラー渦 ………………102
定流量方式 ………………109
滴　点 ……………………225
デボラ数 …………………131
転移温度 ………… 9, 176, 205
電　食 ……………………188
電磁流体潤滑 ……………67
点接触 ……………………27
転動接触疲労 ……………207

動圧作用 …………………63
等価圧力 …………………118
等価縦弾性係数 …………28
等価(曲率)半径 …………28
動植物油 …………………216
動的流体潤滑理論 ………63
銅鉛合金 …………………230
動粘度 ……………………219
とがり度 …………………23
突起間干渉 … 153, 207, 210
トライボシステム ………6
トライボ損傷 ……………187
tribofailure ……………187
トライボマテリアル ……229
トライボロジー …………2
トラクション ……………129
トラクション係数 ………129
Tresca の条件 …………29

〔ナ　行〕

内部起点き裂 ……………207
内部摩擦 …………………60
内部摩擦説 ………………59
ナイロン …………………233
Navier-Stokes の方程式
　　………………… 64, 66
なじみ ……………………229
ナフテン系鉱油 …………216
ナフテン炭化水素 173, 216

鉛基ホワイトメタル ……230
軟質皮膜 …………………236
軟質被膜材 ………………239

2元摩耗 …………………196
二乗平均平方根粗さ ……22
二層軸受 …………………231
ニュートン流体 …………219
二硫化モリブデン 181, 226

ぬ　れ ……………………16

熱可塑性プラスチックス 233
熱くさび作用 ……………74
熱硬化性プラスチックス 233
熱的擾乱 …………………204
熱流本潤滑理論 …………98
熱領域 ……………………130
粘性応力 …………………103
粘性くさび作用 …………75
粘性係数 ………… 66, 218
粘性項 ……………………67
粘　度 ……………………218
粘度指数 …………………220
粘度指数向上剤 …………223

〔ハ　行〕

バイオトライボロジー ……4
ハイドロプレーニング現象 74
ハード EHL ………………144
Half-Sommerfeld の条件 83
薄膜潤滑 ………… 9, 173
パラフィン系鉱油 ………216
パラフィン炭化水素
　　………………… 173, 215
バルク(本体)温度 … 48, 206
パワースペクトル ………25
半径すきま ………………82
汎用プラスチックス ……233

BET の吸着等温式 ………16
ヒースコート滑り ………59
ヒステリシス損失 ………60

ひずみ度 ……………… 23
非線形粘性流体 ……… 134
非線形粘弾性体 ……… 134
非線形領域 …………… 130
ピッチング …………… 207
PTFE 樹脂 …………… 233
非ニュートン流体 …… 222
$pV$ 値 ………………… 97
PVD …………………… 236
比摩耗量 ……………… 189
表面粗さ説 …………… 59
表面エネルギー ……… 12
表面改質 ……………… 236
表面起点き裂 ………… 207
表面強度 ……………… 206
表面自由エネルギー … 12
表面損傷 ……………… 187
表面張力 ……………… 12
表面トポグラフィ …… 20
表面膜の影響 ………… 44
疲労破壊 ……………… 207
ビンガム流体 ………… 222

ファン・デル・ワールス力
 ……………………… 13
physical EHL ………… 128
フェノール樹脂 ……… 234
フェログラフィ ……… 187
負荷長さ率 …………… 22
負荷容量 ……………… 71
負荷容量係数 ………… 78
複合型極圧剤 ………… 182
不混和ちょう度 ……… 225
腐食防止剤 …………… 223
腐食摩耗 ……… 188, 200
付着-滑り …………… 46
物理吸着 ………… 13, 176
物理蒸着 ……………… 236
部分安定化ジルコニア … 236
部分 EHL ……………… 163
フラクタル …………… 26
プラントル(Prandtl)数 … 101
フリクションモディファ

イヤ …………………… 223
振子試験機 …………… 171
フレーキング ………… 207
フレッチング ………… 201
fretting corrosion …… 201
フレッチング疲労 …… 201
分散接触 ……………… 32

bearing 数 …………… 106
平均自由行程 ………… 104
平均線 ………………… 21
平均流モデル ………… 157
平行粗さ ……………… 155
平方根粗さ …………… 22
Barus の式 …… 117, 220
ペクレ(Peclet)数 … 52, 101
ヘルツクラック ……… 29
ヘルツ接触 …………… 27
偏心角 ………………… 82
偏心率 ………………… 82
偏心量 ………………… 82

ポアズイユ流れ ……… 70
方向性パラメータ …… 158
芳香族系鉱油 ………… 216
芳香族炭化水素 ……… 216
ポリアセタール ……… 233
ポリイミド …………… 234
ポリエチレン ………… 234
ポリエーテルエーテルケ
 トン ………………… 234
掘り起こし項 ………… 41
ポリトロープ変化 …… 105
ポリフェニレンサルファ
 イド ………………… 234
ポリマ系材料 ………… 233
ホワイトメタル ……… 230
本体温度 ………… 48, 206

〔マ 行〕

マイルド摩耗 ………… 195
膜厚比 ……… 162, 163, 204
マクスウェルモデル … 130

摩擦酸化 ……………… 196
摩擦調整剤 …………… 223
摩擦の凝着説 ………… 41
摩擦面温度 …………… 48
摩擦面の温度上昇 …… 53
Martin の式 …………… 115
摩 耗 ………………… 188
摩耗係数 ……………… 189
摩耗形態図 …………… 190
摩耗速度 ……………… 189
摩耗率 ………………… 189
マランゴニ効果 ……… 19
マルチグレード油 …… 217

見かけの接触面積 …… 32
ミクロ形状係数 ……… 210
Mises の条件 ………… 29
$\mu pV$ 値 ……………… 97

無機系材料 …………… 235
無極性物質 …………… 173
無限小幅軸受 ………… 88
無限幅軸受 …………… 86

メカノケミカル ……… 200

〔ヤ 行〕

焼付き ………………… 203
Young-Dupré の式 …… 17

有機金属系化合物 …… 181
有機モリブデン系化合物 181
油 性 ………………… 172
油性[向上]剤 …… 174, 223
油量不足 ……………… 137

横方向粗さ …………… 156
四球試験 ……………… 206

〔ラ 行〕

ラングミュアの吸着等温式
 ……………………… 15
乱 流 ………………… 102

流体潤滑 ……………8, 63
流体潤滑の逆問題 ………144
流動点………………223
流動点降下剤……………223
流動特性…………………218
離油度……………………225
臨界温度…………………205
臨界表面張力 ……………18
りん系化合物……………180

りん酸エステル…………180
累積分布関数 ……………23

Roelands の式……119, 220
Reynolds 粗さ …………153
Reynolds 応力 …………103
レイノルズ(Reynolds)数
………………………67
レイノルズ滑り …………59

Reynolds の潤滑基礎式…68
Reynolds の条件…………83
Reynolds 方程式 ……64, 71
Rayleigh step 軸受………81
連続体流れ………………104
連続の式 …………………64

〔ワ 行〕

ワイヤウェア……………199

&lt;著者略歴&gt;

山本 雄二（やまもと ゆうじ）

1944 年　愛媛県に生まれる．
1966 年　九州大学工学部機械工学科卒業
1971 年　九州大学大学院工学研究科博士課程修了
現　在　九州大学名誉教授、工学博士
専　攻　機械工学、トライボロジー

兼田 楨宏（かねた もとひろ）

1943 年　山口県に生まれる．
1966 年　九州工業大学工学部機械工学科卒業
1971 年　九州大学大学院工学研究科博士課程修了
現　在　九州大学名誉教授、工学博士
専　攻　機械工学、トライボロジー

- 本書の内容に関する質問は，オーム社ホームページの「サポート」から，「お問合せ」の「書籍に関するお問合せ」をご参照いただくか，または書状にてオーム社編集局宛にお願いします．お受けできる質問は本書で紹介した内容に限らせていただきます．なお，電話での質問にはお答えできませんので，あらかじめご了承ください．
- 万一，落丁・乱丁の場合は，送料当社負担でお取替えいたします．当社販売課宛にお送りください．
- 本書の一部の複写複製を希望される場合は，本書扉裏を参照してください．
  JCOPY ＜出版者著作権管理機構 委託出版物＞
- 本書籍は，理工学社から発行されていた『トライボロジー（第2版）』を，オーム社から版数，刷数を継承して発行するものです．

### トライボロジー（第2版）

| | |
|---|---|
| 1998年 2月28日 | 第1版第 1 刷発行 |
| 2010年12月10日 | 第2版第 1 刷発行 |
| 2024年12月10日 | 第2版第10刷発行 |

著　者　山本雄二・兼田禎宏
発行者　村上和夫
発行所　株式会社 オーム社
　　　　郵便番号　101-8460
　　　　東京都千代田区神田錦町 3-1
　　　　電話　03(3233)0641(代表)
　　　　URL　https://www.ohmsha.co.jp/

© 山本雄二・兼田禎宏 2010

印刷　中央印刷　製本　ブロケード
ISBN978-4-274-06954-3　Printed in Japan

● 機械設計技術者試験

## 2024年版 機械設計技術者試験問題集 【最新刊】
日本機械設計工業会 編　　B5判　並製　232頁　本体2800円【税別】

## 3級 機械設計技術者試験 過去問題集
令和2年度／令和元年度／平成30年度
日本機械設計工業会 編　　B5判　並製　216頁　本体2700円【税別】

## 機械設計技術者試験準拠 機械設計技術者のための基礎知識
機械設計技術者試験研究会 編　　B5判　並製　392頁　本体3600円【税別】

## 機械設計技術者のための4大力学
朝比奈 監修　廣井・青木・大髙・平野 共著　　A5判　並製　352頁　本体2800円【税別】

● 機械工学基礎講座

## 工業力学（第2版）
入江敏博・山田 元 共著　　A5判／288頁　本体2800円【税別】

## 機械設計工学 — 機能設計（第2版）
井澤 實 著　　A5判／360頁　本体3500円【税別】

## 機械力学 I — 線形実践振動論
井上順吉・松下修己 共著　　A5判／264頁　本体2800円【税別】

● 好評既刊

## 有限要素法解析ソフト Ansys 工学解析入門（第3版）
吉本・中曽根・菊池・松本 共著　　B5判　並製　296頁　本体3300円【税別】

## 基礎 機械設計工学（第4版）
兼田楨宏・山本雄二 共著　　A5判／256頁　本体2900円【税別】

## 機械力学の基礎
堀野正俊 著　　A5判／192頁　本体2200円【税別】

## 詳解 工業力学（第2版）
入江敏博 著　　A5判／224頁　本体2200円【税別】

## 総説 機械材料（第4版）
落合 泰 著　　A5判／192頁　本体1800円【税別】

## 自動車工学概論（第2版）
竹花有也 著　　A5判／232頁　本体2400円【税別】

◎本体価格の変更、品切れが生じる場合もございますので、ご了承ください。
◎書店に商品がない場合または直接ご注文の場合は下記宛にご連絡ください。
TEL.03-3233-0643 FAX.03-3233-3440　https://www.ohmsha.co.jp/

● **好評既刊**

## 初学者のための 機械の要素（第4版） 　最新刊

真保吾一 著／長谷川達也 改訂　　　　　**A5**判　並製　**176**頁　本体**2000**円【税別】

機械を構成する要素（ねじ、歯車、カム、軸受など）や、これらが実際に応用されている各種の機械、その機構についての基礎知識をまとめ、実体感が得られる写真や立体図を多用したわかりやすい解説で、独習書としても最適です。

● **機械工学入門シリーズ**

| 書名 | 版／著者 | 備考 | 仕様 |
|---|---|---|---|
| **機械設計**入門 | （第4版）大西 清 著 | | A5判／256頁　本体2300円【税別】 |
| **生産管理**入門 | （第5版）坂本碩也 著／細野泰彦 改訂 | 最新刊 | A5判／240頁　本体2400円【税別】 |
| **機械材料**入門 | （第3版）佐々木雅人 著 | | A5判／232頁　本体2100円【税別】 |
| **材料力学**入門 | （第2版）堀野正俊 著 | | A5判／176頁　本体2000円【税別】 |
| **機械力学**入門 | （第3版）堀野正俊 著 | | A5判／152頁　本体1800円【税別】 |
| **機械工学**一般 | （第3版）大西 清 編著 | | A5判／184頁　本体1700円【税別】 |
| 要説 **機械製図** | （第3版）大西 清 著 | | A5判／184頁　本体1700円【税別】 |
| **機械工作入門** | 小林輝夫 著 | | A5判／240頁　本体2400円【税別】 |
| **流体のエネルギーと流体機械** | 高橋 徹 著 | | A5判／184頁　本体2100円【税別】 |

● **電子機械入門シリーズ**

| 書名 | 版／著者 | 仕様 |
|---|---|---|
| **メカトロニクス** | （第2版）鷹野英司 著 | A5判／248頁　本体2500円【税別】 |
| **センサの技術** | （第2版）鷹野英司・川嶌俊夫 共著 | A5判／216頁　本体2400円【税別】 |
| **アクチュエータの技術** | 鷹野英司・加藤光文 共著 | A5判／176頁　本体2300円【税別】 |

◎本体価格の変更、品切れが生じる場合もございますので、ご了承ください。
◎書店に商品がない場合または直接ご注文の場合は下記宛にご連絡ください。
TEL.03-3233-0643　FAX.03-3233-3440　https://www.ohmsha.co.jp/

● 好評既刊

## 流体の力学 ― 水力学と粘性・完全流体力学の基礎 ―

九州大学名誉教授 松尾一泰 著　　A5判　上製　296頁　本体3500円【税別】

本書は、大学学部において機械工学を専攻する学生が学ぶべき内容を厳選し、従来の水力学と粘性流体力学・完全流体力学の基礎的な内容を理解しやすいよう系統的に配列して解説した。重要な定義や概念、法則・原理・定理などを懇切丁寧に説明し、流体の流れは固体運動との対比により理解しやすくし、また要点を"ノート"にまとめるなど、学生の理解に充分に配慮した。

## 圧縮性流体力学 ― 内部流れの理論と解析 ―（第2版）

九州大学名誉教授 松尾一泰 著　　A5判　並製　376頁　本体3600円【税別】

近年ますます重要性を増す超音速流れ、とくに内部流れの問題を扱った、新しい圧縮性流体力学の教科書・参考書である。記述の随所に非圧縮流れの知識を入れて圧縮流れの特徴をより把握しやすいように配慮し、また"ノート"欄では、初歩あるいは高度の理論や事例を紹介。［例題］と［問題］を見直した充実の改訂版。

## 伝熱学の基礎（第2版）

吉田 駿 著　　A5判　並製　224頁　本体2100円【税別】

通常よく遭遇する伝熱計算に必要な式を「熱抵抗の概念」を用いて、初学者に向けてわかりやすく解説するとともに、例題を数多くあげて考え方と問題を解く能力が十分に身につくよう配慮した。よりよく理解できるよう、第2版では内容の追加と見直しをした。機械系大学・高専の教科書、サブテキストとして、機械系技術者の参考書として好適。

## 機械設計 ― 機械の要素とシステムの設計 ―（第2版）

吉本・下田・野口・岩附・清水 共著　　A5判　並製　368頁　本体3400円【税別】

機械システムを構築するために必要な機械要素の選定と、その組合わせを適切に行う方法を、豊富な図版、計算式、例題を用いて解説。歯車の選定を容易にするJGMA簡易計算法を記載、不等速運動機構としてリンク機構、カム機構の動的挙動まで加筆。公差、ねじ、転がり軸受など、最新JIS改正に対応した改訂版。実務に直結する実力・応用力を養成。大学教育、企業の社内教育の教材に最適。

## 基礎 機械設計工学（第4版）

兼田楨宏・山本雄二 共著　　A5判　並製　256頁　本体2900円【税別】

本書は、機械設計工学の基本的な考え方を正しく理解し、また、その知識を実際に応用する能力を養うことを目的として、第1編では、機械設計の方法論および基礎知識を、第2編では、要素設計の基礎を多くの例題を使って平易に解説した。第4版では、新たな表面粗さ規格や＜高分子材料＞の特性についても増補し、全編にわたって見直した。

◎本体価格の変更、品切れが生じる場合もございますので、ご了承ください。
◎書店に商品がない場合または直接ご注文の場合は下記宛にご連絡ください。
TEL.03-3233-0643　FAX.03-3233-3440　https://www.ohmsha.co.jp/

● 好評既刊

## JISにもとづく **標準**機械製図集（第8版） 最新刊

工博 北郷薫 閲序／工博 大柳康・蓮見善久 共著　　B5判　並製　152頁　本体2100円【税別】

本書は1972年の初版発行以来、通算64刷、累計12万部を超えたJIS機械製図の「完成図例集」。今回の改訂は、令和元年5月改正のJIS B 0001：2019［機械製図］規格に対応するため、PART 1（機械製図法）は改正内容との整合・見直しを行い、PART 2（機械製図集）は指示記号等の図例を刷新した。付録として設計製図をする上で必要なJIS機械製図に関わる各種規格を掲載。

## JISにもとづく **機械**製作図集（第8版）

大西 清 著　　B5判　並製　168頁　本体2200円【税別】

正しくすぐれた図面は、生産現場において、すぐれた指導性を発揮する。本書は、この図面がもつ本来の役割を踏まえ、機械製図の演習に最適な「製作図例」を厳選し、図面の描き方を解説。第8版では、令和元年5月改正のJIS B 0001：2019［機械製図］規格に対応するため、内容の整合・見直しを行い、さらに「製図とポンチ絵」「3D CAD／RPを活用した設計手法」を増補した。

## 基礎製図（第6版）

大西 清 著　　B5判　並製　136頁　本体2100円【税別】

あらゆる技術者にとって、図面が正しく描けること、それを正しく読めることは必須の素養である。全頁にわたり、上段に図・表を、下段にそれに対応した解説を配して、なぜそう描き、なぜそう読むかを頁単位で理解できるよう配慮した。第6版ではJIS B 0001：2019［機械製図］などに準拠して全面改訂。大学・高専・工業高校の教科書、企業内研修用テキストに絶好。

## AutoCAD LT2019 機械製図

間瀬喜夫・土肥美波子 共著　　B5判　並製　296頁　本体2800円【税別】

「AutoCAD LT2019」に対応した好評シリーズの最新版。機械要素や機械部品を題材にした豊富な演習課題69図によって、AutoCADによる機械製図が実用レベルまで習得できる。簡潔かつ正確に操作方法を伝えるため、煩雑な画面表示やアイコン表示を極力省いたシンプルな本文構成とし、CAD操作により集中して学習できるよう工夫した。機械系学生のテキスト、初学者の独習書に最適。

## 3日でわかる「AutoCAD」実務のキホン

土肥美波子 著　　B5判　並製　152頁　本体2000円【税別】

本書は、仕事の現場で活かせるAutoCADの［知っておくべき機能］［よく使うコマンド］を厳選し、CAD操作をむりなく学べる入門書。AutoCAD特有の［モデル空間］での作図・修正から［レイアウト］での印刷・納品まで、現場で使える操作法が学べる。多機能・高機能なAutoCADを、どう習得すればよいのか困っている初学者・独習者にとって最適。

◎本体価格の変更、品切れが生じる場合もございますので、ご了承ください。
◎書店に商品がない場合または直接ご注文の場合は下記宛にご連絡ください。
TEL.03-3233-0643　FAX.03-3233-3440　https://www.ohmsha.co.jp/

● 好評既刊

## JISにもとづく 標準製図法 第15全訂版

JIS B 0001 : 2019 対応。日本のモノづくりを支える、製図指導書のロングセラー。

工学博士 津村利光 閲序／大西 清 著　　A5 判 上製 256 頁 本体 2000 円【税別】

## JISにもとづく 機械設計製図便覧 第13版

すべてのエンジニア必携。あらゆる機械の設計・製図・製作に対応。

工学博士 津村利光 閲序／大西 清 著　　B6 判 上製 720 頁 本体 4000 円【税別】

**主要目次**　1 諸単位　2 数学　3 力学　4 材料力学　5 機械材料　6 機械設計製図者に必要な工作知識　7 幾何画法　8 締結用機械要素の設計　9 軸、軸継手およびクラッチの設計　10 軸受の設計　11 伝動用機械要素の設計　12 緩衝および制動用機械要素の設計　13 リベット継手、溶接継手の設計　14 配管および密封装置の設計　15 ジグおよび取付具の設計　16 寸法公差およびはめあい　17 機械製図　18 CAD 製図　19 標準数　付録

## 3Dでみる メカニズム図典
見てわかる、機械を動かす「しくみ」

関口相三／平野重雄 編著

**A5 判　並製　264 頁　本体 2500 円【税別】**

「わかったつもり」になっている、機械を動かす「しくみ」200 点を厳選！

アタマの中で 2 次元／3 次元を行き来することで、メカニズムを生み出す思索のヒントに！

身の回りにある機械は、各種機構の「しくみ」と、そのしくみの組合せによって動いています。本書は、機械設計に必要となる各種機械要素・機構を「3D モデリング図」と「2D 図」で同一ページ上に展開し、学習者が、その「しくみ」を、より具体的な形で「見てわかる」ように構成・解説しています。機械系の学生、若手機械設計技術者におすすめです。

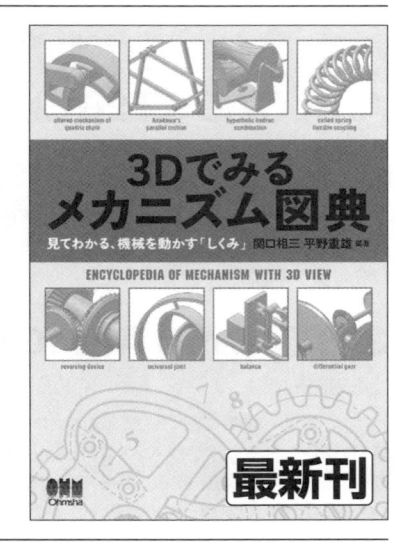

◎本体価格の変更、品切れが生じる場合もございますので、ご了承ください。
◎書店に商品がない場合または直接ご注文の場合は下記宛にご連絡ください。
TEL.03-3233-0643　FAX.03-3233-3440　https://www.ohmsha.co.jp/